20.—

Eugen A. Meier: Aus dem alten Basel

Dies ‹Büchlein› ist mir lieb
und wer mir's stiehlt, der ist ein Dieb,
wer mir's aber wiederbringt,
der ist ein Engelgotteskind!
   Kinderreim aus dem alten Basel

Eugen A. Meier

Aus dem alten Basel

*Ein Bildband mit Geschichten aus der Anekdotensammlung
von Johann Jakob Uebelin (1793-1873)
mit einem Geleitwort von Regierungsrat Dr. Edmund Wyß*

Birkhäuser Verlag Basel

Frontispiz
Das Rathaus. 1828. Links das Haus ‹zum Pfaueneck› und der Eingang zur Sporengasse, rechts das Haus ‹zum Hasen›. Die aus den Jahren 1504–1514 stammende Fassade ist u. a. mit dem ‹Triumphzug der Kinder›, wahrscheinlich von Hieronymus Heß, einer Justitia mit Waage und Schwert, Genien mit Palmzweigen und Wappenhaltern, Männern, Frauen und Kindern von Hans Bock und den 1511/12 von Meister Wilhelm geschaffenen, von einem kunstvollen Steingehäuse umgebenen Statuen (Kaiser Heinrich, Kaiserin Kunigunde, Muttergottes bzw. Justitia und Pannerherr) geziert. ‹Auf dem Rathhause werden die Sizungen der Regierung, des Stadtmagistrats und aller ihrer Dicasterien, sammt denjenigen mehrerer Gerichte gehalten; auch befinden sich hier die Raths- und die Stadtkanzlei. Die Archive sind theils hier, theils im Münster, bei St Peter und im sogenannten Steinenkloster zerstreut.› Aquarell von Johann Jakob Neustück.

Buchgestaltung: Albert Gomm
Reproduktionen: Marcel Jenni
Klischees: Schwitter AG, Steiner & Co.
Farbtafeln: Tiefdruck Birkhäuser AG
Druck und Einband: Birkhäuser AG
© Birkhäuser Verlag Basel, 1970
ISBN 3 7643 0533 9

Zum Geleit

‹Aus dem alten Basel›, von einem Basler für Basler und Heimwehbasler in aller Welt herausgebracht, will die von Hand geschriebene Anekdotensammlung von Johann Jakob Uebelin aus ihrem Schlaf im Basler Staatsarchiv erwecken und einem breiteren Publikum zugänglich machen. Es freut mich, daß dies Eugen A. Meier so glücklich gelungen ist. Denn ein reicher Bilderbogen ist daraus entstanden, mit Liebe und Fleiß, Spürsinn und Sachkenntnis zusammengetragen, aus staatlichem und privatem Besitz. Vieles gelangt damit erstmals an die Öffentlichkeit.

Allerdings konnte es nicht ohne Wagnis sein, die einzigartige ‹pfarrherrliche› Anekdotensammlung ohne kritischen Apparat, der den Rahmen dieser Publikation sprengen würde, zu veröffentlichen. Besonders da, wo die Erhebung des Landvolkes und die Trennungswirren den Hintergrund bilden, begegnen uns die Ressentiments und die Zugeknöpftheit der damals im Kanton Basel herrschenden Kreise in allen Farben. Und deshalb ist jene brodelnde, von Mißtrauen und Vorurteilen getragene Atmosphäre beim Lesen einzelner Geschichten zu berücksichtigen.

Seither ist zwischen der Pfalz auf der Großbasler Seite und der Kartause in der ‹Minderen Stadt› viel Wasser durchs Rheinknie geflossen. Der Strom ist allerdings ‹etwas› schmutziger geworden und manches hat sich – nicht immer zum Guten – gewandelt. Aber der charakteristische Basler Witz und vorweg das typisch baslerische Sich-selber-auf-den-Arm-Nehmen, die uns in diesem dritten Basler Bildband von Eugen A. Meier auf Schritt und Tritt begleiten, sind uns geblieben. Und das ist tröstlich…

‹Tempora mutantur, nos et mutamur in illis!› Die Zeiten ändern sich, und wir uns mit ihnen. Diesem Bekenntnis Lothars des Ersten dürfen wir uns ohne Bedenken anschließen, ist doch alles dem Gesetz sich ständigen Wandelns unterworfen: unsere Stadt sowohl als auch wir selber. In diesem Sinne wünsche ich dem Buch eine freundliche Aufnahme. Möge es mit leiser Wehmut dazu beitragen, in weiten Kreisen die Erinnerung an das alte Basel mit seinem pulsierenden Leben und dem wechselhaften Geschick seiner Bürger lebendig zu erhalten.

Regierungsrat Dr. Edmund Wyß

Sepiazeichnung von Johann Jakob Uebelin. 1815.
Sie zeigt das Dorf und die Kirche von Ziefen. Im Pfarrgarten unterhält sich der 25jährige Pfarrer Johannes Linder mit einem Landmann. Die starke Persönlichkeit des damaligen Ziefener Pfarrers fand durch die Stadttreue des Reigoldswilertales während der Trennungswirren unverkennbaren Ausdruck.

Dr Winter wott au gaar nit goh,
me kaa's fascht nit erlääbe,
und maint me, jetz well d Sunne koo
und ihri Schtrahle walte loo,
so will's se wieder reue,
s fangt noonemool aa schneye.

Und schuehdieff lyt e kalte Schnee
uff Fäld und Wald und Matte,
kai Greesli ka me schpriesse seh,
und s Veegeli kaa kai Fueter neh,
sy Hoffnig isch verloore,
dr Boode-n-isch no gfroore.

Und hitte sotte d Schtorgge koo,
dr zwaiezwanzigscht Hornig!
Si wärde's wääger blybe loo
und wieder noo-n-em Süüde goh
und dert im scheene Gaarte
dängg no-ne weeneli waarte.

Mir warte-n-au, und s fählt is nit,
dr Friehlig blybt nit dusse,
är kunnt, är kunnt mit lysem Schritt
und bringt is syni Bliemli mit
und grieni Zwyg und allerlai
und e heerlig scheene Mai.

Und sider luegt me frisch und froh
em Friehlig noo dur d Schybe
und hindrem Fänschter isch er schoo
sit vierzäh Daage wääger doo,
y seh-n-en lieblig wingge
mit Saffre-n-und mit Zingge!

          Johann Jakob Uebelin. 1870

Einleitung

Anno 1789 stattete der nachmals berühmte russische Geschichtsschreiber Nikolai Michailowitsch Karamsin (1766–1826) im Laufe seiner weiten Reise durch Europa auch Basel einen kurzen Besuch ab. Er sah sich unsere Stadt gründlich an, lobte danach die vielen Sehenswürdigkeiten und resümierte dann schließlich: ‹Man bemerkt bei allen hiesigen Einwohnern eine Art Ernsthaftigkeit, ein fast mürrisches Wesen, das mir nicht ganz behagt; ihre Gesichter, ihr Gang, ihre Gebärden haben etwas Originelles. In den Bürgerhäusern und in den Wirtschaften herrscht eine außerordentliche Sauberkeit, diese wird überhaupt von den Reisenden als eine schweizerische Tugend bezeichnet. Nur die Frauen sind hier außerordentlich häßlich; auf jeden Fall sah ich hier keine einzige, die schön oder einigermaßen hübsch war!›

Keine besonders schmeichelhafte Würdigung, die da auf die Häupter unserer Altvorderen fiel, nicht wahr? Über den Geschmack hat sich offenbar zu allen Zeiten streiten lassen. Und was unsere holde Damenwelt betrifft, so hatte 1610 Daniel Eremita demgegenüber mit Entzücken festgestellt: ‹Bemerkenswerth ist daselbst die Schönheit und Gestalt der Weiber, fast ohne Beispiel!› Wer indessen auf unserm Gang durch das alte Basel einzelne Karikaturen – etwa von Franz Feyerabend oder Hieronymus Heß – näher betrachtet, dem erscheint das abschätzige Urteil des aufmerksamen Beobachters aus dem fernen Sibirien doch nicht ganz so ungerecht. Doch wenn wir uns in unsere Lektüre vertiefen, erkennen wir leicht, daß es dem gelehrten Reisenden nicht gelungen ist, ins Innere dieser Gestalten einzudringen, sonst spräche er kaum nur von ‹Ernsthaftigkeit› und ‹mürrischem Wesen›. Da wimmelt es doch von freundlichen, hilfsbereiten Persönlichkeiten und ulkigen, geistvollen Originalen, die immer auf dem Sprung waren, mit lustigen Einfällen und Späßen aufzuwarten; nicht nur bei den armseligen Pfründern, sondern auch im Kreise der Kaufmannschaft, der Wissenschaft und der Gottesgelehrtheit. Natürlich mangelte es nicht an zurückhaltenden, lebensfremden, unzufriedenen oder leidgebeugten Mitbürgern. Ohne sie aber hätte unser Stadtbild nicht jene anziehende und buntfarbige, von Lebhaftigkeit und Beschaulichkeit, von Sorglosigkeit und Verantwortungsbewußtsein und von Glück und Not geprägte Wirkung ausgestrahlt, wie sie uns beim Durchblättern dieses Bildbandes entgegentritt.

Die Sammlung dieser Anekdoten verdanken wir Pfarrer Johann Jakob Uebelin. Der schreibgewandte Geistliche hat diese Geschichten, die er entweder

Pfarrer Johann Jakob Uebelin mit seinem Töchterchen Valeria Sophie, das im blühenden Alter von 17 Jahren ‹ an Nervenfieber sel. heim ging ›. Daguerrotypie. 1847.

selbst erlebte oder aus meist verbürgter Quelle weitererzählte, mit großem Fleiß gesammelt und säuberlich in zwei Büchern aufgezeichnet. Aufbau und Sprache klingen heute allerdings so langfädig und altmodisch, daß sie umgeschrieben, gekürzt und mit Titeln versehen werden mußten. Dabei wurde meist mit Erfolg versucht, die oft nur mit den beiden Anfangsbuchstaben bezeichneten Personen zu identifizieren und die volkstümliche Ausdrucksweise jener Zeit wenn immer möglich zu verwenden. Die Glaubwürdigkeit einzelner Begebenheiten und Daten ist vom Autor in der Regel nicht überprüft worden; gewisse Ergänzungen und Verbesserungen haben jedoch mitunter Aufnahme in die Legendentexte gefunden. Der Vollständigkeit halber sind praktisch alle sich auf Basel beziehenden Episoden in irgendeiner Form erwähnt, obwohl es vom Inhalt her an sich nicht immer unbedingt notwendig gewesen wäre. Aber es läßt sich durch diese Vollständigkeit doch auch ermessen, was im letzten Jahrhundert so interessant und bedeutungsvoll erschien, daß es für die Nachwelt niedergeschrieben werden mußte.

Die vom letzten männlichen Nachkommen des Geschlechts der Uebelin in Basel Anno 1960 dem Staatsarchiv Basel übergebenen ‹Uebeliniana› haben hier nicht eine erste Veröffentlichung erfahren. Vielmehr hat schon Paul Kölner im Jahre 1926 einzelne Kapitel aus Uebelins Chronik in seinem Bändchen ‹Basler Anekdoten› wiedergegeben, allerdings ohne den Verfasser mit einem Wort zu erwähnen. Einige der vom verdienstvollen Basler Historiker publizierten Geschichten wurden 1961 von Hans Jenny in ‹Baslerisches – Allzubaslerisches› nacherzählt.

Wer steckt nun hinter der Person unseres unermüdlichen Anekdotensammlers? – Johann Jakob Uebelin erblickte am 17. August 1793 im Haus Nummer 1167 an der Gerbergasse 45 als einziges überlebendes Kind des Johann Friedrich Uebelin (1753–1818) und der Maria Magdalena Beck (1760–1794) das Licht der Welt. Der Vater betrieb in seinem Haus ‹zum Bock› tagsüber eine größere Perückenmacherei, abends aber stand das gastliche Heim den gelehrten Freunden des tüchtigen Handwerksmeisters offen. In jenem Kreis, von Münsterorganist Samuel Schneider, St.-Elisabethen-Organist Isaac Bertsche, Magister Johann Heinrich Schwarz, Professor Hieronymus König, Verwalter Ehrenfried Feiler und Professor J. J. Stückelberger gebildet, wurden bei Tabak und Bier tiefschürfende Gespräche geführt, die sich von Stadtklatsch und Politik bis zur Blumenzucht und Philosophie erstreckten.

Die lebhaften Diskussionen blieben nicht ohne Einfluß auf den heranwachsenden jungen Uebelin, der nach dem frühen Tod seiner Mutter von seiner Tante Maria Margaretha Beck erzogen wurde. Denn sowohl als Schüler der bekannten Privatschule von Magister Heinrich Muntzinger am Spittelsprung (Münsterberg 4) wie auch als Gymnasiast und als Zögling der Knabenerziehungsanstalt der Brüdergemeinde im rheinländischen Neuwied zeichnete er sich durch außergewöhnliche Intelligenz und Aufnahmefähigkeit aus. Seiner Begabung und Neigung entsprechend wäre er gerne Apotheker geworden. Doch um der für ihn vorgesehenen militärischen Laufbahn, die in Napoleons Kriegsschule in Brienne-le-Château ihren Anfang hätte nehmen sollen, zu entgehen, wandte er sich ‹unglückseligerweise› dem Studium der Theologie zu. Der erfolgreichen und vielversprechenden Ordination folgte 1815 eine Berufung als Hauslehrer der Familie Louis Fischer von Reichenbach in Bern. Die Tätigkeit auf dem feudalen Landsitz ‹Bellevue› der begüterten Inhaber des Postregals entsprach jedoch wegen der ungeordneten Verhältnisse keineswegs den Erwartungen des jungen Geistlichen. Nach zweijährigem ‹Hofmeisterleben› kehrte Uebelin deshalb wieder nach Basel zurück und verdiente sich hier, bis zur 1819 erfolgten Wahl zum Diakon von St. Theodor, seinen Lebensunterhalt als Privatlehrer.

Die gesicherte Anstellung im Dienste der Kirche, der er in der Folge während 27 Jahren mit größter Hingabe seine ganzen Kräfte widmete, erlaubten es J. J. Uebelin, am 13. Mai 1819 im bescheidenen Kleinhüninger Gotteshaus eine eigene Familie zu gründen und das Kleinbasler Pfarrhaus an der Rebgasse 38 zu beziehen. Seiner Ehe mit Margaretha Brenner (1798–1840) entsprossen 8 Kinder, nämlich Maria, Margaretha Salome, Rosina Elisabeth, Samuel Benedikt, Annette Charlotte, Valeria Sophie, Cäcilia und Maria Margaretha Louise. Nach dem Tode seiner ersten Frau, der ihn schmerzlich berührte, ging Uebelin am 7. Januar 1846 mit Henrike Rosina Trautwein (1813–1894) eine neue Lebensgemeinschaft ein, aus der am 26. Juli 1847 Stammhalter Friedrich Wilhelm (1847–1917) geboren wurde.

Die erneute Verheiratung, der ein ‹Fehltritt› vorausgegangen war, war ‹Veranlassung, daß Uebelin mit gebrochenem Herzen seine Helferstelle in die Hände der Obrigkeit freiwillig niederlegte und wenigstens für die Zeit aus dem geistlichen Stande schied.› Das Ausscheiden aus dem Pfarramt, welches ‹der Kirchenrath mit schwerem Herzen› zur Kenntnis genommen hatte, versetzte den resignierten Pfarrer von St. Theodor in eine völlig veränderte soziale Stellung. Auch hatte er als ‹Hausvater von vier unerzogenen Kindern und ohne großes Vermögen› einen finanziellen Engpaß zu meistern, obwohl ihm das Kirchen- und Schulkollegium das ihm zustehende ‹Gnadenjahr im Betrag von Fr. 657.86› zur Auszahlung gebracht hatte. Durch Vermittlung ‹wohlwollender Freunde erhielt Uebelin hinreichende, seinem Stande als Gelehrter angemessene und zugleich mehr oder weniger einträgliche Beschäftigung, theils mit wichtigen Kopiaturen, theils durch Privatunterricht.› Zudem fand er zeitweilige Beschäftigung bei der Volkszählung 1847, als Hilfssekretär auf der Stadtkanzlei und als Sekretär der Niederlassungskommission.

Das Glück stand Uebelin nicht lange abseits. Schon Ende 1849 ernannte ihn der Stadtrat zum Bauschreiber, was ihm, wie er sich dankbar äußerte, ‹eine angenehme und die lieben Meinigen reichlich versorgende Stelle› bedeutete. Als dann 1859 das städtische Bauamt dem kantonalen Baukollegium angeschlossen ward, wurden Uebelins Einkünfte allerdings etwas beschnitten, konnte er doch fortan nicht mehr mit gewissen Sporteln und Schreibtaxen rechnen. Zunehmende Schwerhörigkeit veranlaßten den 75jährigen, 1867 mit einem jährlichen Ruhegehalt von Fr. 1800.– seinen Abschied von der Verwaltung zu nehmen. ‹Mit kindlichem Dank gegen Gott und die Wohlgewogenheit E. E. Raths und des Stadtraths genieße ich nun einen schönen, ruhigen, wohl unverdienten Lebensabend›. Diese Dankbarkeit Gott und Mitmenschen gegenüber bewahrte der sich bester Gesundheit erfreuende alt Bauschreiber in tätiger Nächstenliebe bis zu seinem Tode am 3. Januar 1873. Mit Uebelins Großsöhnen Wilhelm Paul (1883–1957) und Friedrich Karl (1892–1968) erlosch 1968 das seit 1488 in Basel eingebürgerte Geschlecht im männlichen Stamm.

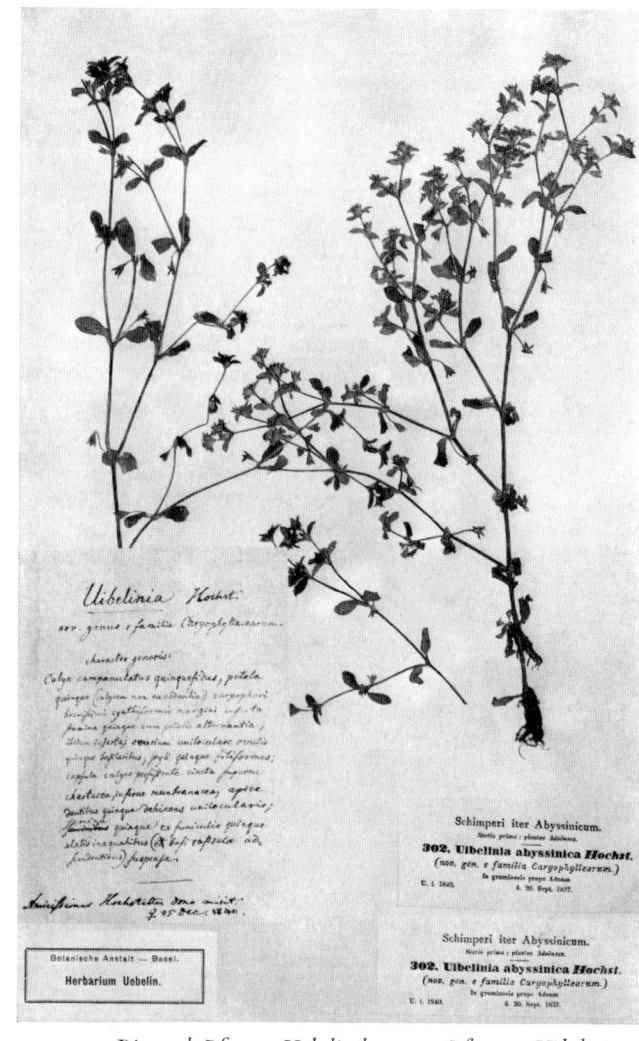

Die nach Pfarrer Uebelin benannte Pflanze ‹Uibelinia Hochst›, ein nelkenartiges Gewächs, das vornehmlich in Abessinien vorkommt. Originalbeleg in der Botanischen Anstalt Basel.

Johann Jakob Uebelin, der eng mit seinen Freunden Registrator Johannes Krug, Professor Johann Jakob Mieg, Lehrer Franz Matzinger und Handelsmann Heinrich Waldner verbunden war, diente seiner Vaterstadt nicht nur mit Auszeichnung in zwei grundverschiedenen Amtsbereichen, sondern beschenkte sie auch mit dem Teil seines Nachlasses, der Zeugnis von seinen vielseitigen Interessen und Fähigkeiten ablegt. Des Pfarrers und Bauschreibers Liebe und Begeisterung galt, neben seinen Berufen, der Botanik, der Zeitgeschichte und Sprachwissenschaft und der Malerei. Den Zugang zur Pflanzenkunde vermittelte ihm sein ‹Spezialfreund›, der bei Apotheker Ludwig Mieg angestellte Provisor Adam Fischer aus Rosenfeld. Unter der Anleitung des ‹gründlichen Botanikers› äufnete Uebelin sein Herbarium, das er als Zögling in Neuwied angelegt hatte, zu einer wertvollen Sammlung von rund 12000 verschiedenen Pflanzenarten aus Afrika, Amerika, Kleinasien und Syrien. Wichtige Beziehungen für seine Sammlerleidenschaft eröffneten ihm die Mitgliedschaft beim ‹Württembergischen Reiseverein› und sein Schwager Peter Brenner (1797–1869), der als Sekretär der Basler Missionsanstalt weltweite Verbindungen anknüpfen und unterhalten konnte. Die öffentliche Anerkennung seiner Verdienste um die Botanik bedeutete die Benennung einer abessinischen Pflanze nach seinem Namen ‹Uibelinia abyssinica Hochst.› durch den bedeutenden Botaniker Christian Friedrich Hochstetter in Eßlingen. Dank der Munifizenz von Balthasar Christ-Uebelin gelangte das vom Sammler ‹gefundene, gestohlene und gekaufte› Uebelinsche Herbarium in den 1870er Jahren in den Besitz unserer Botanischen Anstalt, die des Donators Schwiegervater schon zu Lebzeiten durch Mitteilung über seltene maltesische Sämereien willkommen bereichert hatte.

Uebelins tiefe Neigung zur Zeitgeschichte widerspiegelt sich hauptsächlich in seinen blumigen, von Wissensdurst und oft ein wenig subjektiv gefärbten chronikalischen Aufzeichnungen. Aber auch die ebenfalls im Staatsarchiv verwahrten Reiseberichte, Novellen und Gedichte belegen Uebelins literarische Schaffenskraft, während sein Interesse für alte Sprachen in zahlreichen Excerpen Niederschlag gefunden hat. Seine beachtliche künstlerische Begabung – u. a. von Landschaftsmaler Achilles Bentz, der ‹einen zwar korrekten, aber rußigen Pinsel führte›, erkannt und gefördert – kommt in hübschen Aquarellen und Zeichnungen zum Ausdruck (vgl. zum Beispiel Seite 91 oder den sogenannten ‹Hofgarten› im Kirschgartenmuseum).

So rundet sich Johann Jakob Uebelins Lebensbild zu einem sympathischen Porträt eines strebsamen, biederen Baslers. Gewiß, seinen Leistungen haftet nichts Geniales an. Aber er war – wie viele seiner Zeitgenossen – aufrichtig bestrebt, seiner Vaterstadt im Rahmen seiner überdurchschnittlichen Möglichkeiten ein nützlicher Diener zu sein und trotz harter Schicksalsschläge als senkrechter und humorvoller Bürger dazustehen. Und deshalb verdienen es die Anekdoten J. J. Uebelins, ans Licht der Öffentlichkeit gerückt zu werden.

Bei der Vorbereitung dieses Bildbandes durfte der Autor wiederum viele gute Ratschläge entgegennehmen. Er dankt diesmal dafür sehr herzlich cand. phil. Ulrich Barth, Professor Dr. Albert Bruckner, Carl Einsele-Birkhäuser, dem Lyriker Hans Häring, Professor Dr. Andreas Staehelin – und seiner Frau, Marisa Meier-Tobler. Die Bilder stammen größtenteils aus den Sammlungen des Staatsarchivs, des Historischen Museums, des Kupferstichkabinetts der öffentlichen Kunstsammlung Basel und der Universitätsbibliothek; einzelne aus dem Besitz der Drei Ehrengesellschaften Kleinbasels. Aber auch private Sammler haben liebenswürdigerweise spontan dem Verfasser – und damit einem großen und sicher dankbaren Publikum – ihre ‹Schatzkammern› geöffnet. Für dieses großzügige Entgegenkommen sei namentlich Herrn und Frau Alfred La Roche-Fetscherin, Frau Cécile Sarasin-Koechlin und Herrn und Frau Dr. Karl Vöchting-Burckhardt nicht minder herzlich gedankt, wie auch der Hohen Regierung des Kantons Basel-Stadt für ihre stete wohlwollende Unterstützung.   Eugen A. Meier

Inhalt

- 12   Originale und Persönlichkeiten
- 64   Rund um den Baselstab
- 136   Die holde Obrigkeit
- 176   Verständliches–Mißverständliches
- 200   Makabre Geschichten
- 220   Die Trennung von Stadt und Land
- 232   Lausbubenstreiche
- 243   Glossar
- 245   Bildnachweis
- Beilage   Anekdotenverzeichnis

Fronfastenmarkt. 1828.

Farbtafeln
- 24/25   1 Fischmarkt
- 40/41   2 St.-Alban-Schwibbogen
- 56/57   3 Schifflände
- 88/89   4 Klosterkonzert
- 104/105   5 Barfüßerplatz
- 128/129   6 Totentanz
- 160/161   7 Vogel Gryff
- 184/185   8 Brüglingen

Originale und Persönlichkeiten

Beschwingte baslerische Gemütlichkeit in einer Wirtshausstube. 1796. Ausschnitt aus einem Aquarell von Emanuel Burckhardt.

Viele Basler Originale sind schon längst verstorben oder verschollen. Einige wenige hat der unübertreffliche Karikaturenpinsel des Malers Hieronymus Heß verewigt, wie beispielsweise Niggi Münch und Bobbi Keller und dessen Schwester. Andere, wie ‹dr grumm Lieni›, hat der mechanische Künstler Rudolf Brenner in seine bekannten kleinen Bilder von Terrakotta aufgenommen. Auffallend ist, daß es noch in den ersten Jahrzehnten des 19. Jahrhunderts von originellen Persönlichkeiten in Basel wimmelte, während sich um 1830 kaum ein halbes Dutzend finden ließ, trotzdem die Bevölkerung innert weniger Jahrzehnte von 18000 auf über 45000 Köpfe angewachsen war.

Magister Strübin

Von bohnenstangenförmig langem Wuchs war der Magister Johannes Strübin, der sich auch mit ‹Kandidat› anreden ließ, obwohl er nie das dazu notwendige Examen abgelegt hatte. Da seine Familie bis anfangs des 13. Jahrhunderts das Vorzugsrecht auf die fette Pfarrei Bubendorf und Ziefen besaß, hoffte er, dereinst diesen Posten besetzen zu können. Doch bei seiner absoluten Untauglichkeit brachte er es nicht einmal bis zum Dorfschulmeister, sondern bewohnte bis weit über das Jünglingsalter hinaus als Alumnus das Obere Collegium. Dann fand er bei Kandidat Georg Engler, einem Schwager, Unterschlupf. Der kleingewachsene, unbehilfliche Geistliche ließ Strübin während der Frühpredigten zu St. Martin jeweils das Opfer einsammeln; anständig gekleidet und mit gravitätischem Gang, als ob etwas Rechtes in ihm stecke, versah das Großmaul diesen Dienst. Seine Neigung zum Schnapstrinken spielte ihm jedoch manchen Streich. So schickte sich Strübin einst in ‹angezündetem› Zustand an, während des zweiten Gebets das Opfer einzuziehen und das prallgefüllte Säcklein bolzgerade zum Entleerungsbrettchen beim Altar zu tragen. In seiner Angeschlagenheit aber stolperte er über die Altarstufe und der Inhalt des Klingelbeutels ergoß sich auf den Kirchenboden. Schnell bildeten einige Herren einen kleinen Aufsichtsring um den Münzsegen, und Strübin konnte die herumliegenden Geldstücke ungestört zusammenlesen.

Kandidat Horner

Eine lustige Erscheinung war Kandidat Jakob Christoph Horner, der in jüngeren Jahren Kirchen- und Schuldienst versah. Später wirkte die hagere Stangenfigur als zweiter Curius Dentatus, wozu ihm die Obrigkeit unentgeltlich das St.-Jakober-Schänzli und ein dazugehörendes kleines Stück Pflanzland überließ. Der immer mit einem kräftigen Meerrohr ‹bewaffnete› Horner trug beständig einen schwar-

Der gravitätische Magister Joseph Strübin (1757 bis 1817) beim Tabakschnupfen. Aquarell von Franz Feyerabend.

Blick auf Basel. Etwa vom Fuß des Grenzacher Hörnli aus gesehen. Um 1830. Aquarell von Wilhelm Ulrich Oppermann.

‹Das Erste, was Einem beim Eintritt in Basel auffällt, ist der Ausdruck von Traurigkeit und Öde, der Allem aufgedrükt ist. Wer hat unsre lustigen Städte Frankreichs durchreist, und gedenkt nicht ihrer belebten Vorstädte, ihrer Brunnen von plaudernden Mägden umringt und ihrer Balkone mit hübschen Kindern beladen. Nichts von alle dem in Basel. Beim Lärm Eures Wagens schließt man die Laden und Thüren, die Frauen verbergen sich. Alles ist todt und öde; man sollte glauben, die Stadt wäre zu vermiethen.

Man darf jedoch nicht glauben, daß die freiwillige Gefangenschaft der Baslerinnen etwa ein Beweis sei von einem gänzlichen Mangel an Neugierde; aber sie haben Mittel gefunden, diese mit ihrer Sprödigkeit zu vereinigen. Spiegel, mit Geschik an den Fenstern angebracht, gestatten ihnen zu sehen, was draußen vorgeht, ohne selbst gesehen zu werden.

Wenn aber auch die Straßen Basels traurig zu durchwandern sind, so ist es dagegen unmöglich, von ihrer ausgezeichneten Reinlichkeit eine richtige Vorstellung zu geben. Da ist keine Spalte, kein Riß, kein Fleken zu sehen auf allen diesen in Öl gemalten Mauern, kein Sprung in allen diesen Gittern von wunderbarer Arbeit, welche die untern Fenster schüzen. Die Sommerbänke neben der Thürschwelle sind sorgfältig in der Mauer befestiget zum Schutz gegen Regen und Sonne. Bildet die Straße einen zu steilen Abhang, so unterstüzen Mauerlehnen die Schritte des Greises und beladenen Landmanns. Man fühlt es, daß in Basel nichts dem Auge der Regierung entgeht, und daß sie jeden Abend in ihren Staaten die Runde macht.› Emil Souvestre, Paris 1837.

zen abgenutzten Rock. Weste und Hose waren von ebensolcher Schäbigkeit. Seine weißen Strümpfe aus Faden oder Baumwolle waren an Fersen und Waden für gewöhnlich so löcherig, daß seine haarigen Beine sichtbar wurden. Der Jugend, die er sich mit seinem Stock vom Leibe zu halten versuchte, war Horner ein dankbares Spottobjekt. War er auf der Straße anzutreffen, dann hängten ihm die Buben mit Sicherheit einen ‹Schletterlig› an, wie etwa: ‹Der Kandidat Horner, der Schänzli-Profos: Ihr Herren, ihr Herren, der Teufel ist los!›

Hilfsprediger Engler

Der kleine Hilfsprediger Georg Engler versah den Sigristendienst zu St. Martin, der eigentümlicherweise mit der Stelle des Lehrers der Mädchenschule am Barfüßerplatz gekoppelt war; zur Reformationszeit soll Ulrich Zwingli Inhaber dieses Doppelamtes gewesen sein. Einen zwerchfellerschütternden Anblick bot der zwerghafte Pfiffikus, wenn er als Stellvertreter des hochgewachsenen Spitalpfarrers Hieronymus König in dessen Ornat, der ihm natürlich viel zu groß war, vor der Gemeinde zu stehen hatte. Seine schlechten Predigten vermochten kaum, je mehrere Zuhörer in die Kirche zu bringen. Meist erschien überhaupt kein einziger Gläubiger zu seinen Andachten, so daß er unverrichteter Dinge wieder abziehen konnte. Im unruhigen Jahr 1814, als wegen der vielen fremden Truppen die Wochengottesdienste ohnehin nur spärlich besucht wurden, übernahm er für die selbe Zeit je einen Gottesdienst in der St.-Leonhards-Kirche und im Münster, in der Hoffnung, einer werde bestimmt ausfallen. Unglücklicherweise aber erschien zu St. Leonhard eine Familie mit einem Täufling, so daß Engler die Kirchentür nicht einfach schließen konnte und die Taufzeremonie vornehmen mußte. Im Münster indessen mahnten die Glocken den verzweifelten Geistlichen unaufhörlich an seine Pflicht. Erst als Obersthelfer Carl Ulrich Stückelberger, der zufälligerweise über den Münsterplatz spazierte, aus Erbarmen die Kanzel bestieg, verstummte das Geläute!

Mit zunehmendem Alter litt der gute Engler immer mehr an hysterischen oder epileptischen Anfällen. Als er anfangs der 1820er Jahre im Münster bei den Promotionen assistieren mußte, befiel ihn im Chor sein Weh: er stürzte zu Boden und grunzte wie ein Spansäulein. Dieser Vorfall hatte seine Dispensation bei solchen Feierlichkeiten zur Folge!

Der hinkende Scholer

Ein wahrer Hanswurst war der an der Weißen Gasse wohnhafte hinkende Scholer, ein Bruder des Pedells Magister Emanuel Scholer. Der arbeitsscheue Trunkenbold lebte in dauerndem Streit mit seiner alten Mutter und seiner Frau und belästigte damit auf ärgerlichste Weise seine Nachbarn. Um zu einem Saufpfennig zu kommen, verdingte er sich bei Gelegenheit als Ausrufer an den Straßenecken,

Kandidat Georg Engler (1755–1827). Sigrist zu St. Martin und Mädchenschullehrer zu Barfüßern. Aquarell von Franz Feyerabend.

Kandidat Jakob Christoph Horner-Buchin (1725–1805) als Landwirt auf dem Schänzli bei St. Jakob. Um 1800. Anno 1796 stellten die Söhne Horners das Gesuch, den ‹wegen seynem beständigen Herumziehen bekannten Magister Horner so zu versorgen, daß er dem Publico nicht mehr beschwärlich fallen› könne, worauf die Regierung verfügte: ‹Soll der Magister in das Zuchthaus (Waisenhaus) gethan werden.› Aber Horner entzog sich diesem Entscheid, denn wenige Tage später berichtete die Stadtkanzlei Zürich, daß er dort in Privathäusern dem Bettel obliege. ‹Zu Rede gestellt, habe man aus seinen Antworten abnehmen können, daß er aus seiner Heymat entlaufen sey. Aus Achtung für den hiesigen Stand habe man allda die Zurückführung dieses Menschen veranstaltet.›

Auf dem Schänzlein zu St. Jakob befand sich auch ein Hochgericht (Wysener Galgen) und das Landschäftler Zuchthaus, das ‹einen starcken Eintruck und Ausweichung Ew. Gn. Landschaft bey denen sonst so häufig herumirrenden Strolchen verursacht, so daß man, Gott sey Dank, nichts von den Plünderungen bey uns hört, die doch in unserer Nachbarschaft zum öfteren vorgehen›. Bei Wasser und täglich 2 Pfund Brot mußten die Gefangenen im ‹Etablissement Schänzlein› in den in der Nähe gelegenen Steingruben, in denen für die Stadt Kalk gebrannt wurde, Schutt wegschaufeln. Gouachemalerei.

wo er sich mit einem Posthörnchen bemerkbar machte und die Leute oft durch dummes Geschwätz zum Lachen brachte. Zog die französische Besatzung Tambour battant durch die Straßen, dann hinkte Scholer immer einige Schritte voraus und blies die Retraite. Einst war er so stockvoll, daß er beim Gerberbrunnen unter dem Gelächter der Umstehenden wie ein Sack zu Boden plumpste, worauf man ihn auf die Seite schieben mußte, damit das viele Volk, das immer den Tambouren folgte, nicht behindert wurde.

Die Kirche zu St. Leonhard, vermutlich 1118 geweiht, mit Kirchplatz und kreuzgangartiger Friedhofhalle, in welcher bis 1841 bestattet wurde. Links im Hintergrund die Barfüßerkirche. 1815. Aquarell von Samuel Frey.

‹dr grumm Lieni›

Eine wohlgeduldete Figur im alten Basel war der krumme Lieni; Lienhard Vögtlin von Läufelfingen mit bürgerlichem Namen. Der ledige Arbeiter der Allgemeinen Arbeitsanstalt (1808 für arme Baselbieter von der GGG im Klingental errichtet) hatte einen dürren Körper, schwache, nach auswärts gekrümmte Beine und einen großen Kopf mit schielenden Augen und einem großen, breiten Mund. Mit seinem schlotterigen, mühsamen Gang erregte der Gebrechliche in der ganzen Stadt tiefes Mitleid. Lieni, wie ihn alle Welt nannte, erfreute sich aber auch wegen seiner Hilfsbereitschaft großer Sympathien. Aber nicht nur die Erwachsenen, die er an Namenstagen und Hochzeiten mit Blumen beschenkte, mochten ihn gerne, sondern auch die Kinder. Ihnen erzählte er schöne, anständige Ge-

schichten oder sang ihnen alte und neue Weisen vor, wie beispielsweise ‹Gang emol dr Bärg uff›, ‹He! Wunder groß› oder ‹Eins, zwei, drei, higgi, häggi, hi›. Größte Aufmerksamkeit aber herrschte, wenn der krumme Lieni mit pathetischer Inbrunst das Musterungslied der Freikompanie vortrug: ‹Der Herr Oberst Albrecht Frischmann, der tapfere Held, führt seine Leut' ins Kleinhüniger Feld.›

Amtmann Schlichter

Immerwährendes Ziel neckischen Spotts seitens der Jugend war der immer durstige Amtmann Emanuel Schlichter. Der Zinkenist auf der Orgel zu St. Leonhard hatte ein pockennarbiges Gesicht mit einer langen roten Nase. Am Examenstag der Elementarschule zu St. Leonhard hatte er den Schülerzug vom Barfüßerplatz zur Schützenmatte musizierend anzuführen. Beim anschließenden ‹Büchleinlaufen› (die Kinder mußten wettkampfmäßig um Bücher laufen, die an Holzstangen aufgesteckt waren) wurde Schlichter, der von den Kindern viel ertragen konnte, nach Strich und Faden gehänselt. Wollte die übermütige Jugend seine rote Nase oder seine gepuderte Zopfperücke, die sie mit Pappenstreifen zu garnieren versuchte, aber schließlich gar nicht mehr in Ruhe lassen, dann verteilte der Zinkenist Maulschellen oder Schläge mit seinem Instrument aus Buchsbaumholz, daß die Schwarten krachten!

Peter, Dumbald und von Mechel

In die Reihe der Spitalpfründer gehörte auch ein gewisser Peter; ein armer Tschauti, der mit andern Insassen des Spitals die umliegenden Straßen reinigen mußte. Das schlimmste, das man ihm antun konnte, war der Ausruf: ‹Peter, der Tod ist hinter dir!› Dies machte ihn so wild, daß er alles, was in griffbereiter Nähe lag, wie Besen, Schaufel, Kübel, Steine, Roßäpfel, tobend um sich warf. Das Pendant zu ihm war Ruedi Dumbald, der so dumm und apathisch in die Welt blickte, daß keine Maus sich vor ihm zu fürchten hatte.

Ganz anderer Natur war wiederum ein gewisser Johannes von Mechel, der im Almosen untergebracht war. Dieser brummelte unaufhörlich über seine Arbeit, das Straßenwischen, und kam ihm dabei nur das geringste Hindernis in den Weg, dann entlud er seinen Unmut durch ein gräßliches Gebrüll!

Die Gebrüder Ryhiner

Stadtbekannt waren auch zwei Sonderlinge namens Ryhiner. Der eine, Daniel, war Spitalpfründer und bildete sich auf seine vornehme Abstammung nicht wenig ein. Er ging, anständig gekleidet, ein rundes Hütchen auf seiner braunen Stutzperücke und ein modisches Stöcklein in der Hand, eifrig in der Stadt spazieren. Jeden, der ihm begegnete, begrüßte er freundlich mit einem Händedruck und fragte, ob

‹dr grumm Lieni› (Lienhard Vögtlin), ein großer Kinderfreund aus dem alten Basel. Aquarell von Franz Feyerabend.

man seinen Namen kenne. Wurde dies verneint, dann hörte er mit dem Drücken erst auf, wenn er mit Ach und Krach hervorgebracht hatte, er sei eben ‹dr Heer Ychner›.

Der andere, ebenso friedfertige Herr Ryhiner war an einer Seite an Hand und Fuß gelähmt. Auch er zeigte sich oft in der Stadt, und zwar als vermögender Junggeselle, auf recht großzügige Weise.

Der närrische Lunzi

Um die 1780er Jahre tyrannisierte ein gewisser Lunzi, ein alter, närrischer, bösartiger Gärtner, die kleinen Kinder. Sein furchterregendes Bild geisterte auch noch nach seinem Tode in der Stadt umher. Wollte man die Kinder schnell ab der Straße haben, dann hatte man nur zu rufen: ‹Dr Lunzi kunnt, dr Lunzi kunnt. Er isch scho doo, enander noo!› Eine solche Drohung verfehlte kaum je die Wirkung. Auch der sogenannte Kucheli-Müller, ein hölzerner bemalter Mannskopf, der über der Hintertüre des Hauses ‹zur roten Fahne› (Freie Straße 43/Fahengäßlein) angebracht war, flößte den kleinen Kindern entsetzlichen Schreck ein.

Die Jungfern Erzberger und Preiswerk

Im Badgasthof Flüh verbrachte Trudi Erzberger gemeinsam mit ihrer Freundin, der ebenfalls 50-jährigen, langen, hageren, häßlichen, mannstollen Jungfer Ursula Preiswerk, einst einen Kuraufenthalt. Die beiden bewohnten ein Eckzimmerchen des Badhauses, dem Sträßchen nach Hofstetten zu, und hatten sich nur mit einem einzigen Bett zu begnügen. Bei dieser Situation mochte es für Jungfer Preiswerk besonders unangenehm sein, daß Jungfer Erzberger die üble Gewohnheit besaß, den Nachthafen mit ins Bett zu nehmen und ihre flüssige Entleerung daselbst zu vollziehen! Die etwas ungewohnte Eigenart kam nun einigen andern Gästen zu Ohren, die sich natürlich eine solch schöne Gelegenheit zu einem Schabernack nicht entgehen ließen. Zwei lose Basler Vögel besorgten sich also unter dem Vorwand, Blumen in das Zimmer stellen zu wollen, den Schlüssel und bohrten stattdessen in den Boden des besagten Nachthafens ein Löchlein. Hierauf legten sie sich zur abendlichen Stunde bei der Hofstetterstraße auf die Lauer, um mitzuerleben, welche Auswirkungen ihr Streich bringen sollte. Sie wurden nicht enttäuscht: Im hellerleuchteten Zimmerchen verrichtete die Erzbergerin auf der gemeinsamen Ruhestatt ahnungslos ihr Geschäft. Dann aber, als ihr Naß fröhlich ins Bett sprudelte, juckten die beiden Jungfern plötzlich auf und gestikulierten wild in der Luft umher. Draußen aber feierten die Humoristen ihren Erfolg mit Vivat-Rufen und Händeklatschen!

Aber auch die vernarrte Jungfer Preiswerk gab sich der Lächerlichkeit preis: Ein Elsässer Arzt anerbot sich, ihr mit einem bewährten Schönheitsmittel in einer Viertelstunde alle Runzeln im Gesicht zum

Der von Buben gefoppte Amtmann Emanuel Schlichter (1747–1812). An Sonntagen begleitete Schlichter jeweils den Gemeindegesang zu St. Leonhard mit seiner Zinke, ‹bis diese unangenehme kreischende Beigabe mit seinem Tode aufhörte›. Tuschzeichnung von Daniel Burckhardt.

▷ ‹*dr Rychner spaziert.*› Spitalpfründer
Daniel Ryhiner (1764–1819). Aquarell von Wilhelm Oser.

‹*dr Kucheli-Müller*›. Eine Gestalt aus dem
alten Basel, die den Kindern Angst einflößte. Aquarell
von Franz Feyerabend.

Verschwinden zu bringen. Was er dazu benötige, sei, außer seiner Wundermixtur, einzig völlige Finsternis. Diese Offerte wollte die eitle Dame nicht ungenutzt vorbeigehen lassen, um so mehr, als der Doktor kein Honorar verlangte. In Begleitung ihrer Bettgenossin und des Zimmermädchens begab sie sich also in den verdunkelten Saal, wo der Medizinmann sich an einen Waschzuber setzte. Nach allerlei Hokuspokus, der mit dem Einstreuen von geheimen Ingredienzen den Höhepunkt fand, hatte Jungfer Preiswerk Kopf und Hals im Wasser zu baden. Dann mußte sie einige Minuten stillsitzen und warten, bis die Haut von selbst wieder trocken war. Wie nun das Licht wieder angezündet wurde, präsentierte sich die törichte Jungfrau ihren Mitgästen mit einem Kopf so schwarz wie ein Mohr. Der Elsässer hatte dem Wasser einfach Kienruß beigemischt und Jungfer Preiswerk damit in eine höchst peinliche Lage manövriert!

Niggi Münch und Bobbi Keller

Harmlos, freundlich und lustig von Gemüt und nur ausnahmsweise wild und tobend war Niggi Münch, Schlossersohn am Spittelsprung. Niggi, der noch einen jüngern Bruder hatte, der völlig normal war und später zum Standesreiter avancierte, kam nach dem Tode seiner Mutter, einer dicken, drolligen

Bobbi Keller auf der Kanzel, vor schlafender Gemeinde predigend. Oder ‹Der Protestantismus auf seiner höchsten Stufe, oder bis hieher und nicht weiter›. Aquarell von Hieronymus Heß. 1839.

Niggi Münch im Beichtstuhl, das Sündenregister einer Schwarzwälderin anhörend. Oder ‹Der Katholizismus auf seiner höchsten Stufe, oder bis hieher und nicht weiter›. Aquarell von Hieronymus Heß. 1839.

Witwe, ins Spital. Dort leistete er als Straßenwischer nützliche Dienste. Mit einem Halbbatzen, ein paar Äpfeln, einer Handvoll Kirschen oder ein wenig Naschwerk konnten ihn die Buben in die fröhlichste Laune versetzen, so daß er übermütigste Sprünge produzierte oder seinen Künsten im Pfeifen und Singen ungehemmten Lauf ließ. In bitterbösen Zorn aber brachte ihn die Frage: ‹Niggi, sag', was machte dieses Berner- oder Markgräflermaiteli?› Das schönste, was er in einem solchen Falle zur Antwort gab, war: ‹Ihr verfluechte Buebe, ihr Galgeschtrigg!› Ernsthafte Rache zu nehmen aber erlaubte ihm weder seine körperliche Plumpheit und Korpulenz noch sein gutmütiger Charakter. Niggi Münch ist durch die Darstellungen von Hieronymus Heß unzertrennlich mit Bobbi Keller verbunden. Dieser war, wie seine Schwester, ein armseliges, verkümmertes, erwachsenes Kind des rechtschaffenen und körperlich und geistig normalen Weißbäckers David Keller an der Ecke gegenüber dem Kornhaus, an dessen Stelle nun die alte Gewerbeschule steht.

Das Silbersangfraueli

Zu den in der Stadt gerne gesehenen Originalen gehörte auch das Ettinger Sandweiblein, ein steinaltes, von der Last der Jahre krummgebeugtes Fraueli. Jede Woche einmal kam es vom Steinentor her mit einem Säcklein Schreibsand in die Stadt und hielt, auf einen Stock gestützt, in den Straßen seine Ware feil: ‹Chroomet scheen Silbersang! Chroomet scheen Silbersang!›
Als gottesfürchtige Christin versäumte es das Silbersangfraueli kaum, an hohen Festtagen zum Heiligtum von Mariastein hinauf zu pilgern und dem

Niggi Münch (1775–1843) und Bobbi (David) Keller (1771–1839) in der Spalenvorstadt. 1831. ‹Dr Niggi Münch im Spittel het Lys und Fleh im Kittel› (alter Basler Kinderreim). Links hinter Niggi Münch ein Stadttambour beim Ausrufen einer obrigkeitlichen Verfügung. Aquarell von Hieronymus Heß.

‹Und sinn mer ainig, Du und y,
so kenne d'Lyt is pfyffe;
und wäm das ebbe z'rund sott sy,
dä kaa's loo schpitzig schlyffe.›
Theodor Meyer-Merian

‹'s Sandleeni›. – Die Sandmännchen und Sandweibchen, bedauernswerte, fehlentwickelte Leutchen, verdienten sich auf kargste Weise ihren Lebensunterhalt mit dem Verkauf von feinem Sand, der zum Putzen verwendet wurde. Für ihr Hausiergut, das sie entweder in Gebsen auf dem Kopf trugen oder in zweirädrigen Wägelchen mit sich führten, fanden sie meist nur mühsam Abnehmer, da die Konkurrenz groß und der Bedarf relativ gering war. Der letzte Sandverkäufer, Guschti Meier (‹dr Sandguschti›), verschwand zu Beginn der 1930er Jahre aus dem Basler Straßenbild. Aquarell von Franz Feyerabend.

Hochamt beizuwohnen. Ihr Plätzchen in der Basilika war ganz vorne beim prachtvollen Gitter, das Schiff und Chor unterteilt. Dort betete es jeweils, in Andacht versunken, den Rosenkranz. An einem Sonntag im Jahre 1814 besuchte auch Jungfrau Trudi Erzberger, die in Bad Flüh zur Kur weilte, die Wallfahrtskirche. Wie gewohnt fing die 50jährige, dickleibige Dame auch während der Messe an, lautstark alles zu kritisieren, was ihr nicht paßte. Dies aber störte das Silbersangfraueli in seiner Andacht, weshalb es ihr zurief: ‹Schwyget Frau, lueget, s'Amt goht eebe-n-aa!› Darob geriet nun die Erzbergerin in Wallung und zischte: ‹Schwyg duu, du alti Wätterhäx. Allewyl, wenn du uff Basel kunnsch mit dim «Chroomet scheen Silbersang», so git's dr ander Daag Rääge!› – Dieser Auftritt wirkte auf die Gläubigen brüskierend. Ein stattlicher Bauer zupfte die resolute Maulheldin am Ärmel und führte sie auf dem kürzesten Weg ein für allemal aus der Basilika. Und damit war die Ruhe im Gotteshaus wieder eingekehrt.

Magister Weiß

Magister Heinrich Weiß, Elementarlehrer an der Knabenschule St. Leonhard, könnte beinahe als ‹génie du mal› bezeichnet werden, so bös und unerträglich war sein Charakter. Das zänkische Wesen des begabten Magisters, der sich mit allen Anordnungen der weltlichen und kirchlichen Behörden despotisch auseinandersetzte, mochte auf einer unglücklichen Erbanlage beruhen. Seine Mutter war Stadtkäuflerin und hatte als solche als vereidigte Abschätzerin von Gantgegenständen zu funktionieren; die Käuflerinnen ersteigerten die Waren meist auf eigene Rechnung und verkauften sie dann mit Gewinnen an Drittpersonen. Während ihrer Schwangerschaft ließ sich Frau Weiß Unterschlagungen zuschulden kommen, weshalb sie zu einigen Monaten Gefängnis auf dem Spalenturm und zur Ausstellung auf Ganten und in Kirchen verurteilt wurde. So wurde sie nach ihrer Niederkunft und nach Ablauf der üblichen 6 Wochen Schonzeit an Sonntagvormittagen mit dem Lasterstecken in der Hand vom Stadtknecht, der mit den Stadtfarben bekleidet war, in die St.-Leonhards-Kirche geführt. Dort mußte sie, vor dem Altar auf einer hölzernen Bank sitzend, die Moralpredigt von Pfarrer Hieronymus Falkeysen anhören. Dreimal täglich wurde ihr das Neugeborene zum Stillen auf den Turm gebracht. Die zornige Muttermilch blieb in der Folge offenbar nicht ohne nachteilige Wirkung.

Heinrich Weiß wäre eigentlich gerne Pfarrer geworden, doch blieb er Gott sei Dank beim Lehrerberuf hängen! Er verdiente sich erst mit Stundengeben sein Brot, dann als festangestellter, bescheiden besoldeter Lehrer an der Knabenschule am Barfüßerplatz und als Sigrist und Vorsänger an der Spitalkirche. Auch seine Heirat mit Ursula Bertschin stand unter einem unglücklichen Stern. Seine Frau, die ihm 10 Kinder zur Welt brachte, vermochte nur mit Mühe den großen Haushalt zu führen. Auch konnte Weiß, der aus Mangel an kräftigender Nahrung gerne dem Wein zusprach, kein obrigkeitliches Logis beziehen. Dies bedeutete eine weitere

Tafel 1

Der Fischmarkt. 1856. Um den 1851 erneuerten gotischen Fischmarktbrunnen drängt sich viel geschäftiges Volk. Links außen das (nicht mehr sichtbare) Haus ‹zur Glocke› von Apotheker Samuel Benedikt Uebelin, anschließend das Haus ‹zum Bubeneck› mit der Regenschirmhandlung des Mathias Faure. Am Petersberg das Haus ‹zum Salzberg› mit der Horlogerie und Modehandlung von Joseph Kleimt. An der Schwanengasse das Haus ‹zum Kannenbaum› mit der Bijouterie von Johann Ulrich Schalch. Ölgemälde von Jakob Senn. In Privatbesitz.

Das Innere der Klosterkirche von Mariastein. Um 1880. Blick vom Chor ins Schiff. Das von Schlossermeister Stöcklin aus Ettingen geschaffene Chorgitter erhielt das Kloster Anno 1695 von Bischof Wilhelm Jakob Rink von Baldenstein zum Geschenk. In der Mittelnische der um 1835 vom Laufener Johann Burger gebauten Orgel steht eine überlebensgroße Plastik König Davids mit Harfe. Photographie von Jakob Koch.

Belastung für ihn, denn die ihm deswegen ausgerichtete Entschädigung reichte bei weitem nicht aus, um den Hauszins zu bezahlen. Die finanzielle Bedrängnis nötigte Weiß zu einem Nebenverdienst. Fleißig, wie er war, widmete er sich dem Abschreiben und Verfassen gewisser statistischer Arbeiten. Auch zeichnete er als Herausgeber eines neuen Nummernbüchleins, eines Verzeichnisses sämtlicher Geborenen, Verehlichten und Verstorbenen. Trotz dieser bescheidenen zusätzlichen Einnahmen blieb Weiß ein armer Schlucker, er kam immer schmutzig und übel gekleidet daher. Aber seine Kinderzahl stieg stetig an. Als ihm seine Frau Drillingsknaben gebar, durfte er alter Übung gemäß den Amtsbürgermeister, den Oberstpfarrer und den Rektor Magnificus oder deren Gattinnen zu Gevatter bitten.

Den Erziehungsbehörden war der unbequeme Lästerer längst ein Dorn im Auge, und eine Versetzung in ein anderes Amt drängte sich auf. Gelegenheit dazu bot die durch den Tod Johann Jakob Wollebs freigewordene Stelle des Torschreibers unter dem Steinentor. Diese Beamtung bot allerdings nur einen kleinen, festen Wochenlohn, dafür aber freie Wohnung und ein Stück Gartenland im Stadtgraben. Davon aber wollte Weiß nichts wissen, und er verkündete in den Wirtshäusern lautstark, er werde die Torschreiberstelle nur annehmen, wenn der Rektor Magnificus Bettelvogt und der Oberstpfarrer Sigrist im Spital werde. Diese boshaften Bemerkungen trugen dazu bei, daß der geplagte Familienvater unter Zubilligung eines kleinen Gnadengehalts auf Wohlverhalten aus dem Schuldienst entlassen wurde.

Man kann sich denken, daß die Amtsentsetzung den Weißschen Trotzkopf noch mehr anschwellen ließ. Als Ende 1812 die Alliierten unseren Grenzen näherrückten, wurde die gesamte wehrfähige Bürgerschaft, sofern sie nicht dem geistlichen Stande angehörte, unter die Waffen gerufen. Auch Weiß wurde aufgefordert, sich bei Oberst Johann Conrad Wieland auf dem Petersplatz zur Musterung zu melden, leistete aber dem Aufgebot keine Folge, in-

Bad Flüh mit Badquelle (A), St.-Anna-Kapelle (B) und Mariastein (C). 1756. Das Badhaus (links) ist durch eine gedeckte ‹gallrey› mit dem Tanzhaus und dem Wirtshaus ‹zum Ochsen› verbunden. ‹In Flüechen hat es ein gut Gliderbad, mit einem Würthshauß, Mühlin und Sagen. Das Schwefelwasser quellet auß dem Boden herfür und wird von dem Frühling an biß zu End Augusti von den Benachbarten und Burgern der Statt Basel, so um 2 Stund entlegen, stark besucht.› Kupferstich von Emanuel Büchel.

▷ *Das um 1265 gegründete Bürgerspital an der Freien Straße.* Von der heutigen Kaufhausgasse her gesehen. Um 1835. Rechts die Barfüßerkirche. ‹Der Spitthal, allwo die Armen, Krankhen, reyche und arme Pfründer in underschiedlichen Stuben und Gemachen versorgt, verpflegt, beherberget und underhalten werden, ligt an dem Spitthalgäßlin. Dieß Gebäw ist gemacht und aufgeführet worden im Jahr Christi 1505. Disseits der Spitthalkirchen, so auch durch den Hoff abgesöndert, seind underschiedliche Gebäw, und zwarn erstlich die Schreibstuben samt dem Gewelb darneben, allwo des Spitthals schrifftliche Documenta und übrige Archiva aufbehalten werden, übriges bis an die Behausung zuem Schlegel (Freie Straße 68). Darinnen hat bishero ein jeweiliger Spitthalmeister seine Wohnung gehabt und sich samt seinen Diensten aufgehalten. Zwischen vorgemelten beyden Haubtgebawen befindet sich die Spitthalkirchen, alda wochentlich zweymal, als Sonn- und Dienstag, zu Trost und Erbawung der Armen und Pfründeren der Gottesdienst und zu den vier Jahreszeiten die heilige Communion nach der Weiß wie in übrigen all hiesigen Baslerischen Pfarrkirchen zu beschechen pflegt durch einen jeweiligen Pfarrer gehalten wird.› ‹Trotzdem das Spital mit seinen altertümlichen Flügelbauten, seinen Höflein, Gemüsegärten und Brunnen ein kerniges Stück Alt-Basel darstellte, wird man seinem Verschwinden nicht allzuviele Tränen weihen dürfen. Es war schon nicht jedermanns Sache, den abstoßend aussehenden und zumeist vor dem Spital herumlungernden Pfründern zu begegnen und sich regelmäßig von ihnen anbetteln zu lassen. Und doch gab's unter diesen bedauernswerten Geschöpfen ein paar Originale, die sich bei alt und jung einer gewissen Popularität erfreuten. Noch zu Beginn des vergangenen Jahrhunderts hat niemand ohne Not das Spital betreten. Es liefen unheimliche Geschichten herum; so erzählte man sich mit Gruseln, wie in einer verschlossenen Kammer noch immer die Betten und Kleider der an der letzten Pestepidemie von 1668 Verstorbenen aufbewahrt würden; auch die damals zur Bestattung der Pestleichen benutzten Särge stünden stets zu allfälliger Verwendung bereit.› Aquarell nach Constantin Guise.

dem er geltend machte, er gehöre zur Geistlichkeit. Diesen Einwand aber akzeptierte der gestrenge Oberst nicht. Er schickte einige Soldaten aus, um den Dienstverweigerer handfest an seine Bürgerpflicht zu erinnern. Weiß erschien denn auch auf dem Petersplatz, demonstrativ eine Bibel schwingend. Doch all sein Sträuben half nichts. Mit Ober- und Untergewehr ausgerüstet mußte er sich, unter allgemeinem Gelächter, in Reih und Glied stellen und exerzieren. Dabei machte er jedoch eine so traurige Figur, daß ihm Oberst Wieland vor der ganzen Front eine Strafpredigt hielt und ihn anschließend nach Hause schickte, weil er nicht wert sei, für seine Vaterstadt die Waffen zu tragen.

Später wohnte Weiß bei Schreinermeister Benedikt Jäcklin in der Steinen. Weil seine Pension aber nicht einmal ausreiche, um den Hauszins zu bezahlen, blieb er diesen einfach schuldig. Der Hausmeister

Knabe, einen alten Mann neckend. Vor 1835. Aquarell von Rudolf Emanuel Wettstein. Der Spitzbube erinnert an die einst bei der Basler Jugend beliebte Ballade vom ‹alten Weib›:

kündete ihm deshalb die Miete und setzte seinen kläglichen Hausrat kurzerhand auf die Straße. Weiß lud seine Habseligkeiten auf einen Karren und führte sie in den Rathaushof. Dort schrie er Zetermordio und beschimpfte die Behörden aufs heftigste. Als er sich etwas beruhigt hatte, nahm ihn der Statthalter ins Gebet und erklärte ihm, wenn noch das Geringste vorfalle, dann werde man ihm die Pension entziehen. Diese Drohung brachte ihn wieder in große Erregung und er tobte, man solle ihn doch gleich auf die Kopfabhaini schicken. Für einen Schoppen und ein Stück Brot produzierte Magister Weiß in Winkelwirtschaften allerlei Kunststücke mit Karten und Würfeln. Auch konnte er mit seiner enormen Stärke mit einer Hand einen Meyel zerdrücken oder auch auseinanderschreien. Zu diesem Zweck schlug er mit einem Messer einen Ton auf dem Glas an und brachte es dann durch Hin-

Ich und da mein bucklig Weib,
Uns hat Gott erschaffen,
Ich und da mein bucklig Weib
Gingen zu den Pfaffen.

Als wir von den Pfaffen kamen,
Gingen wir zum Weine,
Ich und da mein bucklig Weib
Tranken bis am neune.

Als wir gnug getrunken hatten,
Gingen wir zum Biere,
Ich und da mein bucklig Weib
Soffen bis am viere.

Als wir gnug gesoffen hatten,
Gingen wir zum Becke,
Ich und da mein bucklig Weib
Fraßen vierzig Wecke.

Als wir gnug gefressen hatten,
Gingen wir nach Hause,
Ich und da mein bucklig Weib
Guckten oben ause.

Als wir gnug gegucket hatten,
Gingen wir zu Tische,
Ich und da mein bucklig Weib
Aßen zwanzig Fische.

Als wir gnug gegessen hatten,
Gingen wir zu Bette,
Ich und da mein bucklig Weib
Zankten um die Decke.

Als wir gnug gezanket hatten,
Fing es an zu krachen,
Ich und da mein bucklig Weib
Mußten beide lachen.

Als wir gnug gelachet hatten,
Fiel das Bett zusammen,
Ich und da mein bucklig Weib
Sprachen alle Amen.

Am Petersgraben. Um 1830. Im Zentrum der Spalenschwibbogen (1838 abgebrochen). Links daran anschließend die Häuser ‹zur Rose›, ‹zur Altane›, ‹zur Harmonie›, ‹zum hintern Roßhof›, die Gartenhäuschen ‹zum Roßhof›, ‹zum Kaiser›, ‹zum Griebhof› und der halbrunde Zerkindenhofturm. Rechts das Zeughaus (1937 abgebrochen). Aquarell von Jakob Christoph Weiß.

‹Basel, die werthe schöne Stadt,
Ein guten Nam' allenthalben hat.
Gott geb, daß ferner b'ständiglich
Ein solcher Nam' vermehre sich,
So wird er dann seinen Segen senden
Und alles Unglück von uns wenden.
Und wenn uns recht zu Herzen geht,
Was hier von Basel g'schrieben steht,
Werden wir uns zur Tugend halten
Und folgen unsern frommen Alten!›

einschreien eines Mißtones zum Reißen. Neben seinen unzähligen Untugenden hatte Magister Weiß aber auch seine guten Seiten. Trotz seiner großen Armut war er andern Bedürftigen gegenüber wohltätig und half, wo immer er konnte. Auch war er bei Feuerausbruch immer einer der ersten, die zur Brandbekämpfung eilten. Nächstenliebe übte Weiß auch Anno 1811. Da war in der Mitte des Barfüßerplatzes eine große Kalkgrube ausgehoben und mit gelöschtem, noch ordentlich warmem Pflaster angefüllt. Während der Mittagspause, als das Loch unbeaufsichtigt war, stürzte ein kleiner Knabe in die Grube. Just in diesem Moment ging Weiß über den Barfüßerplatz und bemerkte den Vorfall. Ohne zu zögern eilte er dem Knaben, dessen Haut an Armen und Füßen schon ganz zerfetzt war, zu Hilfe. Er trug den Buben nach Hause, salbte seine Wunden mit Öl und Butter und hüllte ihn in Lumpen. Auch der Lebensretter zog sich gefährliche Verbrennungen zu. Zum Dank für den mutvollen Einsatz ließ die Kirchgemeinde St. Leonhard Magister Weiß von Kopf bis Fuß neu einkleiden.

Rechenlehrer Leicher

Ein vielseitig beschäftigter Mann war Georg Heinrich Leicher-Heusler. Er wirkte einerseits als Rechenlehrer und Organist und andererseits betrieb er einen Faden-, Band- und Strickwolleladen. Die Persönlichkeit Leichers aber war zu warmherzig und zu leutselig, als daß er auf die Dauer die Stelle des Lehrers der Industrie- oder Armenschule im Klingental hätte mit Erfolg versehen können. Es mangelte ihm an Autorität, die Schar der 50 wilden, ungezogenen Buben und Mädchen aus der untersten Volksklasse unter straffer Disziplin zu halten. Allzuoft mußte ein Klingentalarbeiter mit dem Munifisel für Ruhe und Ordnung sorgen. Als Organist war Leicher ein erträglicher Choralspieler, aber seine extemporalen Prä- und Postludien und seine Zwischenspiele waren unter aller Kanone! Dafür gab er oft Anlaß zu einem kleinen Spaß. Um den schlechten Weinertrag der Jahre 1815–1817 auszugleichen, wurde vermehrt Obstwein produziert. Ein Spezialist in der Verwertung von Kernobst war Emanuel Weiß, der während seiner Lehrzeit als Nadler im thurgauischen Steckborn sich auch nützliche Kenntnisse in der Zubereitung von sogenanntem Most angeeignet hatte. Leicher wollte nun den wohlschmeckenden Tischwein von Weiß kopieren und kaufte eine Menge edler und saftiger Birnensorten ein, wie Bergamotten und Moulliebusche. Aber statt eines vorzüglichen Getränks lieferten die teuren Birnen nur einen wäßrigen, schwachen Saft, der keinen Gaumen reizen konnte.

Auch die körperliche Konstitution von Leicher war mit einigen Unebenheiten gezeichnet. So waren seine Beine von den Knien an schief nach auswärts gekrümmt. Deswegen wurde Leicher, der in der Engros-Tuchhandlung Johann Rudolf Passavant im Burghof eine 3jährige Lehrzeit absolviert hatte, oft

Heimkehr eines betrunkenen Wachtmeisters, dessen Frau ihm grollend ins Gewissen redet. Kreidelithographie von Karl Heinrich Gernler. Nach Hieronymus Heß.

Das Pulvertürmchen ‹Lueginsland› auf der Petersschanze. Vom Petersplatz her gesehen. Um 1840. Im Juli 1819 beschwerten sich Abel Merian und Emanuel Burckhardt-Sarasin, ‹daß in dem Thurn auf der Schanz allernächst bey ihren Häusern, dessen unterer Theil an einen Seiler überlassen ist, einige Wägen voll Kisten mit gefüllten Haubitz Granaten verwahrt worden, wodurch die Nachbarschaft in die größte Gefahr versetzt werde.› Der Kriegsrat hatte Verständnis für die Sorge der Anwohner des Seilerturms und wies das Zeugamt an, die Munition ‹sofort wegzuräumen›. Aquarell von Achilles Bentz.

von seinen Kameraden verhöhnt. Er hatte beim Prinzipal Kost und Logis. Seine Mansarde aber war so klein, daß kein Schrank darin Platz fand. Einer seiner Freunde fragte ihn deshalb, ob er denn seine Strümpfe zum Schlafen jeweils ausziehen könne. Leicher gab zu, daß er dies im Winter nicht tun könne. Während des Sommers aber habe er seine Strümpfe, da er stark an den Füßen schwitze, abgezogen und sie zum Trocknen über den runden Kofferdeckel gehängt. ‹Ach so›, gab sein Kollege zu bedenken, ‹beim Trocknen nahmen die Strümpfe die Form des Deckels an, und beim Tragen der deformierten Strümpfe richteten sich die Knochen danach. Deshalb deine unmöglichen Beine!›

Basler Familienbild ums Ende des 18. Jahrhunderts. Es zeigt, im Genre einer ‹frindlige Sunndignoomidaagsschtimmig›, die wohlhabende Familie des Staatsrats und Tagsatzungsgesandten Leonhard Heusler-Mitz (1754 bis 1807). Der hervorragende Handelsmann und Finanzpolitiker, der oft bei seinem alljährlichen Geschäftsabschluß in aller Bescheidenheit und Dankbarkeit unter Tränen ausgerufen hatte: ‹Herr, was bin ich doch, daß Du mein so großzügig gedenkst! Ich bin zu gering aller Barmherzigkeit und Treue, die Du mir erweisest›, betrieb im Haus ‹zu den drei Bögen› an der Unteren Rheingasse 8 einen Spezereihandel und hatte u.a. auch das Ehrenamt eines Oberstmeisters der Gesellschaft zum Rebhaus inne. Ölgemälde von Peter Recco.

Schriftsetzer Schaffner

Anno 1811 starb in Basel Jakob Schaffner von Häfelfingen. Der überaus exakte und gelehrte Schriftsetzer arbeitete bis zu seinem Tode in der bekannten Druckerei von Johann Conrad von Mechels sel. Witwe. Er war ledigen Standes, hatte eine unförmlich breite Gestalt, ein gebücktes Haupt und trug stets eine famose Zopfperücke mit obligatem Dreispitz. Auch war er immer mit einem starken spanischen Rohr mit silbernem Kopf bewaffnet. Nach getaner Arbeit, die er bis ins hohe Alter verrichtete, kehrte er regelmäßig in einem Wirtshaus ein, um zu einem Meyel Bier einen halben Ring Rauchwurst

Der blinde Dichter und Erzieher Gottlieb Konrad Pfeffel (1736–1809) *von Colmar* (links) *und Gerichtsherr Jakob Sarasin* (1742–1802), dessen Wahl in den Rat viel Geduld erfordert hatte. Elfmal wurde Sarasin von seinen Zunftbrüdern zu Hausgenossen in Vorschlag gebracht, und jedesmal versagte ihm das Los die Gunst. Erst beim zwölften Mal winkte dem Fabrikanten und stolzen Besitzer des Weißen Hauses das Glück, wofür er sich durch wiederholten Besuch des Gottesdienstes bedankte. Seine Freude über die endlich empfangene Ehre war so groß, daß es ihn drängte, seinem blinden Freunde schleunigst mitzuteilen: ‹Ich bin durch Gunst und Glück nach 22 Jahren Sechser geworden. Also ein Mitglied des Rats. Hab' Respect für das! Ich bilde mir verzweifelt viel darauf ein.›

1777 hatte Pfeffel, der humorvolle Poet und Fabelerzähler, seinem großherzigen Freund im Weißen Haus ein feinsinniges Gedichtchen zugeeignet, das bis heute nichts an Gültigkeit verloren hat:

> Bathyll, ein kleiner Schäfer,
> Fing einen Maienkäfer,
> Band ihn an eine Schnur
> Und rief: ‹Flieg auf, mein Tierchen,
> Du hast ein langes Schnürchen
> An deinem Fuß – versuch es nur!›
>
> ‹Nein›, sprach er, ‹laß mich liegen:
> Was hilft's, am Faden fliegen?
> Nein, lieber gar nicht frei!›
> Im vollen Flug empfinden,
> Daß uns Despoten binden,
> Freund! das ist die härtste Sklaverei.

Aquarell von Franz Feyerabend.

mit Brot zu verzehren. Schaffner war etwas angeschossen, wie man sagte, aber nur in den eigenen vier Wänden bösartig. War er wütend, dann stimmte er einen sogenannten Fluchvers an und schlug mit seinem spanischen Rohr wie wild auf sein Deckbett, damit seine Feinde die Schläge zu spüren bekämen. Daneben aber war er äußerst sparsam und ersparte sich etliche tausend alte Franken.

Daß er in Geldsachen äußerst ängstlich war, wußten auch seine Bekannten. Am Wirtshaustisch fingen sie ihn deswegen einst zu hänseln an. Sie behaupteten, er könne, obwohl er Schriftsetzer sei, nicht schreiben. Diesen Vorwurf ließ Schaffner nicht auf sich sitzen. Er verlangte vom Wirt Feder, Tinte und

Das ehemalige Kloster Klingental. 1856. Die seit 1274 im Kleinbasel niedergelassenen vornehmen Klingentalerinnen, die ‹meist adeliger Herkunft und von zarter Konstitution waren›, erregten oft wegen ihres losen Lebenswandels öffentliches Ärgernis und mußten sich deshalb von der geistlichen und weltlichen Obrigkeit manchen Tadel gefallen lassen. Nach der Reformation standen die Gebäulichkeiten der Verwaltung der Klostergüter zur Verfügung. Die Kirche mußte fortan als Lagerhaus und Salzmagazin und später als Pferdestall der Kaserne herhalten. 1779 ‹wurde das sehr artige Thürmlein der Klingenthaler Kirchen, welches schadhaft war, abgebrochen. Der kupferne Engel und die runde Kugel wogen 80 Pfund und war sonsten noch vierzehn Zentner Blei am Thurm, welches Rudolf Fäsch, der Kupferschmied, erkaufte. Das Holzwerk ward aufgerufen und schlagweis 58 Pfd. erlöst. Das Glöcklein aber, so ungefähr einen Zentner wog und sehr hell klang, gab man der französischen Kirchen, und der ledig gewordene Platz gab eine schöne Haberschütte.› Aquarell von Peter Toussaint.

Das ‹Lust-Lager der loebl. Frey-Compagnie von Basel›. 1791. ‹Am 1. September 1760 war die circa 200 bis 250 Mann starke Frey-Compagnie in Basel zu sehen. Sie besteht aus freiwilligen, jungen Bürgersöhnen, die in kriegerischen Übungen exerziert werden. Sie waren außerhalb des St. Paultores (Spalentor) auf eine große Wiese, die man Schitz-Matt nennt, hinausgezogen, in gleichartiger Uniform, mit eigenen Offizieren, Kanonen und Bagagewagen, kurz, in vollständiger militärischer Ausrüstung, und schliefen auch dort in einem Lager. Am folgenden Tag, früh um 6, teilten sie sich in zwei Gruppen und schossen gegeneinander mit Kanonen, Kleingewehren und Granaten, als wären sie Feinde. Als die Gefechtsübung zu Ende war, schossen die Soldaten bis zum Abend auf Scheiben, wozu der Magistrat Preise ausgesetzt hatte. Zu dieser Übung kam soviel Volk aus der Stadt heraus, daß vielleicht nur ein Viertel der Einwohnerschaft zurückgeblieben war. Die Soldaten hielten sich sehr gut, abends um 8 zogen sie dann mit schöner Musik samt Bagage und Kanonen wieder in die Stadt. Diese Soldaten sind zu keinerlei Dienst verpflichtet, sondern wenn im Sommer schönes Wetter herrscht, exerzieren sie jeden Sonntag gegen Abend aus eigenem Antrieb mit Feuerwaffen auf dem Petersplatz, und der Magistrat sieht es gern, daß sie sich im Kriegführen üben, wozu dies Volk große Neigung besitzt.› Kolorierte Radierung.

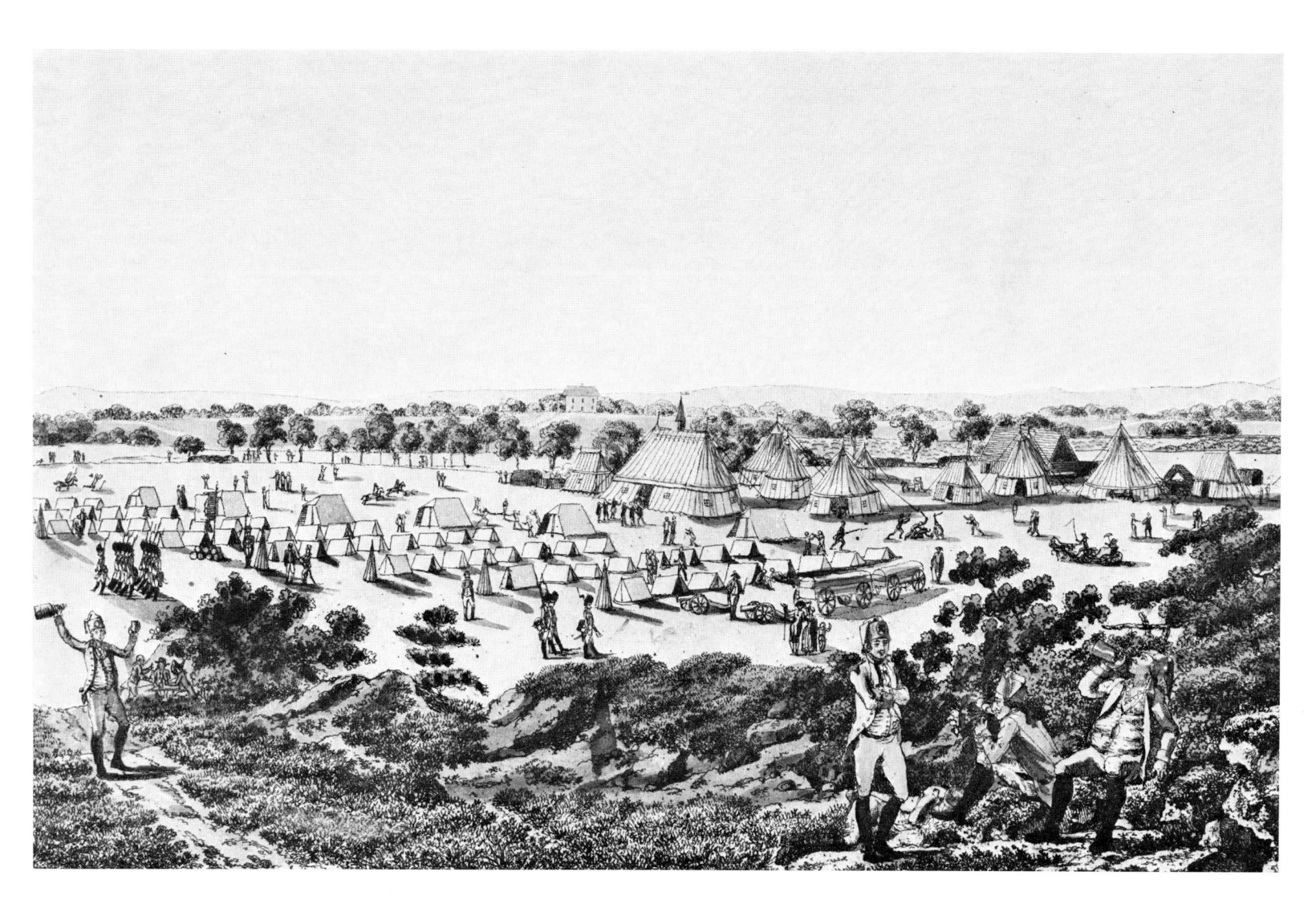

Eine Gruppe Zinnsoldaten aus dem Historischen Museum.

ein Quartblatt. Letzteres faltete er zu Oktav und beschriftete den obersten Bogen mit Name, Herkunft und Beruf. Dann gab er das Schriftstück in die Runde, damit jedermann sah, wie schön und leserlich er schreiben konnte. Einige Wochen später, als Schaffner wie gewohnt hinter seinem Schoppen saß, erschien ein Herr und begehrte von ihm, er möge ihm endlich die 32 Franken zurückbezahlen, die er ihm schulde. ‹Was?›, fauchte der Schriftsetzer wie eine brennende Rakete, ‹ich habe keine Schulden!› Der Herr aber beruhigte ihn und zeigte ihm den von ihm vor einiger Zeit unterschriebenen Zettel, den der Spaßvogel in eine Schuldanerkennung umgewandelt hatte. Als Schaffner schließlich so in die Enge getrieben war, daß er weder ein noch aus wußte, zerriß der Inhaber des Scheins diesen und bemerkte dazu, der Schuldner werde sonst bei von Mechel im Schriftsatz ein X für ein U setzen. Schaffner aber besuchte dieses Wirtshaus nie wieder.

Scharfschütze Zaeslin

Fränzi Zaeslin war ein von der Natur körperlich und geistig etwas vernachlässigter Junggeselle von 40 Jahren. Seine große Passion war das Spielen mit Zinnsoldaten, von denen er über 2000 Stück aller Waffengattungen und Völker besaß. Weil er keinen Militärdienst leisten konnte, was ihn schwer bedrückte, legte er sich eine Scharfschützenuniform zu und übte sich darin im Schießen. Sein Vorbild war Benedikt Sarasin, der trotz seiner körperlichen Bresten sich als ausgezeichneter Schütze behauptete, doch, wie wir noch sehen werden, im Kampf für seine Vaterstadt in jungen Jahren sein Leben lassen mußte. Als an jenem unglückseligen Ereignis Fränzi Zaeslin beim Umgang mit Feuerwaffen im Reigoldswilertal von den Landschäftlern überrascht wurde, warf er seinen Stutzer samt Jägerkäppi und grünem Rock flugs über eine Hecke und ergriff in panischer Angst die Flucht.

Auf der Schützenmatte hatte sich Fränzi einst unter das zahlreiche Publikum gesetzt, um ebenfalls dem Spiel einer Militärmusik zu lauschen. Da klopfte ihm ein Bekannter auf seinen unförmigen spitzen Buckel und fragte ihn, was denn dies für ein Instrument sei. ‹Daasch e keschtlig Voogelergeli›, gab der Gefoppte schlagfertig zur Antwort, das aber nur pfeife, wenn man ihm, mit Verlaub gesagt, von hinten einblase… Ein anderes Mal hatte Zaeslin den Besuch einer übermütigen Bubenbande zu überstehen. Als ihm bei dieser Prozedur ein Knabe auf seinen spitzen Rücken sprang, seufzte er: ‹Was bin ich doch für ein unglückliches Kamel, jetzt muß ich zu meiner gewohnten Last gar noch einen plumpen Affen auf meinem Buckel tragen!›

Ein ‹Vogelörgelein› mit einem ‹zwitschernden Kolibri› im Käfig. Um 1865. Aus der Werkstatt von Blaise Bontemps, Paris.

Die Theaterstraße (Roßmarkt) gegen den Steinenberg mit dem Eingangstor zum Kaufhaus. Um 1850. Links die ‹Engelsburg› an der Klosterbergbrücke (bis 1897). Hier wohnte während vieler Jahre der bekannte Architekt Achilles Huber (1776–1860), der unter den Steinlemern als unantastbare Respektsperson galt. Seine Gattin, Susanna Beck, war allerdings eine etwas merkwürdige Erscheinung, die sich mit Vorliebe à la grecque kleidete. Dies war für die Buben des Quartiers Grund genug, um nächtlicherweile die Hofmauer zu erklettern und in die Hubersche Wohnung zu spähen. Rechts (bis 1873) der obrigkeitliche Marstall, in welchem ‹eine wohleingerichtete Fruchtdörre installiert war, wo innert zwey Tagen 26 Säck Kernen können gedörrt werden, daß man sie über hundert Jahr ohnbeschädigt aufbewahren kann›. Bleistiftzeichnung von Eduard Süffert.

‹dr lang Meyer›

An der Gerbergasse wohnte der lange Bernhard Meyer, der sein Leben lang mit dem Übernamen ‹Bolli en-bas› behaftet war. Der Grund dafür war folgender: Als Kaiser Josef II. Anno 1777 durch Basel reiste und im Hotel Drei Könige abstieg, ging auch die Meyerin mit ihrem 6jährigen Sohne dahin, um mit gierigem Wunderfitz den Monarchen zu beschauen. Der Bube, der einen sogenannten Bolli aus Tuch als Kopfbedeckung trug, drängte sich so weit nach vorne, bis er dem Kaiser über die Stiefel stolperte, worauf ihn die Mutter sofort mit den Worten ‹Bolli en-bas› ermahnte, sich bei der Hoheit gebührend zu entschuldigen. Seither war Meyer mit diesem Ausdruck gezeichnet und der Schmähruf blieb: ‹Bolli en-bas, die große Kuh, tritt dem Kaiser auf den Schuh!›

Bauernschuhmacher Bernhard Meyer (1772–1826). Genannt ‹Bolli en-bas›. Aquarell von Franz Feyerabend.

Auch Meyers Mutter war von einem Geschichtchen umwoben: Bis um die Mitte des ersten Jahrzehnts des 19. Jahrhunderts war es Sitte, daß man am Bettag sozusagen nüchtern in die erste Predigt ging. Frau Meyer hatte aber vor 8 Uhr nicht etwa nur ein bescheidenes ‹Morgedringge› zu sich genommen, um es bis 12 Uhr 30 auszuhalten, sondern futterte noch hastig ein mehreres darüber. In der Kirche wurde es ihr dann aber so übel, daß sie einer Frau von hinten her Fragmente von Brot, Knackwurst und Rotwein an die Kleider ‹kerble› mußte...

Landschaftsmaler Salathe

Mit einem großartigen Zeichnertalent gesegnet war Friedrich Salathe, Sohn des Lehenmanns auf dem ersten Gundeldingen, das im Besitz von Meister Hieronymus Hosch am Heuberg war. Der bärenstarke Bauernbursche, der einen durchdringenden Kuhstallgeruch mit sich trug, kam zu Landschaftsmaler Matthäus Bachofen in die Lehre. Er hatte dem verehrten Meister die Bleistiftzeichnung eines Schweinestalls mit anliegender Holzbeige, in tadelloser Perspektive und bis in die kleinste Einzelheit ausgeschafft, vorgelegt, die Begeisterung auslöste. Kaum zu glauben, was der Kerl mit seiner groben, an schwere Landarbeit gewohnten Faust fertiggebracht hatte. Salathe machte denn auch rasch so große Fortschritte, daß Bachofen ihn bereits nach kurzer Lehrzeit zur weiteren Ausbildung in die Birmannsche Kunsthandlung schickte. Auch dort zeichnete er sich durch Fleiß und Begabung aus und brachte es in der Handzeichnung wie im Kolorieren zu großem Können, das ihm ein ansehnliches Honorar einbrachte.

‹Durch Empfehlung einflußreicher Kunstfreunde billigte ihm die GGG ein Stipendium für einen Studienaufenthalt in München zu. Dann kam Salathe nach Rom, wo er sich die Gunst eines in Finnland begüterten russischen Fürsten sicherte. Mit dem reichen Kunstliebhaber durfte der ehemalige Bauernsohn viele Länder bereisen, um die schönsten dieser Landschaften in Ölbildern festzuhalten. Doch das

Landschaftsmaler Friedrich Salathe (1793 bis etwa 1860). Trotz vermöglicher Herkunft und außergewöhnlicher Begabung konnte sich Salathe nicht restlos durchsetzen, da er gezwungen war, auf Bestellung zu arbeiten, was seine künstlerische Entfaltung einschränkte. Die von Uebelin erwähnten Nordlandreisen lassen sich nicht nachweisen. Dagegen ist bekannt, daß Salathe viele Jahre in Paris und Rom verbrachte. Auch der Hinweis, daß kein Werk von Salathe mehr vorhanden sei, ist nicht richtig, besitzt doch die Öffentliche Kunstsammlung Basel über 150 Aquarelle, Ölgemälde, Zeichnungen, Radierungen, Stiche und Skizzenbücher. 1819 erlangte Salathe auch eine gewisse Berühmtheit wegen seiner gewaltsamen Entführung in eine italienische Felseneinöde, wo er von einer Räuberbande während längerer Zeit gefangen gehalten wurde. Lavierte Bleistiftzeichnung von Hieronymus Heß.

Blick in den Hof des vorderen Gundeldingen (Gundeldingerstrasse 170). 1845. Um die Mitte des 16. Jahrhunderts vom reichen Handelsherr Hieronymus Iselin erbaut, gelangte das 3000 a haltende Gut 1602 an den Schaffhauser Hauptmann Hans Ulrich Abegg. 1812 sicherte sich gegen 96000 Franken Christoph Merian-Hoffmann den Besitz, der teilweise bis heute erhalten geblieben ist. Aquarell von Friedrich Salathe.

kalte, feuchte nordische Klima war seiner Gesundheit nicht zuträglich, und so kehrte er nach dem Tode seines Gönners wieder in seine Vaterstadt zurück. Ein selbsterschafftes und ererbtes Vermögen erlaubte ihm, im väterlichen Haus in Binningen ein bescheidenes Leben zu führen. Für die Kunst aber war er verloren. Infolge eines Schlagflusses konnte er weder Bleistift noch Feder führen, auch von seinen geistigen Fähigkeiten blieb nicht mehr viel übrig. Die Werke seiner Kunst verblieben teils in Finnland, teils bei einem französischen Juden in Berlin. Es ist zu bedauern, daß kein einziges seiner Bilder, weder in seinem Heimatdorf Binningen noch in Basel, zu finden ist.›

Oberstknecht Schnell

Bis um die Mitte der 1820er Jahre verwaltete Friedrich Schnell das Amt des Oberstknechts auf mustergültigste Weise. Er war ein Beamter mit allerbesten Qualitäten: ruhig, fleißig, unbestechlich, ehrlich, patriotisch, pünktlich und dazu mit einer schönen Handschrift begabt. Als jüngstes Kind seiner Eltern ‹der Kleine› genannt, trug der großgewachsene Mann diesen Spitznamen bis ins Alter. Auch äußer-

Die einst mit ‹St.-Johanns-Trauben› bepflanzte Rheinschanze beim St.-Johanns-Tor, die bei kleinem Rhein fast trockenen Fußes umgangen werden konnte. 1855. Von der Befestigungsanlage aus haben ‹wir bei hellem Wetter eine überaus schöne Aussicht auf Stadt und Umgegend. Voraus der breite, rasch fließende Strom, von saftig grünen Wiesen und Gärten eingefaßt, aus deren dunklem Grün endlich die weißen Landhäuser hervorschauen. Links dehnt sich die Elsässische Ebene bis zum Fuße der Vogesen. Die Ebene von einem weder schönen noch malerisch gekleideten Menschenschlage bewohnt, ist interessant durch ihren Reichthum an mittelaltrigen Bauwerken. Uns gegenüber jenseits des Flusses erhebt sich der Schwarzwald in Gestalt eines riesigen Amphitheaters. Die Tracht, die niedlichen Mädchengesichter, das ganze Leben, der Charakter der Landschaften zeigen in ihm überall, daß dort die freundliche Heimat jener Gedichte sein muß, während auf der Höhe der Berge ein durchaus anderer, kräftig schöner Menschenschlag noch immer in uralter Sitteneinfalt lebt.› Aquarell von Johann Jakob Schneider.

lich präsentierte Schnell außergewöhnlich. Wenn er in seiner schwarzweißen Amtskleidung über den Marktplatz eilte, betrachteten seine Mitbürger wohlgefällig die imposante Erscheinung, und mancher Leimentaler Bauer hielt ihn für den Amtsbürgermeister. In seinen jüngern Jahren wollte Schnell die diplomatische Laufbahn ergreifen und sammelte deshalb als Schloßschreiber auf Schloß Waldenburg entsprechende Erfahrungen. Als begeisterter Weidmann gab er sich zudem bei Gelegenheit mit Vergnügen der Jagd hin. Auf der Pirsch in der Hard hatte er einst das Pech, eine braune Junte für ein schußgerechtes Stück Wild anzusehen. Die abgefeuerte Ladung ‹Hasenpfosten› verletzte eine bedauernswerte Muttenzerin schwer. Der unglückliche Schnell wurde zu angemessener Schadenersatzleistung und vierjährigem Jagdverbot verurteilt.

Der Musterknabe Schnell verfügte auch über eine schöne reine Tenorstimme. Mit seinem reichen Repertoire an Schweizer und andern anständigen Volksliedern erfreute er oft kleinere und größere Gesellschaften. Auch gründete er mit Samuel Uebelin, Melchior Gaß, Isaac Bertsche (Organist zu St. Elisabethen) und Samuel Schneider, Violinist, ein Gesangskränzchen, um geistliche und weltliche Lieder, besonders von Jean Schmidlin, Hans Kaspar Bachofen und Hans Albert Lavater, oder gar die ‹Zauberflöte› einzustudieren. Neben all seinen schöngeistigen Interessen schätzte der belesene Schnell aber auch die Gemütlichkeit und war einem guten Bissen und einem kühlen Trunk nicht abhold. Bei Familienfesten sicherte er sich immer fünf, sechs feine Mümpfeli: das erste zwischen den Zähnen, das zweite mit der Gabel, das dritte auf den Teller und das vierte, fünfte, sechste mit den Augen!

Professor Buxtorf

Professor Dr. theol. Johann Rudolf Buxtorf war ein gewaltiger Lehrer und eine Stütze der Universität. Er beherrschte vollkommen die hebräische und la-

Tafel 2

Der St.-Alban-Schwibbogen. 1858. Links die
St.-Alban-Graben-Fassade des Hauses ‹zum Panthier›
an der Rittergasse 22, anschließend die über einem kleinen
Torbogen liegende Wohnung des Turmwächters.
Rechts vom auch ‹Cunostor› genannten Schwibbogen,
der 1878 abgebrochen wurde, das Deutschritterhaus.
Aquarell von Louis Dubois. In Privatbesitz.

teinische Sprache und das Alte Testament. Als Lektor des Frey-Grynäischen Instituts bewohnte er den Sennenhof am Heuberg 33; anstelle eines Mietzinses hatte er wöchentlich 2 Stunden über irgendein theologisches Fach zu dozieren. Den Sommer über bewohnte der liebenswürdige, überaus geduldige Professor das Landgut Bruckfeld bei Münchenstein, kam aber regelmäßig zu Fuß in die Stadt, um seine Lektionen abzuhalten. In seiner Lebensführung war er äußerst maßvoll. Er gönnte sich oft nur eine Suppe. Besuchte er einen befreundeten katholischen Pfarrer im Fricktal, dann nahm er als Proviant einzig ein sogenanntes Kreuzweggli mit, das er beim ersten besten Dorfbrunnen aushöhlte und als Trinkgefäß benutzte! Seine Knauserigkeit aber war nicht mit Geiz gleichzusetzen, denn er war äußerst wohltätig. Armen Studenten gab er das Kolleggeld, das der Pedell eingezogen hatte, wieder zurück und be-

Das Bruckgut in Münchenstein. Um 1850. Erster feststellbarer Besitzer des Landguts an der Münchensteinerbrücke war 1541 Thomann Vogt, dem Lukas Iselin folgte. 1667 ging das Bruckgut in das Eigentum des Landvogts zu Münchenstein, Daniel Burckhardt, über. Seine vornehme Ausstattung, zu der besonders das einzigartige ‹Chinesenzimmer› zu zählen ist, erhielt das Landhaus von Marcus Weis-Leißler vom Württembergerhof. Getuschte Zeichnung von Jakob Christoph Weiß.

Lukas Ritter auf der Jagd in der Hard (1761 bis 1843). Der mit dem Spitznamen ‹Pulverrauch› betitelte Kanzleisekretär war ein begeisterter Jäger und Schütze, der sich allerdings zu Unrecht rühmte, eidgenössischer Schützenkönig gewesen zu sein. Kolorierte Lithographie nach Hieronymus Heß.

Die Originalität Ritters hat immerhin einen unbekannten Poeten zum folgenden ruhmestränkenden Elaborat zu inspirieren vermocht:

> ‹Hier steht nach altem Waidmannsbrauch
> Der Edle Lukas Ritter
> Der alte Namens Pulverrauch
> Ihm schmeckt der Wein nicht bitter
>
> Sein Jäger Antlitz purpurroth
> Glänzt hell vom Saft der Reben
> Sein Freund im Leben und im Tod
> Sein Paßky steht darneben
>
> Ein Scheibenschütz und Jägersmann
> Bey mehr als fünfzig Jahren
> Das sieht man Ihm recht deutlich an
> An seinen weißen Haaren
>
> Viel Feder-, Roth- und Schwarz Gewild
> Schoß Er bey Frost und Hitze
> In der Diana Lust-Gefild
> Im Fluge, Lauf und Sitze
>
> Hat schnellen Schritt und rasches Blut
> Ein scharfes Aug durch Brillen
> Gesundheit wie auch frohen Muth
> Zuweilen Kanzley Grillen
>
> Zum Baß-Sang eine Felsenbrust
> Zum Fraß den besten Magen
> Voll Jägerfreud und Schützenlust
> In seinen alten Tagen
>
> Hört Kirch-Geläut und Orgelklang
> Nicht gern wie Martin Luther
> Liebt mehr der Vögel Waldgesang
> Schätzt höher Käs und Butter
>
> Unsterblich wie Napoleon
> Vortrefflich wohl gerathen
> Ist Er Diana Lieblings-Sohn
> Und auch wie Er an Thaten
>
> Drum soll die ganze Jägerzunft
> Dies theure Bildniß achten
> Und in der Brunst und in der Brunft
> Nach gleichem Ruhme trachten›

Leonhard Heß (1787–1850) mit seiner Frau Marianne und seinen Töchterchen Anna Octavia und Elisabeth Adelheid. Um 1830. Die Familie des Handelsmannes zum Hasen am Marktplatz 2 und spätern Direktors der Strafanstalt sitzt vor ihrem Landhäuschen zu Gundeldingen. Im Hintergrund die Stadt. Aquarell von Simon Laudier.

Ein Mägdchen, welches roth und weiß
und nicht des Pinsels Gnade lebet,
noch Farben auf die Wangen klebet,
Behält bey mir allein den Preiß;
Wie sollt ein solcher Kuß mir schmecken,
Den ich nicht frisch geniesen kan,
Die Farben erstlich abzulecken
Steht Hunden, aber mir nicht an.
(Apotheker Johann Christian Bille, 1749).

Die ‹Primula Auricula› (Aurikel-Schlüsselblume), wie sie im letzten Jahrhundert in Basel mit viel Liebe und Erfolg gezüchtet wurde. Diese ‹Art ist die Mutter der zahllosen Gartenspielarten, die den Frühling der Gärten bald mit ihrem sammtartigen dunkeln Purpurroth, bald mit ihrem Orangegelb und vielem Puder, bald mit ihrem Scharlach und bald mit ihrer Veilchenfarbe aufs angenehmste und beredteste beurkunden. Verschiedenheit der Erdarten und neue auch künstliche Befruchtung haben sie hervorgebracht. Nicht selten kommen eine Art Doppelblumen, bey denen auch die Staubfäden vermehrt sind, vor. Solche von ungemeiner Größe und allen Farben brachte Herr Magister Schneider in Basel hervor.› Kolorierte Lithographie aus der berühmten Sammlung von Schweizer Pflanzen des Baslers Jonas David Labram (1785–1852).

Hammerklavier aus der Werkstätte von Valentin Krämer. Um 1825. Das aus Mahagoniholz gebaute Instrument umfaßt 6 Oktaven. Die vier Pedale gehören zu einem Fagottzug im Baß, einem Fortezug, einem Lautenzug und zu Pauke und Glöckchen, die bei Märschen ‹alla turca› gespielt wurden.

schenkte sie zudem noch mit Handbüchern ‹moralisch-erbauenden Inhalts›.

Zur Konfirmation erhielten die Jünglinge für gewöhnlich einen Filzhut aus dem Laden des Hutmachers Jakob Büchi am Rheinsprung. Weil man dafür nicht zuviel Geld auslegen wollte, mußte man sich mit einer billigen Qualität begnügen. Hielt man einen dieser geleimten Hüte beim Orgelspiel in der Hand, dann fing dieser bei gewissen tiefen Baßtönen zu vibrieren an. Magister Samuel Schneider erklärte dieses Phänomen mit der Akustik, einer Wissenschaft, die um 1802 vom Leipziger Ernst Friedrich Chladni erfunden worden war. Nach dessen Erkenntnis kann eine Glasscheibe, ein hartes Brettchen oder ein fest geleimter Pappdeckel durch Bestreichen mit einem Violinbogen in vibrierende Bewegung gebracht werden, worauf sich auf angestrichenen, mit Sand bestreuten Flächen sogenannte Klangfiguren bilden.

Münsterorganist Schneider

Ein Mann von ungewöhnlich großer Musikalität war Münsterorganist Samuel Schneider-Bulacher. Er bewährte sich sowohl als Violinist als auch als Dirigent. Aber seine eigentliche Stärke waren Klavier und Orgel. Da erwies er sich als wahrer Meister der Improvisation. Für jede Predigt fand er ein passendes, aus der Tiefe seines frohen Gemüts aufsteigendes Nachspiel. So auch nach einem der endlosen Bettagsgottesdienste, als er aus der Zauberflöte von Mozart die Arie ‹Seid uns zum zweitenmal willkommen› über die Tasten gleiten ließ. Diese unverfrorene Anspielung erregte das Gemüt der tonkundigen Frau Maria Passavant-Passavant derart, daß sie sich bei der Geistlichkeit des Münsters entladen mußte, was für Schneider etwelchen Tadel absetzte! Um sich täglich in seiner Kunst in Übung zu halten, besaß Magister Schneider ein Piano von Johann Jakob Brosi und ein gutes Spinett. Später schaffte er sich ein Instrument aus der Werkstätte des renommierten Klavierbauers Valentin Krämer an, das mit einem Fagottzug für den Baß versehen war. Auf

Die Tabakstampfe an der Binningerstraße vor dem Steinentor. Hier wurde einst auch der in Kleinhüningen und in Sissach angepflanzte Tabak verarbeitet. ‹Es gibt dermal (1841) in Basel 5 Tabakfabriken, mit eben so vielen Mühlen. Dieser Industriezweig ist nicht alt, denn der Gebrauch des Tabaks wurde bei uns noch 1670 obrigkeitlich verboten. Diese 5 Fabriken beschäftigen circa 200 Arbeiter und verarbeiten gegen 15000% rohe Blätter, welche hauptsächlich aus dem Elsaß, der Pfalz, zum Theil auch aus den Seehäfen Amerika's bezogen werden; und 1500% Carotten aus Holland. Sie fabriziren ordinäre Carotten, Schnupf- und Rauchtabake, doch auch feineren Schnupftabak und Cigarren. Der Werth des bezogenen rohen Materials mag sich auf circa 350000 Franken, des veredelten jedoch auf 1000000 Fr. belaufen. Das hiesige Fabrikat wird sehr geschätzt und geht auch nach Frankreich und Italien. Der Consumo wurde früher im Allgemeinen à 2 Pfd. per Kopf jährlich angenommen, mag sich jezt aber wohl verdoppelt haben.› Aquarell von Johann Jakob Schneider.

Der französische Schreiblehrer am Gymnasium, *Chrétien Frédéric Anthés*, von Schülern umringt und bestürmt:

‹Musje Anthés! Musje Anthés!›
Schreien mir die Buben zu,
Zerren mich an meinem Rocke,
Lassen mir nicht Rast noch Ruh!

Vorschrift, Federn und mein Dreispitz
Werden schändlich drangsalirt,
Bis den Buben ihre Rippen
Meine Backel operirt!

Kolorierte Lithographie nach Hieronymus Heß, um 1813.

diesem Klavier, das mehr durch eine vorzügliche Mechanik als durch vollen, runden und klangreichen Ton bestach, spielte er fast bis zu seinem Tode, der ihn erst im 93. Lebensjahr ereilte.

Zu den Freuden des Alltags des begabten Musikus gehörten Pfeifenrauchen und Blumenzüchten. Seine Leidenschaft für das Rauchen ging so weit, daß er sich gar während der Predigt im Münster oft eine Pfeife anzündete, sehr zum Ärger gewisser Frauenzimmer und der Geistlichkeit. Beinahe katastrophale Folgen hätte sein fortwährendes Rauchen auf der Rheinbrücke hinterlassen. Das Rauchen auf der Brücke war wegen Brandgefahr bei hoher Geldstrafe verboten. Das aber kümmerte den Münsterorganisten herzlich wenig. Als er einst seinem Hause an der Rebgasse zustrebte, schmauchte er wie gewöhnlich auch auf der Rheinbrücke sein Pfeifchen. Wie er aber einen Polizeidiener erblickte, steckte er seine Pfeife hastig unter seinen Überrock. Dabei fiel etwas brennender Tabak in einen Spalt des Holzbelags und entwickelte sofort Feuer. Nur der Aufmerksamkeit eines Passanten war es zu verdanken, daß der Brand im Keime erstickt werden konnte und die Brücke nicht in Flammen aufging. Erst im hohen Alter verzichtete Magister Schneider auf das Tabakrauchen, dem Tabakschnupfen aber frönte er bis zu seinem Lebensende.

Nachgerade zur Weltberühmtheit brachte es der eigenwillige Kleinbasler durch seine Erfolge als Blumenzüchter. Besonders der Umgang mit Aurikeln gelang ihm so ausgezeichnet, daß ihn die Gartenbaugesellschaft Bayerns zum Ehrenmitglied ernannte. Von überall her kamen die Blumenfreunde, um dem ‹Aurikelschneider› Samen oder junge Pflänzchen abschwatzen zu können. Dann aber besann sich der Münsterorganist auf seine kaufmännische Ader und zog einen weltweiten Handel auf. Je nach der Größe der Blumen, die den Umfang von mehr als einem Brabantertaler erreichen konnten, verlangte er pro Stück zwischen einem Louistaler und einem Louisdor. Und bald hagelte es nur so von Bestellungen von königlichen und fürstlichen Hofgärtnern aus Deutschland, England, Dänemark,

Karikatur auf die Hungersnot vom Sommer 1817, als der Brotpreis von 21 Rappen bis auf 39 Rappen das Pfund anstieg. Der am Baum hängende Kornwucherer, die Korngarben und der Erntekranz bringen die Empfindungen eines Baslers zum Ausdruck, die ihn ‹beym Anblick des Blumenstraußes, welcher den 29. August 1817 von Daniel Keßler von Neuenburg im Breisgau auf dem ersten schwer beladenen Fruchtwagen hierher gebracht wurde und dann als ein Freudenzeichen an das Kornhaus allhier aufgesteckt worden› war, bewegten und ihn mit Abscheu vor den geldgierigen Getreidespekulanten, aber auch mit Dankbarkeit für die überstandene Not erfüllten. Kolorierter Stich von Niklaus Müller.

Magister Staehelin

Neben der kraftvollen Persönlichkeit von Magister Samuel Schneider war Magister Anton Staehelin eine blasse Figur. Der Lehrer für Lateinisch und Gesang am Gymnasium beteiligte sich an Diskussionen in den Kämmerlein nur selten; er saß meist stumm da, war aber ein äußerst feinfühlender Mitmensch. Er trug immer einen hellgelben Rock aus gutem Tuch, schwarze Hosen aus Samt, weiße Strümpfe und Schnallenschuhe und spielte entweder mit seinem Stockband oder mit der großen runden Dose aus Papiermaché, die mit staubartigem gelben Schnupftabak von der besten Sorte angefüllt war. Am Gymnasium hatte Staehelin die neu eintretenden Schüler auf ihre Stimmfähigkeit zu prüfen. Wer nach seiner Ansicht keine taugliche Stimme hatte, wurde den Schreib- und Rechnungsschülern zugeteilt. Der Examinator selbst hatte keine schöne Stimme, dafür aber eine unerhört voluminöse. Amtete Staehelin als Vorsänger im Münster, dann drang sein gewaltiges Organ bis auf den Münsterplatz. Artikulierte Worte brachte er allerdings nicht hervor, aber die Gemeinde folgte seinem tonfesten Vortrag wie einem Leithammel.

Rußland usw., die es meist auf seine Hauptaurikel ‹Es g'fallt mir numme-n-eini› (nach einem Gedicht von Johann Peter Hebel) abgesehen hatten.

Trotz dem buchstäblichen Goldregen, der auf den bescheidenen Musikanten niederprasselte, führte Magister Schneider einen äußerst einfachen Haushalt. Neben Suppe und Gemüse kam nur Schweinefleisch auf den Tisch, weil damit Butter und Schmalz eingespart werden konnte. Der Kaffee wurde mit gelben Rüben versetzt, weil er der mit undefinierbarem Zeug fabrizierten Chicorée nicht traute. Dagegen legte Schneider einen gewissen Wert auf gute Tischweine, eine Mischung von zwei Dritteln Elsässer und einem Drittel Markgräfler.

‹*dr Pfluume-Bobbi*›. Alias Jakob Müller (1793–1849).

›Nicht immer denken klug und fein
die großen Herren nur allein,
sonst wäre Gotti Pflumius
allhier nicht auch Politicus!‹

Der ehemalige Kaminfeger, der sich in seinen späteren Jahren gelegentlich ein wenig Geld als Taglöhner verdiente, damit er sich ein zusätzliches Gläschen leisten konnte, war meist am Barfüßerplatz anzutreffen, wo er sich bei Wind und Wetter mit phlegmatischer Gelassenheit als Besserwisser aufspielte. Kreidelithographie von Nikolaus Weiß nach Hieronymus Heß.

‹dr Pfluume-Bobbi›

Ledigen Standes und Kaminfeger, phlegmatisch und zynisch, das sind die Attribute des arbeitsscheuen ‹Pfluume-Bobbi›, oder des Jakob Müller, wie er mit bürgerlichem Namen hieß. Ihm konnten weder Frost noch Hitze noch Not und Sorge etwas antun. Aber wenn die Buben ihn beim Spitznamen riefen oder ihm eine auf Pflaumen reimende Frage stellten, dann verwandelte sich seine Ruhe in satanische Ausbrüche!

Frau von Krüdener

Großes Aufsehen erregte im Frühjahr 1817 die seit 2 Jahren allgemein bekanntgewordene Baronesse Barbara Juliane von Krüdener. Die wegen ihrer witzigen und schlüpferigen Romane berühmte russische Hofdame hatte von den Freuden der Welt abgelassen und sich dem Evangelium Jesu Christi zugewandt. Anfänglich hatte sie sich auf ihren Reisen durch Deutschland, Frankreich und die Schweiz darauf beschränkt, nur persönlichen Kontakt mit den Kindern Gottes zu pflegen. Als sie dann aber in Genf die Bekanntschaft mit dem liebenswürdigen Henri-Louis Empaytaz gemacht hatte, hielt sie besonders in Basel und Umgebung öffentliche Versammlungen ab. Sie pries die Kraft des Kreuzmachens, verehrte die heilige Jungfrau und setzte sich für das Zölibat und für das Gebet für die Toten ein. Weil diese Lehren vielfach Anlaß zu häuslichem Unfrieden gaben, legte die Regierung Frau von Krüdener die Abreise nahe. Sie fügte sich und zog nach Paris, wo ihre Gebetsstunden von hochgestellten Personen besucht wurden, auch der russische Kaiser Alexander habe sich ihrem Einfluß nicht entziehen können. Über Schloß Liebegg und Aarau gelangte sie schließlich dann wieder in die Nähe Basels. Beim Grenzacher Horn entwickelte sie mit tatkräftiger Unterstützung von Professor Friedrich de Lachenal eine sprühende Aktivität, die weite Kreise in ihren Bann zog. Doch besonders die vom ehemaligen Sekretär der Deutschen Christentumsgesellschaft Johann Georg Kellner im Freien, auf Lauben und im

‹Erweckungsversammlung› der Frau von Krüdener beim Grenzacher Hörnli. Barbara Juliana von Krüdener (1764–1824), Witwe eines hohen russischen Diplomaten, hatte von ihrem sorglosen Weltleben abgelassen und sich mit einem wahren Feuereifer dem Pietismus zugewandt. In Basel hielt sie vorerst ‹Erbauungsstunden› in den Gasthöfen ‹zum Storchen› und ‹zum wilden Mann› ab, verlegte dann aber auf Empfehlung der Obrigkeit im Januar 1816 ihren Wirkungskreis in ein kleines Bauernhaus beim Hörnli in Grenzach in der Nähe des heutigen Gasthofs ‹zum Waldhorn›. Dort entwickelte sie unter Beistand ergebener Leute, zu denen auch Professor Friedrich de Lachenal (1772–1854) gehörte, der auf Professur und Rektorat verzichtet hatte, eine rege Tätigkeit. Frau von Krüdener kümmerte sich nicht nur um das Seelenheil ihrer vielen Anhänger, sondern war – in der Zeit einer schrecklichen Hungersnot – auch um deren leibliches Wohl besorgt. Indessen erregte ihr Erfolg das Mißtrauen des Großherzoglichen Ministeriums des Innern, das am 14. März 1817 den Auftrag erteilte, sie ‹aus dem diesseitigen Gebiete auszuweisen›. Umgeben von der Gunst Zar Alexanders, starb Frau von Krüdener 1824 in der Krim. Sie war, nach der Schilderung von Professor Lachenal, ‹keine Somnambule, weder von Natur noch durch magnetische Bearbeitung geworden; sie war auch keine Prophetin; aber sie besaß ein ausgebildetes Ahnungsvermögen mit einem gebildeten Verstand und konnte daher manche Ereignisse der Zukunft voraussehen; aber sie beging den Fehler, solche Ereignisse auf bestimmte Zeiten deutlich vorauszubestimmen.› Aquarell von Hieronymus Heß.

Wachtmeister Johann Jakob Wolleb († 1818).
Auf dem Kopf sitzt ihm verwegen ein schwarzer Zweimaster mit Kokarde und Federbusch in den Farben der Helvetik. Aquarellierte Federzeichnung von Franz Feyerabend.

Hofe vorgetragenen possierlichen Predigten erregten wiederum den Unwillen der Regierung. Auf eine Klage beim Oberamt in Lörrach wurden einige badische Landjäger zur Wahrung von Ruhe und Ordnung ans Horn beordert, was zu Mißfallenskundgebungen unter der Bevölkerung führte.
Trotzdem Kellner und Frau von Krüdener ungefähr 10mal den Untergang der Stadt Basel prophezeiten, strömten immer mehr Basler nach Grenzach, um der religiösen Schwärmerei des ‹Sonnenweibs› anzuhangen. Und Professor de Lachenal legte alle seine Ämter nieder, um sich ganz dem ‹Krüdenerianismus› zu widmen. Mit der Zeit ließ sich Frau von Krüdener mit ihrem Anhang an andern Orten nieder. Aber sie wurde nirgends geduldet. Von Land zu Land gejagt, wollte sie schließlich im südlichen Rußland ein neues Jerusalem gründen. Es gelang ihr jedoch nicht, diesen Plan zu verwirklichen.

Kaminfeger Hornlocher

Von harmloser Natur war Kaminfegermeister Johann Jakob Hornlocher. Besonders auffallend an ihm war, daß er immer dieselben Kleider trug: einen langen Haarzopf, einen zünftigen Militärhut, einen ständig zugeknöpften blauen Überrock mit blanken gelben Knöpfen und gute Stiefel mit gelben Kappen. Zu seiner obligaten Ausrüstung gehörte auch ein roher Korporalsstock aus spanischem Rohr mit breiter lederner Quaste und messingenem Kopf und Zwinge, beides immer blankgeputzt. Da er vermöglich war, ging er oft in der Stadt spazieren und hielt auf einem Bänklein Siesta. Auf Befragen erzählte er von seinen Wanderschaften in den 1780er Jahren nach Berlin, wo er den greisen König Friedrich II. jeweils während der Wachtparade sah. Wegen dieses Schauspiels ging er oft nach Potsdam, denn das war für ihn das Nonplusultra. Sprach Hornlocher den Namen des berühmten Königs aus, dann hob er ehrfurchtsvoll den Militärhut.

Wachtmeister Wolleb

Zu den Basler Originalen gehörte auch Wachtmeister Johann Jakob Wolleb, der bis zu seinem Tod das Steinentor bewohnte. Er hatte seinerzeit bei den Schweizer Truppen in Frankreich gedient. So kämpfte er auch unter Fürst Franz von Soubise in der Schlacht von Roßbach in Thüringen, die für die flüchtenden Nationalfranzosen ein unrühmliches Ende nahm, den tapferen Schweizern aber die Bewunderung König Friedrichs II. einbrachte. Torwächter Wolleb vermochte seinen Posten auch während der Helvetik zu halten, obwohl er nicht nach der Pfeife der Regierung tanzte. In dieser Zeit hatte jeder Bürger die dreifarbige Kokarde (grün, rot, gelb), das Abzeichen des Einheitsstaates, zu tragen.

‹Der große Schnee› von 1855. Im Februar 1855 wurde die Stadt von einem enormen Schneefall überrascht, der den gesamten Verkehr lähmte. Die Wegräumung der Schneemassen, die 75 Zentimeter hoch auf Häusern und Straßen lagen, stellte größte Probleme. Für die Räumungsarbeiten mußten zu einem Taglohn von Fr. 1.72 rund 420 Arbeiter eingesetzt werden. Der Andrang von Hilfskräften war ‹so ungeheuer gewesen, daß manche abgewiesen werden mußten›, und der Preis der Schneeschaufeln stieg von Fr. –.90 auf Fr. 1.50 pro Stück! Das außergewöhnliche Naturereignis hatte für die Stadt ‹exorbitante Ausgaben› von Fr. 13 770.65 zur Folge. Das Bild zeigt den ‹großen Schnee› beim alten Zeughaus am Petersgraben, welches 1937 leider dem neuen Kollegiengebäude der Universität weichen mußte. Gouache von Louis Dubois.

Die abverheite Gratiskonsultation. Dr. med. Johann Jakob Stückelberger befiehlt der sogenannten ‹Oggsefueßene›, die auf offener Straße zu einer Gratiskonsultation zu kommen glaubt, die Zunge herauszustrecken und die Augen ganz fest zu schließen. Dann machte er sich aus dem Staub. Aquarell von Hieronymus Heß. 1826.

Weil Wolleb sich weigerte, diesem Erlaß nachzukommen, wurde er aufgefordert, sich beim Regierungsstatthalter Lic. Johann Jakob Schmid zu melden. Diesen Befehl erfüllte er, indem er sich in papageigrünem Rock, roter Weste und gelbledernen Hosen bei seinem Vorgesetzten präsentierte und gleich die Frage stellte, ob er in diesem Aufzug in den helvetischen Farben als lebendige Kokarde gelten könne. Der Regierungsstatthalter schickte Wolleb mitsamt seiner Helvetik wieder nach Hause...

Stallknecht Friedrich

Ein lustiger Geselle war auch der Stallknecht Friedrich aus dem Baselbiet. Er hatte in Gesicht und Postur eine starke Ähnlichkeit mit Napoleon und war deshalb allgemein unter dem Namen Näppi bekannt. Mit der Zeit vernachlässigte Friedrich seine Arbeit als Gasthofknecht und ergab sich der Liederlichkeit, was schließlich zu seiner Ausweisung führte. Näppi nahm dann in Binningen Wohnsitz und vermochte durch sein drolliges Benehmen beim Grenzstein manchem Basler Spaziergänger eine milde Gabe abzulocken.

Die Gebrüder Locher

Auffallende Typen im Basler Straßenbild waren auch die Gebrüder Locher, deren Vater und Großvater das ehrbare Handwerk eines Glasermeisters ausübten. Emanuel war komplett verwachsen, hatte struppiges Haar und wilden Bart und konnte nur mit Hilfe von zwei Krücken gehen. Der kleine Mann beschäftigte sich mit nutzlosem ‹Bäschele› oder pfuschte ins Glaser- oder Kammacherhandwerk. Johann, sein jüngerer Bruder, war von normalem Körperwuchs, dafür klappte es bei ihm im Kopf nicht recht. Er verdiente sein Leben als Klavierstimmer oder als Reparateur von Schwarzwälder Uhren. Die kauzigen Locher waren Besitzer des Hauses ‹zum Kernenbrod› am Spalenberg 28, zu dem der Abtrittturm zwischen dem Spalenberg und dem Nadelberg gehörte. Da sich die beiden das Entleeren der Abwassergrube nicht leisten konnten, schöpften sie von Zeit zu Zeit die angesammelte Flüssigkeit in den Straßengraben, während sie den eingetrockneten Kot in ihrem Estrich einlagerten!

‹d Oggsefueßene›

Auch weibliche Originale gab es in der Stadt zu sehen. Eines von diesen war die Witwe Ochs-Fuß, die sogenannte ‹Oggsefueßene›. Das beleibte große Weibsbild war immer sauber und sorgfältig nach der alten Mode gekleidet, zu welcher auch eine aufgesteckte Haube gehörte. Sie war etwas einfältig und daher von sich selbst eingenommen und zudem noch hypochondrisch. Trotz ihres blühenden Aussehens klagte sie beständig über Unwohlsein oder prophezeite den Beginn einer ernsten Krankheit. Von ihrer Jammerei blieb auch Professor Dr. Johann

Jakob Stückelberger nicht verschont. Als er einst über die Rheinbrücke eilte, begegnete ihm Frau Ochs, die ihn prompt auf offener Straße um eine Konsultation bat. Unwillig wies der bekannte Arzt die eingebildete Patientin an, die Augen zu schließen, den Mund zu öffnen und die Zunge möglichst weit herauszustrecken. Derweil die ‹Oggsefueßene› tat, wie ihr befohlen, schlich Professor Stückelberger auf leisen Sohlen davon. Und diese merkte die Narretei erst, als die Umstehenden in schallendes Gelächter ausbrachen.

Die Kartause, die seit 1669 als Waisenhaus dient, und die St.-Theodors-Kirche im Kleinbasel. Um 1830. Rechts außen das Kranhäuslein und das Sperrwerk zwischen Letzigang und Rhein und die Baarmatte. Im Vordergrund der während der Zeit der Bedrohung durch die Armagnaken errichtete gedeckte Schützengang. Dieser Teil des Kleinbasler Befestigungsrings, der 300 Zinnen, 9 Türme und 6 Letzinen zählte, wurde 1838 abgebrochen. Aquarell von Achilles Bentz.

Glasermeister Schlosser

Von einem sonderbaren Heiligenschein umgeben war der aus dem Kleinbasel gebürtige Glasermeister Caspar Schlosser. Der überaus tüchtige Handwerker – er zählte zu den besten seines Fachs –

Der St.-Antonier-Hof an der Rheingasse. 1823. Die Antoniter, die sich besonders der Pflege der Haut- und Geschlechtskranken widmeten, besaßen in Basel seit 1297 nicht nur den St.-Antonier-Hof an der St.-Johanns-Vorstadt, sondern seit 1462 auch denjenigen an der Rheingasse. Nach der Aufhebung des Konvents gelangte die Liegenschaft in den Besitz wohlhabender Bürger. Von 1817 bis 1869 dienten die alten Klosterbauten Peter und August Raillard zum Betrieb einer Gerberei. Das bei einer täglichen Arbeitszeit von 12 Stunden (bis 1893!) fabrizierte Leder wurde in einem kleinen Laden, der schon um 5 Uhr früh geöffnet wurde, direkt an Schuhmacher verkauft. 1869 wurden die unpraktischen Fabrikräume durch einen stattlichen Neubau ersetzt, in welchem bis 1910 gegerbt wurde. Seit 1932 erhebt sich am Ort des St.-Antonier-Hofs das kantonale Arbeitsamt. Aquarell von Carl Wilhelm Wenck.

baute auf dem Areal seiner Liegenschaft an der Kartausgasse eine kleine Klause mit Glockentürmchen und katholischem Altar. In dieser selbstverfertigten Kapuzinerhütte hauste Schlosser oft tage- und nächtelang wie ein Eremit. Zuweilen, wenn er nur wenige Kirchgänger vermutete, besuchte er aber auch die Wochengottesdienste zu St. Theodor. Er setzte sich mit Blick auf den geschmückten Altar der Katholiken in den ‹Wyberrooscht› bei der Tür und blätterte laut in seinem Brevier, was die Protestanten erheblich in ihrer ‹Andacht› störte. Um Schlosser diese üble Gewohnheit auszutreiben, wurde Pfarrer Daniel Krauß zu St. Leonhard gebeten, mit aller Schonung das Nötige vorzukehren. Der Glasermeister, der durch Erbgang in Besitz des schönen Anwesens von Glasermeister Peter Hofmann hinter der Rümelinsmühle gelangte, gehörte der Kirchgemeinde St. Leonhard an. Pfarrer Krauß machte Schlosser nun freundliche Vorstellung, er solle seinen Glauben doch während des katholischen Gottesdienstes ausüben und auf die Andersgläubigen gebührend Rücksicht nehmen. Dieser Weisung wolle er nachkommen, beteuerte Schlosser, doch er vergleiche die Konfessionen der Katholiken, der Protestanten und der Juden mit den Geschwistern Martha, Maria und Lazarus. Martha habe den Herrn Jesum von Herzen lieb, obwohl sie zu ihrem Nachteil an der Wirklichkeit hange. Maria, die aus

Basler Wirtshausstube mit eidgenössischen Zuzügern und andern Gästen. 1795. In den ‹Wirthäusern, welche sich in der That durch ihren guten reinen Wein auszeichnen, hält die Mittelklasse der Einwohner noch jetzt (1840) ihre Kämmerlein. Vor Zeiten nämlich ging jeder Bürger am Abend mit einer Flasche auf eigenem Weinberge gezogenen Weins in der Tasche auf die Zunfthäuser. Da kam das Tabakrauchen (Tabaktrinken nannte man es) auf und fand bald so allgemeinen Anklang, daß nicht nur die Geistlichkeit, wie in ganz Europa, dagegen eiferte (ein Geistlicher soll gesagt haben, wenn er die Rauchwolken aus den Mundwinkeln aufsteigen sähe, sey es ihm, als erblicke er die Schornsteine der Hölle), sondern auch der Rath ließ unter dem 22. Juli 1685 ein förmliches Verbot dagegen ergehen. Die Leute hatten aber einmal das Rauchen zu lieb gewonnen und bildeten nun, um dieser Neigung ungestört nachhängen zu können, geschlossene Privatgesellschaften. Jene Kämmerlein (Tabagies) mochten dazu dienen. Später pflegten sich hiezu die Wohlhabenden eigene Lokalien zu miethen, die aber nach und nach eingehen, weil die meisten sich lieber auf der Lesegesellschaft und dem Casino oder aber auch in den Gasthöfen zu zerstreuen pflegen.› Aquarell von Franz Feyerabend.

Das schreckliche ‹Nervenfieber›, das im Februar 1814 Stadt und Land heimsuchte. Der Durchmarsch der Alliierten brachte Basel mit seinen 17000 Einwohnern eine ungeheure Belastung, die nur mit größter Mühe verkraftet werden konnte. Allein für die Zeit vom 21. Dezember 1813 bis zum 20. Juni 1814 mußten für die Masse der durchgeschleusten Generäle, Offiziere und Soldaten gegen 800 000 Verpflegungstage aufgewendet werden! Aber nicht Verköstigung und Beherbergung waren das Schlimmste, sondern der von den Truppen eingeschleppte Flecktyphus. In zahllosen Leiterwagen wurden Kranke, Verwundete und Tote hierher transportiert. Basel sollte eigentlich nur Durchgangsstation sein, aber für viele von ihnen gab es keine Weiterfahrt: In eilends errichteten Militärlazaretten hauchten die meisten ihr Leben aus. Man sprach von 9000 Toten!
Auch die Zivilbevölkerung litt furchtbar unter der Epidemie, die sich rasend ausbreitete. Die medizinische Hilfe blieb schließlich beinahe aus, da nur zwei Ärzte die Seuche heil überstanden. Die Todesfälle unter der Bürgerschaft mehrten sich derart (5,35% der Bevölkerung), daß die Regierung vorübergehend Beerdigungen in Kirchen verbieten und machtlos anordnen mußte: ‹Gott, den Allmächtigen um Abwendung der furchtbaren Plage des Nervenfiebers, dieser ansteckenden Seuche, öffentlich anzurufen›. Tuschzeichnung, vermutlich von Jeremias Burckhardt.

der katholischen ausgetreten sei, habe den guten Teil, das Evangelium, erwählt. Und Lazarus verkörpere die Juden, weil auch diese Kinder Gottes seien!

Schlosser war auch ein geschickter Restaurator von gemalten Glasscheiben. Anno 1836 gelangten deshalb die Kleinbasler Ehrengesellschaften mit dem Ersuchen an ihn, auch er möge einen Teil der Renovationsarbeiten an der St.-Theodors-Kirche übernehmen. Auf diese freundliche Einladung teilte Schlosser ebenso freundlich mit, er würde als Kleinbasler an sich mit Freude Hand anlegen. Doch da man den großen Auftrag dem Großbasler Balz Roth übertragen habe, solle dieser auch die ihm angebotene Flickarbeit übernehmen. Und dabei blieb es.

Magister Kölner

Gymnasiallehrer Magister Heinrich Kölner war bei seinen Schülern sehr beliebt, weil einerseits sein Unterricht in Geographie und Geschichte anziehend und lehrreich war und weil er andererseits lieber durch freundliches Zurechtweisen als durch Dreinschlagen und Auf-die-Knie-Schicken bei seinen Schülern Ordnung schaffte. Sonst aber führte er ein liederliches Privatleben, woran wohl auch seine Frau, eine geborene Rosenburger, viel Schuld trug, weil sie ihm keine besonders gute Hausmutter war. Und Kölner sprach so immer mehr geistigen Getränken zu. Neben der Konsumation von Bier, Wein und Schnaps, von denen er unglaubliche Mengen vertragen konnte, widmete sich der gutmütige Schulmeister dem Spazieren. Besonders gerne nahm er den Weg nach Hüningen unter die Füße. So verfügte er sich auch nach dem 20. Dezember 1813 dort hinaus, obwohl jedermann den Durchmarsch der Österreicher und Bayern erwartete. Als Kölner wieder nach Hause gehen wollte, war das Tor der Festung bereits verriegelt, was den wanderlustigen Basler zum Bleiben zwang. Auf Gutsprache von oben wurde dann zwei Tage später das Tor für kurze Zeit geöffnet, damit Kölner wieder zu seiner Familie zurückkehren konnte.

Tafel 3

‹*Der große Rhein zu Basel, 1852*›. Nach ‹mehrtägiger regnerischer Witterung, welche besonders am 17. Herbstmonat und in der darauf folgenden Nacht fast unausgesetzt anhielt, erhob sich der Rhein auf eine seit Jahrhunderten nie gesehene Höhe. Der Rhein stieg bis an die Köpfe der eisernen Gallerie auf der Schifflände und schwemmte die dort lagernden Baumwollenballen fort; die neue Straße, die Kronengasse, die Schwanengasse und theilweise der Fischmarkt stehen unter Wasser. So auch die kleine Stadt vom untern Rheinthor bis zum St. Antonierhof. Der Birsig überschritt seine Ufer und strömte zum Steinenthor hinein. Auch die Wiese ist ausgetreten und hat beträchtliche Verwüstungen angerichtet.› Aquarell von Louis Dubois. Im Besitz der Universitätsbibliothek Basel.

Im nächsten Sommer spazierte Kölner mit einem hessischen Korporal, der bei ihm einquartiert war, wieder nach Hüningen. Nach ausgiebiger Zeche begehrte der Lehrer auf dem Paradeplatz von einigen Hüningern zu wissen, zu welcher Zeit denn das Tor geschlossen werde, er wolle nämlich nicht wieder eingesperrt werden. Die gekränkten Hüninger indessen hatten in Anwesenheit des Hessen und anderer verbündeter Soldaten die entsprechende Antwort auf die anzügliche Frage reaktionslos hinunterzuschlucken.

Weißbäcker Früh

Bis um die Mitte der 1830er Jahre lebte im Kleinbasel ein Mann von uraltem Schrot und Korn, redlich und brav in seiner Art, aber beschränkt an Kenntnissen und Welterfahrung und dazu überall

Die Evakuierung des Brückenkopfs von Hüningen nach der Kapitulation vom 1. Februar 1797. Die Franzosen bringen ihr ganzes Hab und Gut ans linke Rheinufer. Die Belagerung des Brückenkopfs forderte bei den ‹mit Löwenmuth kämpfenden Österreichern und den sich mit Herzhaftigkeit vertheidigenden Franzosen unzählige Opfer›. Von den ‹Verwundeten der beiden Kriegspartheien wurden viele nach Kleinhüningen gebracht und von den baslerischen Wundärzten menschenfreundlich besorgt›. Nach der Übergabe wurde der Brückenkopf, der ‹nur in einem Haufen Sand und Kieselsteinen bestand›, geschleift. Mit *a* ist der hintere Teil des Brückenkopfs auf der Schusterinsel bezeichnet, mit *b* die Einschiffung, mit *c* der Basler Abschnitt der Insel, mit *d* das Dorf Haltingen und mit *e* das Dorf Oetlingen. Kolorierter Stich von Christian von Mechel.

Antistes Hieronymus Falkeysen (1758–1838).
Der volkstümliche Geistliche, der ‹aus freier Wahl, nach dem Beispiel seines geliebten Vaters und Großvaters sich der Gottesgelehrtheit widmete›, versah von 1816 bis 1838 das bedeutungsvolle Amt des Oberstpfarrers am Münster. Gipsrelief von Medailleur Philipp Jakob Treu.

anstoßend und nicht selten Zielscheibe des Witzes der jüngeren Generation: Samuel Früh, Weißbäkker, Meister E.E. Zunft zu Brodbecken, Mitglied des Kleinen Stadtrats und Vorgesetzter der drei Kleinbasler Ehrengesellschaften.

Früh, der mit seiner braven Frau in kinderloser 50-jähriger Ehe lebte und es durch Fleiß und Redlichkeit zu einem ordentlichen Vermögen gebracht hatte, stammte von einem der Kirche angehörenden Geschlecht ab. Sein Vater wie sein Großvater waren Sigristen zu ‹Santjooder› gewesen. Diesen hatten es die Kleinbasler zu verdanken, daß sie nicht wie die Großbasler bis zur neuen Gottesackerordnung von 1844 von jeder Leiche einen Schweizer Batzen (6 alte Batzen oder 24 Kronen oder 86 Centimes) zugunsten des Steinenklosters zahlen mußten. Denn als 1688 in Basel pestartiges Sterben herrschte, hatte die Obrigkeit den Kohlenbergern, die neben dem Scharfrichter wohnten und zu den unehrlichen Leuten zählten, befohlen, den Sigristen und Grabmachern bei der Beerdigung der vielen Leichen zu helfen, wofür sie auf ewige Zeiten von jeder Leiche 6 Batzen beanspruchen durften. Frühs Großvater, der neben dem Sigristenamt noch eine Nagelschmiede betrieb, hatte drei fremde Gesellen beschäftigt, die sich weigerten, mit den Kohlenbergern gemeinsam Leichen zu bestatten. Denn diese befürchteten, in Deutschland Anstände zu bekommen, wenn sie mit Unehrlichen zusammenarbeiten würden. Aus diesem Grunde hatten nie Kohlenberger auf dem Kleinbasler Friedhof gewirkt, weshalb die Behörden keinen Anlaß hatten, diese Steuer zu erheben.

Pfarrer Falkeysen

Magister Theodor Falkeysen war Pfarrer zu St. Martin und starb hoch betagt im Jahre 1815. Seine Altersschwäche war so groß und seine altertümelnden Predigten so unbeliebt, daß seine Gottesdienste nach und nach kaum mehr besucht wurden. Die Frühpredigt zu St. Martin war deshalb schon vor langem abgesetzt worden, ohne daß die kirchlichen Behörden, wie es recht gewesen wäre, den alten Pfarrer angehalten hätten, einen Vikar beizuziehen oder als Emeritus zurückzutreten. Der gute Mann, der nebenbei einen starken aristokratischen Streifschuß gehabt haben muß, hatte fünf Deszendenten:
1. Theodor, berühmter Kupferstecher; 2. Hieronymus, wohlverdienter Antistes; 3. Franz, unglücklicher Kaufmann und Waagmeister; 4. Frau Anna Magdalena von Speyr, eine sehr wohlwollende, besonders gegen Kinder ungemein freundliche Dame; 5. Frau Katharina Zaeslin, eine gutmütige, lustige und lebensfrohe Person.

Theodor, der während mehrerer Jahre in Basel bei verschiedenen Künstlern erfolglos sein angeborenes

Sehr schönes Beispiel eines sorgfältig verfertigten ‹Geometrischen Planes›, aufgenommen von Jakob Haller aus Schopfheim, 1818. Die Darstellung zeigt das Landgut ‹im Vogelsang› von Christoph Legrand-Thurneysen (1748–1820), Professor für griechische Sprache, unmittelbar an das Landgut ‹zur Sandgrube› grenzend. Neben den Gebäulichkeiten sind auf dem Plan genauestens der englische Garten, das Rebgelände, die Obstbäume, die Baumschule, der Gemüsegarten und Äcker und Grasland festgehalten. 1886, nach dem Tode der 90jährigen Anna Maria Legrand, ist das Vogelsanggut ganz in den Besitz der ‹Sandgruebe-Meriaa› übergegangen. Aquarellierte Zeichnung.

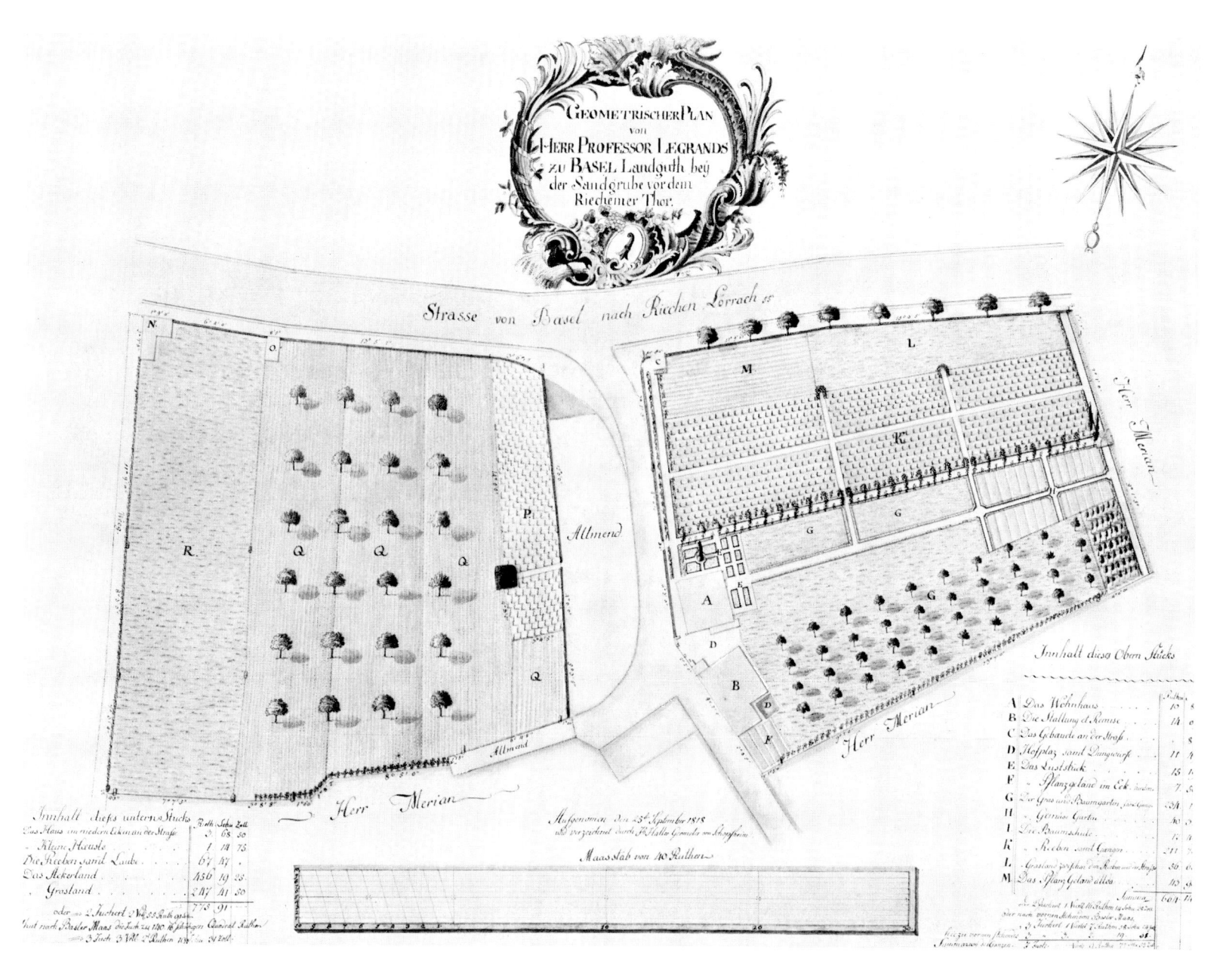

Dedikationsblatt des Theodor Falkeysen (1768–1814) an seine Eltern. 1782. Der Knabe im blattgelben, geschlitzten Landsknechtgewand hält in seiner Rechten eine Fahne mit dem Falkeysen-Wappen. Die Inschrift auf dem profilierten Sockel lautet: ‹Zur Erinnerung an alle Elternliebe›. Im Hintergrund ist das von Samuel Werenfels erbaute Ryhinersche Landhaus an der Hammerstraße 23 sichtbar, das 1777 Theodor Falkeysen, Pfarrer zu St. Martin, um 20 000 Pfund erworben hatte, um ‹im Sommer den andern Herren Geistlichen einen wöchentlichen angenehmen Spaziergang und Underhaltung zu verschaffen›. Gouache.

Das Haus ‹zum Fälkli› am Stapfelberg 2. 1855. In der 1394 erstmals erwähnten Liegenschaft etablierte 1812 Christian Friedrich Spittler (1782–1867), Sekretär der deutschen Christentumsgesellschaft, die erste ‹Christliche Buchhandlung› Basels. Nach dem Tode des tatkräftigen Begründers zahlreicher gemeinnütziger Institutionen (u. a. Basler Mission, Erziehungsanstalt Beuggen, Taubstummenanstalt und Diakonissenanstalt Riehen, Pilgermission St. Chrischona, St.-Martha-Stift) übernahm dessen Großneffe Paul Kober-Gobat das ‹Fälkli›, der 1889 auch das Nachbarhaus ‹zum Venedig› erwarb, das von 1824 bis 1891 die Freimaurerloge ‹zur Freundschaft und Beständigkeit› beherbergte. Von 1921 an standen die unteren Räume der beiden einstigen Dependenzen des Augustinerklosters der Basler Webstube zur Verfügung. Aquarell.

Entlassungsurkunde für den Perückenmacher Lukas von Mechel (1772–1818). Der gleichnamige Sohn des verabschiedeten Füsiliers im 1. Bataillon des 1. Regiments von Basel rückte in neapolitanischen Diensten bis zum General auf. Der Text steht zwischen einem Grenadier (links) und einem Füsilier. Kolorierter Kupferstich.

‹*dr Seegerhoof-Burget*›. Philipp Burckhardt (1765–1849), Handelsmann im Segerhof am Blumenrain. 1843. Durch Legat seiner Großnichte Marie Burckhardt ist der geheimnisvolle Segerhof mit seiner wertvollen Innenausstattung 1923 in Staatsbesitz übergegangen und bis zum Abbruch von 1935 als Museum ‹gegen ein billiges Eintrittsgeld für Krethi und Plethi offen› gestanden. Aquarell von Hieronymus Heß.

Zeichentalent übte, kam in den 1780er Jahren zum berühmten Kupferstecher Landvogt Johann Rudolf Holzhalb nach Zürich in die Lehre. Dort erhielt er einen Brief von seinem Bruder Hieronymus mit der Anschrift: ‹Herr Theodor Falkeysen, Kupferstecherlehrling bei Herrn Landvogt und Rittmeister Holzhalb, Zürich.› Der Zufall wollte es nun, daß Holzhalb, der tags zuvor beim Reiten vom Pferd purzelte, den Brief zuerst in die Hand bekam und über den Titel ‹Rittmeister› nicht wenig erzürnt war, weil er dahinter eine Anspielung auf seinen Unfall vermutete. Erst als sich herausstellte, daß Hieronymus in Unkenntnis des militärischen Ranges Holzhalbs ohne jegliche Absicht diese Bezeichnung gewählt hatte, legte sich der Zorn des Meisters.

Stadtsekretär Wierz

Daniel Wierz, ein fähiger Kopf, der für die Rechtsgelehrsamkeit bestimmt war und bereits den Magistergrad erworben hatte, kam schon im ersten Jahrzehnt des 19. Jahrhunderts auf die Stadtkanzlei. Hier stieg er nach und nach bis zum ersten Sekretär auf, der unter der Oberaufsicht des Stadtschreibers die Stadtkasse zu verwalten hatte. Zu den Aufgaben des Sekretärs gehörte auch das Vorlesen der Akten im Kleinen und im Großen Rat sowie das Protokol-

Schuhmacher Christof Roth im Spittel († 1805).
‹Bin ich gleich nicht von den schönsten, bin ich auch so häßlich nicht: Es fehlt mir ja nur (am) Halse. Und dann auch an dem Gesicht: Auch die Füße hätten können wohl noch etwas gräder seyn. Aber was macht dieses alles. Ich bekom doch noch ein Weib!› Aquarell von Franz Feyerabend.

Kunstmaler und Kunsthändler Reinhard Keller (1759–1802). ‹Er war ein verwachsener, zwerghaft gebildeter Mensch, der sich gerne «Kunstmaler» titulieren ließ, wiewohl ihn seine Werke, zumeist kolorierte Radierungen zu dieser ehrenden Bezeichnung durchaus nicht berechtigten. Keller wußte aber durch sein idiotenhaftes Äußeres den Eindruck einer absoluten Ehrlichkeit zu erwecken, auch besaß er eine treffliche Spürnase und eine namhafte Dosis von Dreistigkeit, alles Eigenschaften, die ihn in hervorragendem Maße dazu befähigten, das Faktotum eines Sammlers zu sein. Über den gesamten Kunstbesitz von Basel war er stets ausgezeichnet unterrichtet; er drang in die Häuser ein und verstand es mit einer wahrhaften Virtuosität, den Leuten ihr oft wertvolles Besitztum abzuschwatzen!› Keller gehörte jenem Kreise der bekannten Basler Kunsthändler an, denen der umfangreiche, zu Schleuderpreisen erworbene Kunstbesitz der französischen Emigranten durch die Hände ging. Aquarell von Franz Feyerabend.

lieren beim Baugericht, bei der Birskommission und beim Wasseramt. Wierz erwies sich dabei als einer unserer tüchtigsten Verwaltungsbeamten. Sein Einfluß bei der Stadtbehörde war darum groß, besonders auch deshalb, weil er einer der Amtsältesten und Jugendfreund und Duzbruder mancher Behördemitglieder war, wie er auch als langjähriges und graduiertes Mitglied der hiesigen Loge große Achtung genoß. Dies gab ihm eine Sicherheit, die ihm erlaubte, während der Sitzungen Anträge, die ihm nicht gefielen, etwa mit einem unwilligen ‹Ach Gott› abzutun. So groß wie sein Einfluß war auch sein Einkommen. Als erster Sekretär bezog er ein Fixum von ungefähr 100 Louisdors pro Jahr, dazu als Sekretär der Land- und Waldinspektion zwei Klafter Holz und etliche hundert große Hardwellen. Mit all seinen Extrahonoraren kam Wierz jedoch auf ein jährliches Einkommen von rund 200 Louisdors. Im Spätherbst 1849 wurde Wierz, der während seiner über 40jährigen Amtszeit mit seinem überfließenden Humor manchem ‹Dampf abgelassen› hatte, mit Fr. 1600.– pensioniert.

Von den Spitznamen

Es ist merkwürdig, daß in allen deutschsprechenden Ländern, sowohl in kleinen Städten als auch in Dörfern, die meisten Personen zu ihren Geschlechtsnamen noch einen Übernamen erhalten. Auch in Basel war diese Unsitte Brauch. So hieß ein gewisser von Mechel ‹dr Harnischmaa›, weil er an einem Festzug als solcher auftrat. Ein verdienter Mann, der sich mit dem Reparieren von Glocken beschäftigte, wurde ‹Glogge-Konni› genannt. Weil ihm seine Predigten den Schweiß aus den Poren trieben, erhielt Pfarrer Niklaus von Brunn den Spitznamen ‹Glanz-Niggi›, während Pfarrer Martin von Brunn, der mit Vorliebe das Wort Wonne verwendete, mit ‹Wonne-Martin› tituliert wurde. Dann gab's weiter eine ‹Schpitzmuus›, einen ‹Luftschnabber›, einen ‹Lugi-Niggi›, einen ‹Fahne-Dreesi›, eine ‹Dyfelsmueter› und einen ‹Drotte-Joggi›. Ferner wurde ein Herr Deucher wegen einer unanständigen Gewohnheit mit ‹Bööggisfrässer› bezeichnet, eine schnauzige Spezierertochter mit ‹Lady Eelhaafe›, ein Metzgerssohn mit außergewöhnlich großer Nase mit ‹Zingge-Hans›, ein liebesstarker Mitbürger mit ‹Lord Hercules› und eine Dame mit unehelichem Kind mit ‹gfallenem Ängel›. Neben dem ‹Kääs-Meriaa› existierte ein ‹Baschdeete-Meriaa›, ein ‹Schpaanseyli-Meriaa›, ein ‹Angge-Meriaa›, ein ‹Waade-Meriaa› und ‹dr rych Heer Meriaa›. Beim wohlangesehenen Geschlecht der Burckhardt unterschied man einen ‹Fyffi›, einen ‹Gyzhund›, einen ‹Jagdhund› und einen ‹dumme Hund›. Noch mehr Leute mit Spitznamen waren natürlich auf dem Lande zu finden. So der reiche Gutsbesitzer Heinrich Schneider an der Burgfelderstraße als ‹Kehr-Heiri›, Friedrich Stückli in Riehen als ‹Eel-Nobbis›, Spezierer Heinrich Gyßler in Sissach als ‹Gugge-Heini› und Sebastian Quidum in Gelterkinden als ‹Füschtli-Baschi›.

Einem reichen Bürger bescherten die zunehmenden Lebensjahre eine immer wulstiger werdende Unterlippe, weshalb ihn der Volksmund ‹Graf von der Lippe› nannte. Ein Vorgesetzter E. E. Zunft zum Schlüssel eilte einst von seinem außerhalb der Stadttore gelegenen Landgut ans Zunftessen, was ihn derart erschöpfte, daß er sich bei Tisch so fest übergeben mußte, daß auch seine Mitvorgesetzten noch etwelche Spritzer mitbekamen. Von da an hieß der Pechvogel ‹Heer vo Kotzebiehl›. ‹Baroon Schpiegel fir Mylord› wurde dagegen ein vornehmer Herr genannt, der immer voller Stolz von seinem Pferd auf seine spiegelglatt gewichsten Glanzstiefel herabschaute. Wegen seiner überaus vorsichtigen Meinungsäußerung im Rat mußte sich ein verdienstvoller Staatsmann den Übernamen ‹Herr Unmaßgeblich› gefallen lassen. Und einen Pastetenbäcker, der aus religiösen Gründen sonntags seinen Laden geschlossen hielt, bezeichnete das Volk als das ‹säggst Buech Moosis›.

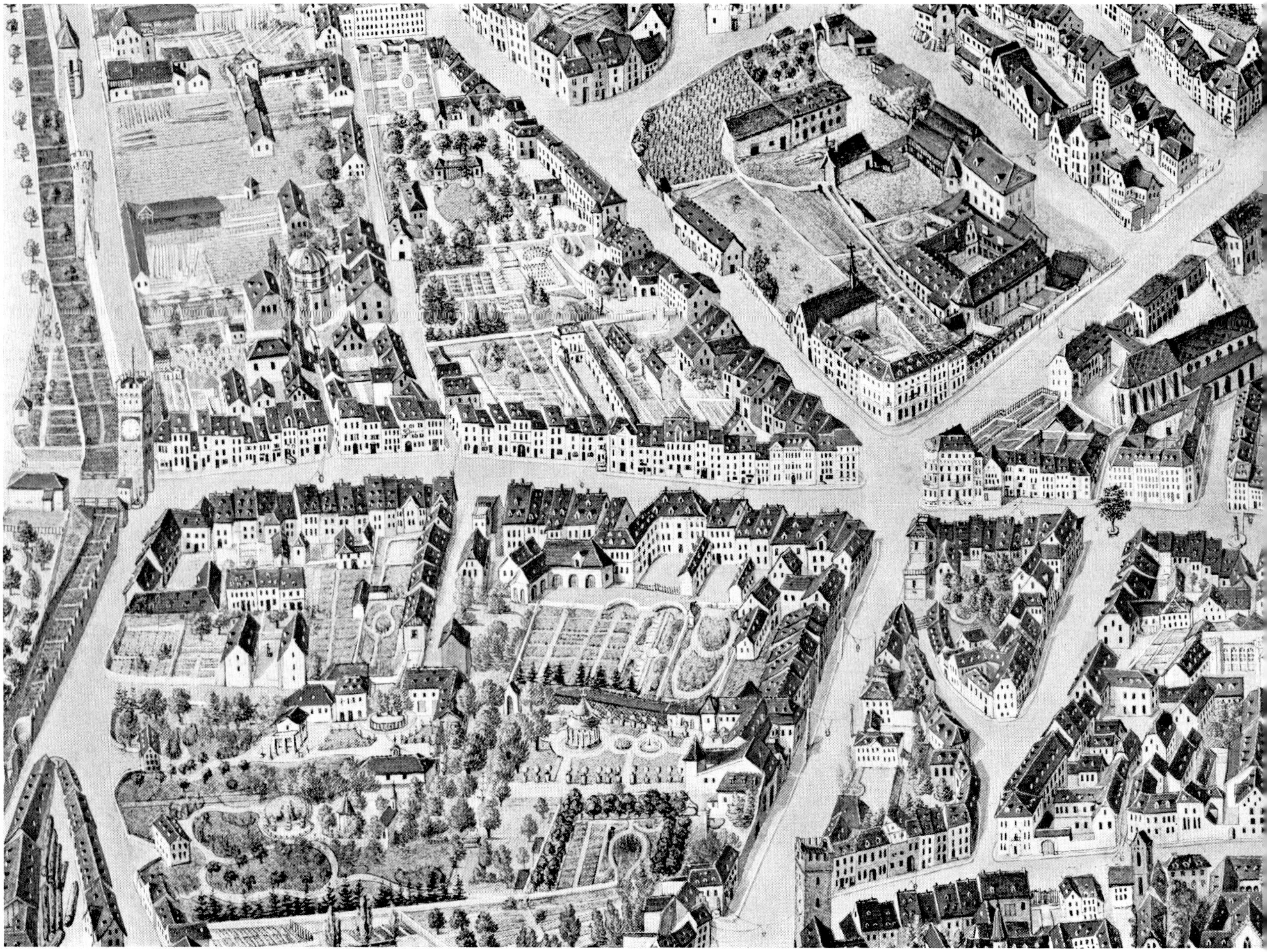

Rund um den Baselstab

Basel Anno 1845. Ausschnitt aus dem Vogelschauplan des Johann Friedrich Mähly.

Beim Austausch der Tagesneuigkeiten auf einem typischen Hausbänklein beim ‹Bäumlein›. Um 1830. Links die Apotheke von Jakob Heinrich Wettstein im Haus ‹zum goldenen Ort› an der Bäumleingasse 2. Rechts das Haus ‹zum Ehrenfels› von alt Pfarrer Hieronymus Burckhardt (Freie Straße 84). Aquarell.

Der Basler Alltag um 1800

Die Bürgerschaft unterschied sich ziemlich scharf durch Reiche, Mittelständische (Kleinhändler, Handwerker, Beamte) und Arme. Fast jeder Bürger von auch nur bescheidenem Wohlstand besaß ein eigenes Haus und meistens noch ein Landgut oder ein Rebgütlein vor den Stadttoren dazu. Das Land vor den Toren war größtenteils mit Reben bepflanzt, die vornehmlich dem Spital oder dem Waisenhaus gehörten. Die Hauseigentümer hatten auf ihrer Liegenschaft in der Regel eine Hypothek stehen; Darlehen zu einem Zinsfuß von 3¼ bis 4% gewährten die Armenanstalten, die öffentliche Verwaltung, die GGG oder andere Vereine und Gesellschaften. Händler und Handwerker investierten ihr Kapital lieber in ihren Betrieben, als es in einen Steinhaufen zu stecken.

Im Handwerkerstande gab es noch verschiedene Berufe, die wenig später verschwanden. Etwa die Schwarz- und Schönfärber, die Tuchschärer, die Schwertfeger und die Weißgerber. Die Indiennedruckereien, die wegen ungünstiger Zollverhältnisse mit den großartigen Fabriken in Mülhausen nicht mehr konkurrenzfähig waren, konnten nicht mehr bestehen; ebenso die Fabrikation wollener Strümpfe und Kappen.

Unter der Bürgerschaft herrschte noch ein ausgeprägter Zusammenhalt. Man kannte sich gegenseitig und nahm innigen Anteil an Freud und Leid. An schönen Sommerabenden saßen die Leute auf der Hausbank an der Straße, schauten dem Spiel der Jugend zu und plauderten miteinander. Im Winter veranstalteten die Reichen Hausbälle und die Mittelständischen Liechtete. Allgemeine Feste waren Hochzeiten, Taufen, Namenstage und Familientage. Am schulfreien Donnerstag oder am Sonntag wurden die Großkinder oder Patenkinder von den Großeltern oder von Gotte und Götti zum obligaten Pastetli-Essen eingeladen.

Auch beim Eintritt eines Todesfalls zeigte sich die Bevölkerung eng miteinander verbunden. Durch einen Kondolenzbesuch im Trauerhaus wurde die Anteilnahme persönlich zum Ausdruck gebracht. Für die Begräbnisfeierlichkeiten war ein sogenannter Kondolierer verantwortlich, der für sein nicht extra mühevolles Amt anständig entschädigt wurde. Er hatte auf Grund des Begräbnisrodels den Leichenzug, nach Rang und Würde geordnet, zu formieren. Sobald der Sarg aufgehoben wurde, stellte der Kondolierer mit erhabener Stimme die Leute ein. Dabei gab es natürlich oft komische Situationen, besonders dann, wenn der ‹rote Respinger›, Stubenknecht zur Gelten, des Amtes waltete. Mit Vorliebe las Leonhard oft einen sehr großen Mann mit einem ganz kleinen ab oder zwei Verfeindete oder aber er rief Ranghöhere erst am Schluß auf, was manchen

Auf dem ‹Hohen Wall› beim heutigen Bernoullianum.
Um 1850. Rechts der Holsteinerhof, im Hintergrund das
St.-Johanns-Tor und der badische Blauen. Die junge
Dame mit dem Sonnenschirm könnte die Gattin des
Kunstmalers sein. Der Mann in blauer Uniform im
Hintergrund stellt Johannes Niklaus Weitnauer dar,
den Eisenbahnwachtmeister des Polizeibüros im 1845
eröffneten Französischen Bahnhof. Ölgemälde von
Ludwig Adam Kelterborn (1811–1878).

Ein Kondolierer weist einen Leichenzug auf den Friedhof. ‹An ein Begräbnis geht nur, wer dazu geladen wird. Man kommt in Schwarz, die Professoren, die Mitglieder des kleinen Rats, die Gerichtsherren und ebenso die Geistlichen in ihren weiten faltenreichen Kleidern, um den Hals mit weißer, gerunzelter Leinwand, alle andern Personen aber ohne Unterschied in schwarzen Kleidern und Mänteln.› Schnitzelbangghelgen von Hieronymus Heß.

ärgerte. Bis zum Aufkommen der Leichenwagen in den 1830er Jahren wurde der Sarg von Sargträgern auf den Friedhof getragen. Beim Ausschreiben eines Begräbnisses meldeten sich oft bis zu 30 Träger, von denen aber höchstens 12 angestellt werden konnten. Wer berücksichtigt wurde, durfte mit einem Trägerlohn bis zu Fr. 4.– beim Mittelstand und bis zu Fr. 16.– bei der Oberschicht rechnen, die andern hatten sich mit einigen Batzen Abstandsgeld zu begnügen. Es war Brauch, daß für das Tragen eines reichen Angesehenen oder eines Ratsherrn die anständigen Handwerker, die ihm ins Haus arbeiteten, wie Schneider, Schuhmacher, Schreiner, Küfer, vorgezogen wurden. Die Bewohner zwischen Rindermarkt und Steinentor verfügten über eine eigene Traggesellschaft. Die Mitglieder trugen der Kehr nach, je 8 oder 10 Mann, die Verstorbenen selbst, deren Särge mit einem vereinseigenen Bahrtuch bedeckt wurden. Neben den Beiträgen der Traggenossen floß dann und wann auch eine Gabe aus einem Trauerhaus in die Kasse, so daß sich die Gesellschaft während der Meßzeit ein bescheidenes Abendessen leisten konnte, bei dem freilich der beliebte Lachs nicht fehlen durfte.

Zu den festverwurzelten Institutionen des gesellschaftlichen Lebens gehörten die sogenannten Kämmerli. Ältere Herren von reichem oder mittlerem Stand trafen sich hauptsächlich zur Winterszeit entweder jeden Abend oder nur an gewissen Wochentagen auf den Stuben der Zünfte und Gesellschaften zu einem gemütlichen Hock. Bei einem Glase Wein und einer irdenen Pfeife wurden freundschaftlich die Tagesneuigkeiten durchgesprochen, kulturelle Unterhaltung getrieben und mit Karten gespielt. Nach und nach aber kamen die Kämmerlein aus der Mode. Grund dazu mag die stetig zunehmende Bevölkerung und die um sich greifende Verflachung des gesellschaftlichen Lebens gegeben haben. Aber auch die vermehrte Frequenz der Allgemeinen Lesegesellschaft und des Theaters mochten dazu beigetragen haben. Als letztes ging in den 1830er Jahren das Kämmerli im Schützenhaus ein. Eines weiterhin ungeteilten Zuspruchs erfreuten sich dagegen die Zunftessen. Die reicheren Zünfte hielten in der Regel wenigstens ein Essen im Jahr. Wenn die Zahl der Zunftbrüder so groß war, daß nicht alle im Saal Platz hatten, dann wurden je nach Erfordernis mehrere Mahlzeiten abgehalten. An den Tafeln ging es mit Speise und Trank grandios zu und her. Fast alle Zünfte hatten ihre eigenen, mit dem Wappen verzierten silbernen Bestecke, die gewöhnlich Geschenke eines neu erwählten Meisters oder Vorgesetzten darstellten. Die Zunftessen wurden fast alle auf den Aschermittwoch gelegt, als wäre es eine Art Demonstration der reformierten Vorfahren gegen die Fastenzeit der Katholiken. An Aschermittwoch herrschte übrigens auch die Unsitte, daß die Schulbuben Kohlen an die Häuser schmierten, um damit den Mädchen das Gesicht zu schwärzen. Es scheint sich auch hier um einen Spott der Protestanten gehandelt zu haben, die mit dieser schnippischen Nachäffung an den Brauch der katholischen Priester erinnern wollten, welche die Häupter ihrer Gläubigen mit Asche bestreuen.

Andere Zeiten, andere Sitten

Die Frauen und Jungfrauen (Dienstboten und noch nicht konfirmierte Töchter ausgenommen) trugen beim Besuch des Morgengottesdienstes in den 4 Hauptkirchen (Münster, St. Martin, St. Peter, Sankt Leonhard) nur einfache schwarze Kleider aus Wolle, selten aus Taffet. Hüte waren verpönt, besonders solche mit Flitter und Blumen. Die Herren trugen

Vier Herren in einer Basler Louis-XV-Stube.
Um 1785. Daniel Burckhardt-Wildt vom Petersplatz (links) spielt mit Peter Vischer-Sarasin vom Blauen Haus Trictrac, in der Mitte, eine Tonpfeife rauchend, Antiquitätenhändler Jeremias Schlegel und, lesend am Fenster stehend, vermutlich Bandfabrikant Johann Georg Gyßler. Das dargestellte Interieur zeigt wahrscheinlich die Kaffeestube des Kaffeesieders und Leckerlifabrikanten Rudolf Schlegel im Zunfthaus zu Fischern am Fischmarkt. ‹Weilen wegen dem theuren Ancken und anderen übeln Folgen, auch weilen schon eine geraume Zeit das viele Thee und Caffeetrinken völlig zur Mode worden, worzu man nicht nur überflüssig viel Milch, sondern sogar Milchraum getruncken. Dessen vorzukommen, damit nicht aus dieser Kranckheit noch eine große Sucht, die ohnedem so starck eingerissen, entstehen konnte, aus diesem Anlaß hatten Unsere Gnädigen Herren 1767 für gut befunden und erkand, daß der Statt-Tambour Emanuel Märckli durch öffentlichen Trommelschlag in der Statt hat publiciren müssen, daß niemand mehr bei 10 Pfund Straff kein Milchraum kaufen solle. Solcher Anlas verursachte, daß diejenigen, wo den vinum rubrum starck geliebt, sich darwider oponirten und sagten, man möchte etwan glauben, sie wären auch von starcker Caffee-Trincken, wie sie, an zitternte rothe Hochzeit gekommen; dessentwegen verlangten sie genugsam Satisfaction.› Ölgemälde von Maximilian Neustück.

Baslerin auf dem Kirchgang. Ende 17. Jahrhundert. ‹Die Basler Frauenzimmer scheinen beim Gang zur Kirche nicht gerade göttliche Dinge im Kopf zu haben. Erfreulich aber ist es, wie alle Kirchgängerinnen gleichmäßig schwarze Kleider tragen; selbst die vornehmsten Damen erscheinen in schwarzen Röcken mit weißen Hauben und vorgesteckten Halstüchern.› Kupferstich von Johann Jakob Thurneysen.

bis zur 1798er Revolution Lockenperücken oder Haarzöpfe. Bis in die 1850er Jahre stand namentlich bei Staatsmännern, Geistlichen und Gelehrten bei Feierlichkeiten, Kirchgängen, Rathausbesuchen, Begräbnissen usw. der Dreispitz in Mode. Als Antistes Hieronymus Falkeysen zum erstenmal seine Ausgänge im Zylinder machte, wurde dieses Ereignis zum Stadtgespräch Nummer eins. Lange noch kleideten sich ältere Herren bis zu ihrem Tod mit Kniehosen; um 1870 trugen nur noch Landleute, Schwarzwälder und Schwaben solche Beinkleider.

Der starke Bevölkerungszuwachs von auswärts brachte auch der strengen Heiligung des Tages des Herrn etwelchen Abbruch. Bis in die 1850er Jahre blieben während der beiden Hauptgottesdienste an Sonntagen die Stadttore für Spazierfahrten geschlossen. Allfällige Spaziergänger mußten durchs Törlein schlüpfen. Die Straßen, die in der Nähe der Hauptkirchen lagen, wurden mit Ketten für den Verkehr gesperrt. Und die Wirtshäuser durften erst nach dem Abendgottesdienst geöffnet werden. Bis um die 1830er Jahre durfte man nachts nach 10 Uhr (sommers 11 Uhr) nicht ohne Licht auf die Straße gehen. Wer nach dem Läuten des Studentenglöckleins ohne brennende Laterne angetroffen wurde, wurde von der Polizeipatrouille auf die Hauptwache genommen, wenn er verdächtig schien, und hatte bis zu 10 alte Batzen zu erlegen.

Das waren doch noch schöne Zeiten, wenn am Sonntagnachmittag die erhabenen Bürger und Einwohner mit ihren Familien zu Fuß einen stundenweiten Spaziergang aufs Land unternahmen und dort einen Schoppen und ein Stück Wurst oder Käse teilten. Später aber ging's dann per Eisenbahn, oft bis nach Olten. Oder noch weiter; bis nach Flüelen oder gar Altdorf. Dort konnte man zu Mittag essen und um 9 Uhr abends in Basel wieder ins Bett schlüpfen. Alles war zwar viel teurer, aber auch viel schneller.

Der leidige ‹Lällekeenig›

Über den ‹Lällekeenig›, der seit undenklichen Zeiten beim Großbasler Brückenkopf nach dem Schlag des Uhrenpendels die Augen verdrehte und seine lange rote Zunge herausstreckte und hineinzog, sind keine historisch fundierten Nachrichten überliefert. Immerhin spricht die Sage von einer Gegenmaßnahme zum Kleinbasler Bild am Richthaus, das einen dem Großbasel zugekehrten menschlichen Hintern dargestellt haben soll. Als um die Jahreswende ‹dr Lällekeenig›, der bis 1839 vom ehemaligen Rheintor gegen den Strom blickte. Ein 1697 von Jakob Enderlin konstruierter Mechanismus gestattete dem schwarzbärtigen Fratz, jede Sekunde seine lange Zunge ein- und auszuziehen und dazu mit seinen glotzenden Augen lustig gegen Einheimische und Fremde zu spötteln. Seit Jahren präsentiert der ‹abgesetzte König› nun seine Kunst – mit einem neuen Werk von 1861 – den Besuchern des Historischen Museums:

>   In alter Zeit herrsch ich allein
>   Als Uhr im Rheintorturme,
>   Ich zog den Lälli aus und ein
>   Bei Sonnenschein und Sturme.
>
>   Nun bin ich schlecht pensioniert,
>   Kann sterben nicht noch leben;
>   Die neue Zeit ganz ungeniert
>   Hat mir den Rest gegeben.

Das ‹Neue Baad bey Basel›. Um 1800. Das Wasser der ‹gallen- und nieren-steinzermalmenden› Quelle beim Holee war für ‹verschiedene Zufälle› wirksam und wurde daher von den Städtern fleißig benützt. Wie alle Bäder, so war auch der Gesundbrunnen im Neubad täglich von lustigem Treiben erfüllt, was gelegentlich die ‹Fortschaffung von Weybern› zur Folge hatte. Ein Blick in das Sommerhaus am rechten Bildrand läßt erahnen, daß nicht umsonst ein Harschier des Weges kommt. Kolorierte Radierung von Rudolf Huber.

1813/14 viele tausend Österreicher, Russen und Preußen die Rheinbrücke überquerten, richteten wie auf Kommando ganze Regimenter ihre Augen zum berühmten Basler Wahrzeichen hinauf. Beim Abbruch des Rheintors stellte sich dann die bedeutungsvolle Frage, was mit dem Lällekeenig zu geschehen habe. Ernsthaft wurde in Erwägung gezogen, den Kopf am obersten rheinaufwärts schauenden Ochsenauge des Rheinlagerhauses anzubringen. Doch weil dies als Kränkung der Landschäftler hätte aufgefaßt werden können, wurde davon abgesehen. Ratsherr Matthäus Oswald machte hierauf den Vorschlag, die ‹Relique des Altertums› der Universität zur Verwahrung in die Mücke zu geben. Aber auch dies beliebte nicht, wäre es doch einer Verhöhnung des gelehrten Standes gleichgekommen. Schließlich erbarmte sich Professor Wilhelm Wackernagel des verstoßenen Gesellen und wies ihm einen Platz in der mittelalterlichen Sammlung im Münster zu. Ein weiterer Anlauf, den Lällekeenig wieder der Öffentlichkeit auszusetzen, wurde anläßlich von Bauarbeiten am Spalentor um das Jahr 1870 unternommen. Aber auch hier gelangte man zu keinem Resultat, denn man wußte nicht, ob die Maske einwärts gegen die Basler oder auswärts gegen die Elsässer montiert werden müsse!

Konservierte Alpenluft

Der tüchtige Professor Christoph Bernoulli, dessen technologisches Handwörterbuch über 20 Auflagen erlebte, ist durch seine Lebhaftigkeit oft ins Lächerliche gerutscht. So wollte er seinen Studenten in der Lektion Physik beweisen, wie man Alpenluft erhalten könne: Man habe bei der Besteigung des Montblancs eine gut verstöpselte Flasche mit Wasser mitzunehmen, diese auf dem Gipfel zu öffnen und umzukehren, wobei anstelle des auslaufenden Wassers eben Alpenluft einströme. Um diesen Vorgang praktisch zu demonstrieren, ließ er eine Wasserflasche bereitstellen, ergriff dann aber statt dieser eine danebenstehende Tintenflasche und fing damit zu experimentieren an. Daß die Studenten beim Auslaufen der Tinte in schallendes Gelächter ausbrachen, kann man sich leicht denken. Der Professor aber machte gute Miene zum unglücklichen Spiel und kümmerte sich um seine beschmutzten Kleider!

Ein schlagfertiger Entlebucher

Als im Februar 1871 Flüchtlinge der bourbakischen Heeresabteilung in Basel interniert wurden, fragte ein deutschsprechender französischer Offizier einen Soldaten der Bewachungsmannschaft, weshalb er so plumpe Bauernschuhe trage, in denen doch so unbequem zu laufen sei. ‹Ja›, meinte der Entlebucher, ‹ich habe meine Schuhe nicht zum Laufen, sondern zum Stehen!›

Ein Entlebucher Soldat aus dem Luzerner Kontingent. Um 1795. Kolorierte Radierung von Friedrich Christian Reinermann.

Der Zug der ‹Stainlemer› an der 1869er Fasnacht vor dem Stadtcasino am Steinenberg. Jesuiten und eine Nonne mit Kaiser Napoléon III, Kaiserin Eugènie und einem afrikanischen Pagen in der Mitte. Die Clique spielt den Kinderstreit zwischen Frankreich und dem Erzbischof von Algier aus. Tuschzeichnung von Carl Emil Krug.

Ein gestrafter Holzdieb

Das mit einem Baselstab gekennzeichnete Zollhäuslein am Teich vor dem Riehentor war lange Zeit dem Teichaufseher als Wohnung zugewiesen. Das aus dem Badischen herabgeflößte Scheiterholz wurde hier von einem Sperr-Rechen aufgehalten, damit es nicht die Mühlräder der Kleinen Stadt blockierte, vom Holzknecht herausgezogen und auf dem Holzplatz aufgestapelt. Um die 1820er Jahre hatte Melchior Zaeslin-Ottendorf, der Besitzer des jenseitigen Landgutes, das Häuschen in Miete und betrieb darin eine Amelungfabrikation. Vor dem Häuschen ließ Zaeslin eine große Beige Tannenscheiter aufschichten. Der Holzvorrat aber ging zusehends zur Neige, ohne daß der Besitzer dazu beitrug. Als Dieb konnte nur der Kübler Emanuel Soller in Frage kommen, der nebenan zu seiner Küblerei noch eine einträgliche Lohnwäscherei betrieb, die viel Brennholz erforderte. Über diesen Verdacht unterhielt sich Zaeslin nun mit seinem andern Nachbarn, dem Ratsherrn Abraham Eglin-Rosenburger. Und dieser versprach Abhilfe, indem er in die oben aufliegenden Spälter Löcher bohrte, diese mit einem Schuß Pulver füllte und dann mit einem Holzzapfen wieder verschloß. Wirklich, es ging keine zwei Tage, da erschütterte eine Explosion die ganze Nachbarschaft, und Soller verkündete mit lautem Geschrei: ‹Hilfioo! My Buuchoofe hett's verschprängt!› Das Holz blieb in der Folge unberührt!

Am Riehenteich. 1789. Während Zimmerleute an der heutigen Riehenstraße ihr Holz bearbeiten, lassen sich noble Leute in einem Waidling den Gewerbekanal hinaufstacheln. Rechts außen verhandelt ein Handelsherr mit dem Handwerksmeister. ‹Der Wasser-Canal oder Teich, welcher alle Gewerb der mindern Statt in Thätigkeit setzet und so viel hundert Jucharten Land in einem stundlangen Lauf mit seinem alljährlich mit sich führenden Schlamm bereichert, ist ohnstreitig die Grundlage zu aller daran liegender Einwohner Wohlergehen. Der Canal nimmt seinen Anfang aus dem Wiesenfluß in dem Stettemer Dorfbann, under St. Bläsy-Matten kommt noch eine größere Menge Wasser durch. Lauft also mit dem Riehenteich vereinbart bis auf den Holzplatz, da scheidet sich der Canal in zwei Aerme, der kleinere nimmt seinen Lauf gegen den Dratzug. Der größere Arm des Canals lauft neben dem Riehenthor vorbey, treibt die obrigkeitliche Sägen gegenüber des Iselins Blaicher Walke, ein Sagen und Materialstampfe. Bei ersterer Sägen wird ein kleiner Bach aus dem Canal genommen, welcher durch ein gewölbten Gang under der Straß durchfließt und offen durch das Riehenthor durchlauft, oben an der Räbgaß einen Ast seines Wassers, an der Uthengaß den zweiten, und an der Rheingaß den dritten Rest des Wassers abgibt, wodurch nicht nur alle Unreinigkeiten des größten Theils der Statt abgeführt, viele in diese drei Bäch gelegte Deuchel den Gewerben das nötige Wasser ins Haus schafft und auch in Feuergefahr das üblichste Mittel zur Rettung darreicht.› – Seit 1942 steht anstelle des reizvollen De Baryschen Landhauses die Basler Halle der Schweizer Mustermesse. Aquarell von Franz Feyerabend.

Aus dem Schlaf getrommelt

Pfarrer Dr. Albert Ostertag, ein entschiedener Gegner der Fasnacht, wetterte einst in einer Gastpredigt mit überbordendem Eifer gegen das störende Trommeln. Die scharfen Worte wurden vom Publikum übel aufgenommen, um so mehr als sie von einem Ausländer, einem Württemberger, stammten. Diese Beleidigung wurde nicht einfach hingenommen: Eines Nachts versammelte sich am Steinenberg eine Menge Trommler vor der Wohnung des unberufenen Sittenrichters, um diesem mit dem ‹Morgeschtraich› eine kräftige Lektion zu erteilen. Vom gewaltigen Lärm aus dem Bett geschreckt, eilte der Pfarrer ans Fenster und flehte um Ruhe, doch das Wirbeln der über hundert Trommler steigerte sich immer mehr zu einem tobenden Orkan. Erst nach 10 Minuten schlugen die Vortrommler die bekannte ‹Retraite› an, und der Zug entfernte sich langsam. Pfarrer Ostertag aber nahm sich diese Demonstration als heilsame Lehre zu Herzen.

Von Ochs zu His

An einem Familientage bei Jungfer Anna Elisabeth Ochs kam ausgiebig zur Sprache, daß die Regierung dem gleichnamigen Staatsrat erlaubt habe, seinen Namen in His abzuändern. Dabei rief Jungfer Ochs entrüstet aus: ‹Soo, dr Deputaat Oggs, die Kueh! Daas glycht em, däm schtolze Kaib!›

Kollaborateure in Gefahr

Es war jedem älteren Basler bekannt, daß die Österreicher unter Führung von Erzherzog Carl bei der Stürmung des Brückenkopfs auf dem Inseli bei Hüningen, den die Franzosen verteidigten, den neutralen Basler Boden verletzten und Mann für Mann via Kleinhüningen zum Inseli lotsten. Damals wurden etliche angesehene Bürger beschuldigt, Mithilfe geleistet zu haben; so Oberst Johann Rudolf Burckhardt im Kirschgarten, Oberst Johann Chri-

Eidgenössische Truppen, die zum Schutz der Neutralität nach Basel entsandt worden waren, beobachten von Kleinhüningen aus die Festung Hüningen. Um 1794. Die Lage Basels war während des ersten Koalitionskrieges (1792 bis 1795), als die Kanonen der Franzosen und der Österreicher das Land vor den Toren der Stadt erschütterten, äußerst bedrohlich und zwang die Bürgerschaft zu großer Wachsamkeit und Genügsamkeit. Am 17. September 1793 ‹sollten bey Hüningen fränkische Truppen auf vier Flößen über den Rhein gesetzt werden. Diese Unternehmung schlug jedoch fehl. Viele fanden den Tod im Strom. Von denen, die sich aber retten konnten, flüchteten bey hundert fünfzig auf Basler Boden›. Kolorierte Radierung von Reinhard Keller.

stian Kolb, Oberstzunftmeister Andreas Merian, nachmaliger Landammann der Schweiz, und der Wirt zum Wilden Mann, Walter Emanuel Merian. Sie alle ergriffen zur kritischen Zeit die Flucht. Walter Merian stieg unter dem Deckmantel von Pfarrer Johann Jakob Faesch im Pfarrgarten von St. Theodor über die Stadtmauer und gelangte vom Drahtzug aus in einer Chaise nach Lörrach. Oberstzunftmeister Merian dagegen stand in höchster Gefahr, in seinem Landgut zur Heuwaage vor dem Riehentor von den Franzosen gefangengenommen und nach Hüningen geschleppt zu werden. Eine große Anzahl beherzter Männer bildete nun in einer mondlosen Nacht eine Kette, die von der Kleinbasler Heuwaage bis nach Kleinhüningen reichte, und ermöglichte dem Verfolgten durch diesen sogenannten Jägerruf eine geglückte Flucht nach Lörrach.

An der oberen Gerbergasse. Um 1865. Gegen die Barfüßerkirche die Häuser ‹zur Kerze›, ‹zu Utingen›, ‹zur Schär›, ‹zum Sterneneck›, ‹Solothurn›, ‹zum Marder›, ‹zum Hornberg›, ‹zum grünen Eck› (Haus der Gebrüder

Der heilige Martin

Der heilige Martin über der südöstlichen Eingangstüre zum Münster erregte in den 1820er Jahren die Bewunderung des Engländers Dr. Owen, der als Londoner Delegierter der Bibelgesellschaft in unserer Stadt weilte. Beim Betrachten des heiligen Mantelteilers bemerkte er dann nachdenklich zum französischen Abgesandten, Dr. Billing: ‹Man sieht, daß St. Martin kein englischer, sondern ein französischer Heiliger ist. Denn wäre der fromme Mann ein Brite gewesen, so hätte er dem Bettler nicht nur den halben, sondern den ganzen Mantel gegeben!›

Die Häuser an der Gerbergasse und ihre Besitzer

Das Haus Nummer 1167 an der Gerbergasse 45, an der Ecke zur Weißen Gasse, hatte Lauben gegen den

Johann Jakob Neustück, Maler, und Heinrich Neustück, Bildhauer), und gegen den Barfüßerplatz die Häuser ‹zum weißen Eck› und ‹zum Kanel›, ‹zum blauen Ring›, ‹zum roten Ring› und ‹zum Lämmlein›. Aquarell von Johann Jakob Schneider.

▷ *Die Münsterfassade.* 1819. ‹Die beiden Reiterstatuen unten an den Thürmen stellen dar: die rechts vom Portale den h. Martinus, die links den h. Georg. Der h. Martin schneidet, nach der Legende, unter dem Thor von Amiens einen Theil seines Rockes ab, um ihn einem hülflosen Bettler zu geben. Dieser Bettler stand früher wirklich vor dem Pferde, wurde dann aber später in den Strunk eines Baumes verwandelt, wie man es jetzt sieht. Der Ritter St. Georg erlegt nach der Legende den Lindwurm und versinnbildet den ritterlichen Kämpfer für das Christenthum, nach den Worten Friedrich Ottes:

    Zu Basel auf dem Münster,
    Am grünen, lust'gen Rhein,
    Da steht so trüb und finster
    Ein altes Bild von Stein.
    Das ist, leicht mögt Ihr's kennen,
    Sankt Jörg, der starke Held,
    Wie er im Morgenlande
    Den grimmen Drachen fällt›.

Sepialavierte Federzeichnung von Samuel Birmann.

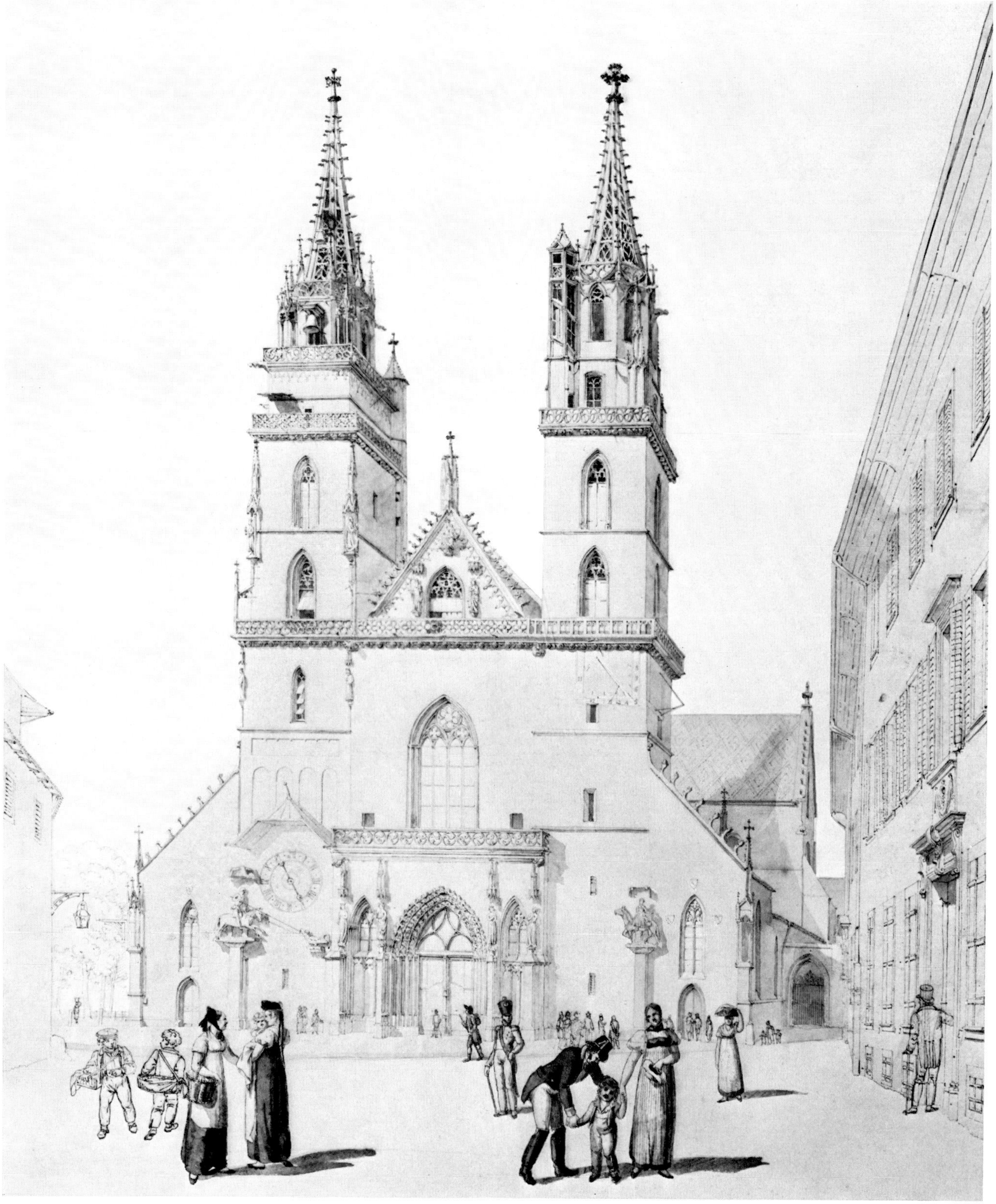

Birsig. Es hatte einen guten kühlen Keller mit einer eigenen Quelle. Der eingelagerte Rotwein aber hielt sich wegen den Erschütterungen der stark befahrenen Weißen Gasse nicht gut. Das Quellwasser wurde durch ein langes Bleirohr bis zur hinteren Giebelmauer und von dort durch einen hölzernen Deuchel in die geräumige helle Küche im ersten Stock gepumpt. Eine Nottüre, die im ‹Buuchhuus› angebracht war, führte an den Birsig. Dieser war fast immer ohne Wasser. Doch bei heftigen Regenfällen schwoll er plötzlich an und raste brausend und kochend durch das Bett.

Im Parterre des Hauses war eine Werkstätte eingerichtet, hinter welcher ein Sommerhaus angebaut war. Die Werkstätte diente auch als Eßraum für die ganze Hausgemeinschaft; Herrschaft und Dienstpersonal saßen an einem Tische und aßen aus einer Schüssel. Zu den Tischgängern gehörten Perückenmachermeister Johann Friedrich Uebelin, Jungfrau Maria Margaretha Beck, Johann Jakob Uebelin, Jungfrau Anna Maria Holzach, eine Dienstmagd und die Gesellen Reuter, Lauer, Poland, Spät, Hambam und Hegi. Eine Treppe höher befanden sich das Wohnzimmer und zwei Schlafzimmer, die große Küche mit einem stattlichen, jede Woche einmal benützten Backofen, ein schmales, langes Sommerhaus und eine lustige Laube, auf welcher Vater Uebelin eine vielbesuchte Aurikel-, Nelken- und Goldlackkultur angelegt hatte. Der zweite Stock des Hauses war etwas niedriger als der erste; er bestand aus einer großen Vorkammer mit einer Kocheinrichtung, einem Kabinett und, nach hinten gegen den Birsig, dem grün boisierten Staatszimmer. Dieses war mit einer schönen grünen Stockuhr, einem Sekretär, einem Bücherschrank (mit Hübners Staatslexikon, Petermann Etterlins und Wurstisens

Das Kaufhaus am Rindermarkt (Gerbergasse).
Vor 1852. Das spätgotische Portal steht seit 1853 im Hof des neuen Hauptpostgebäudes. Aquarell von Louis Dubois.

Das Innere des 1853 abgebrochenen Kaufhauses. 1847. ‹Im Jahr 1837 wurden zu Basel von Kaufleuten, welche sich vorzüglich mit Waarenhandel beschäftigen, 200 Handelshäuser en gros und 120 en détail (Krämer) gezählt. Die Einfuhr wurde 1838 auf 670 000 Centner Waaren, welche im Kaufhaus umgeladen wurden, 57 000 Centner direkten Transit, 28 000 Saum Weine, 37 000 Centner Salz und 54 000 Säke Getraide angesezt, Holz und Maßelneisen ungerechnet; zusammen circa 20–30 Schiffladungen und 42 000 Wagenlasten. Es kommen circa $1/2$ der Waaren aus Frankreich, und zwar $1/4$ zu Land, $1/4$ auf dem Canal, ungefähr $1/7$ aus der Schweiz, $1/8$ aus Teutschland und $1/11$ auf dem Rheine stromaufwärts. Die Ausfuhr wurde auf circa 560 000 Centner angeschlagen.› Lavierte Tuschfederzeichnung von Peter Toussaint.

Chroniken), zwei kleinen Ölgemälden und einer Glasscheibe vom Augsburger Maler Peter Vischer ausgestattet. Über der dritten Treppe befanden sich die Plunderkammer, in welcher zwei Bilder aufgehängt waren, eines vom französischen Maler Adrian Richard, und zwei Kammern für Mägde und Gesellen. Über dem zweiten Stock lag der obere Boden, wo der Holz- und Wellenvorrat aufgeschichtet war, und zwei kleine Estriche.

Das Haus Gerbergasse 47 gehörte dem Färber Johann Jakob Bischoff, einem mürrischen, rauhen Mann. Die eine seiner drei Töchter starb schon im 36. Lebensjahr, die andere war mit Buchbindermeister Heinrich Korn beim Aeschenschwibbogen verheiratet und die dritte, Susette, war ledigen Standes. Die liebenswürdige Jungfer war stolze Besitzerin vieler schöner Bilderbücher und einer großen Anzahl Handzeichnungen von Emanuel Büchel, ihrem Oheim selig. Anno 1804 nahmen Bischoffs ein bildschönes Mädchen von 7 Jahren namens Adèle Perin in Pflege, das perfekt französisch und italienisch sprach. Mehr war über das Kind nicht zu erfahren; es hieß, seine Eltern seien ein Basler und eine vornehme Italienerin gewesen.

In Nummer 49 wohnte Ausschnitthändler Rudolf Löw. Nach dem Tode seiner Mutter heiratete er Jungfrau Chrischona Schwarz, die ihn schließlich, da die Ehe kinderlos blieb, auch beerbte und sich kurz darauf mit Schmid vom kurzen Steg vermählte. Das Haus Nummer 51 war im Besitz des Herrendieners Emanuel Beck, der zwei Töchter hatte. Die ältere, Liesel, war eine vielbeschäftigte Haubenstickerin. Sie lebte mit ihrer Schwester, die unglücklich mit einem Zürichbieter verheiratet war, im Erdgeschoß und im zweiten Stock. Der erste Stock war an deren Tochter Salome geschiedene Rupp und an Frau Salome Uebelin-Paravicini vermietet. Beim Beckschen Haus war ein offener Notsteg über den Birsig. Gerbergasse 53 gehörte dem liebenswürdigen Ehepaar Johannes Respinger. Es schien, als wären diese Leute vermöglich. Herr Respinger trug eine schöne goldene Repetieruhr, Frau Respinger besaß eine ebensoschöne emaillierte goldene Dose,

Blick in ein Kurzwarengeschäft am Barfüßerplatz 25.
1835. Das Bild zeigt Witwe Sara Spörlin-Merian und ihre Tochter Dorothea Emilia, auf Kundschaft wartend. Aquarell von Friedrich Meyer.

Der Handwerk findt man mancherlei
Gleichwie in Städten reich und frei,
Besonders wird auf alle Weis,
Seiden und Sammt gemacht mit Fleiß;
Tücher von Wullen rein und zart,
Doch stark und auf die welsche Art,
Burget, Daffet, Wammesin,
Aus Flachs die feinsten Tüchelin,
Und andre subtile Sachen,
Welches all's die Burger selber machen!

und die Tochter trug eine goldene Kette um den Hals. Herr Respinger ging keiner Beschäftigung mehr nach und konnte deshalb den ganzen Tag mit Spazieren verbringen. Das kam daher, weil er früher als Schreiber des Kaufhauses ‹unklar› die Rechnung geführt hatte und deshalb den Rücktritt nehmen mußte.

An das Respingersche Haus schloß sich dasjenige von Hauptmann Theodor Brandmüller an (Nummer 55), dessen prachtvoller Goldlack in der ganzen Stadt bekannt war. Neben dem passionierten Blumenliebhaber wohnte Stadtrat und Spezierer Heinrich Hindenlang-Wieland. Sein Sohn Heini erlitt um 1815, als Leutnant eines österreichischen Husarenregiments, in einem Befreiungsfeldzug den Heldentod. Vis-à-vis von Hindenlang lag das Haus von Heinrich Weiß. Zu den eigenartigen Gewohnheiten des berüchtigten Magisters gehörte das Züchten von Laubfröschen, die er in vier großen Gläsern vor dem Fenster hielt. Das unaufhörliche Gequake der Frösche störte die Nachbarn ganz entsetzlich. Als Weiß den entsprechenden Reklamationen nur mit tauben Ohren begegnete, zertrümmerten zwei Buben mit Spickrohren die Froschgläser, worauf die Tierchen sich flugs dem Birsig zuwendeten! Neben Spezierer Hindenlang wohnte in Nummer 57 Schneidermeister Jakob Linder. Seinem Sohn Jakob, der es später bis zum reichen Seidenbandfabrikanten und Landgutbesitzer brachte, war er ein überaus strenger Vater. Er traktierte seinen Filius oft derart, daß dieser Rotz und Wasser heulte, weshalb ihm die Gerbergäßler ‹Schnuderjoggi› nachriefen. Der nächste Hausbesitzer (Nummer 59) war der ehrbare, hablicheSchuhmachermeister Caspar Gernler, ein kleiner, gedrungener Mann, den seine liebe Frau um Haupteslänge überragte.

In Nummer 61 wohnte die uralte Jungfrau Catharina Cellarius, bei der eine hübsche Nichte, Jungfrau Anna Catharina Faber, einlogiert war. Diese heiratete dann den Schneidermeister Jakob Friedrich Klingelfuß, der sich zur Zeit des Wiener Kongresses in der österreichischen Hauptstadt aufgehalten hatte und sich oft mit seiner adeligen Kund-

Goldlack mit Schmetterling. Um 1679. Der ‹Goldlack, eine überall cultivirte, auch mit gefüllten Blumen vorkommende Zierpflanze, findet sich schon in den Rheingegenden wild oder verwildert an Mauern, Ruinen, Felsen. In nördlichen Gegenden müssen die Lackstöcke im Orangeriehause oder Zimmer überwintert werden, da sie im Freien auch unter Bedeckung leicht erfrieren.› Deckfarbenmalerei von Sibylla Maria Merian.

Das alte Zunfthaus zu Safran. Gerbergasse 11. Um 1890. Der ehemalige, 1423 von der Krämerzunft erworbene ‹Ballhof› am Rindermarkt, wo einst Kaufmannsgüter und Warenballen eingelagert wurden, hat im Lauf der Jahrhunderte zahlreiche bauliche Veränderungen erfahren. So erhielt das Zunfthaus um 1700 u. a. nicht nur zwei ‹saubere Drachenköpf›, sondern auch ein wunderschönes, mit dem Zunftwappen bekröntes Eingangsportal aus der Steinmetzenwerkstätte der Gebrüder Melchior, Hieronymus und Jacob Schauberer. Dagegen wurden die wertvollen glasgemalten Fenster um nur 18 Pfund dem Baron von Reichenstein auf Schloß Inzlingen überlassen. In den 1870er Jahren wurde das Zunfthaus durch einen Anbau erweitert, dem man nach der Birsigkorrektion von 1888 ein zweites Stockwerk mit zwei hohen, mit altdeutschen Malereien verzierten Giebeln aufsetzte. Das neue, von Architekt Adolf Visscher van Gaasbeek in niederländischer Gotik gebaute Zunfthaus konnte 1902 in Betrieb genommen werden. Photographie von Bernhard Wolf.

schaft brüstete. Die Basler betitelten ihn deshalb ‹Kongräß-Schnyder›. Die restlichen Häuser bewohnten die Witwe von Uhrmacher Jakob Bossard, die große starre Augen hatte, der Kaufmann Heinrich Bieber-Clausenburger, der Kaminfeger Christof Geßler, der Uhrmacher Melchior Geßler, Jakob Uhlmann-Meyer, Färber Heinrich Mosis-Schnell, Metzgermeister Johann Jakob Ritter und Schlossermeister Friedrich Pohls.

Und nun die Häuser von der Gerbernzunft an abwärts. Als Stubenknecht dieses Zunfthauses amtete Johann Georg Kirchsberger. Er hielt verschiedene Kostgänger zum Mittagstisch. Unter diesen befand sich auch der Musikus Conrad Weber, ein lustiger Kauz, der mehrere Instrumente blies. Einst war Weber und seinen Mitgenossen die Suppe zu heiß. Hoppla, hopp, nahm er die große Zinnschüssel auf die Arme und trug sie scherzend durchs hintere Gerbergäßlein, durchs Grünpfahlgäßlein, die untere Gerbergasse und wieder zur Gerbern zurück. Die ganze Umgebung hatte großen Spaß an diesem ulkigen Einfall. Neben dem Zunfthaus stand die ehemals de Lachenalsche Apotheke. Das Geschäft der Witwe Maria Magdalena Brändlin-de Lachenal

Ein Basler Stadtpfeifer in den Standesfarben.
Um 1790. Aquarell, wohl nach Franz Feyerabend.

(Gerbergasse 44) führte später Dr. Ludwig Mieg, ein tüchtiger Apotheker, dem Provisor Adam Fischer von Rosenfeld, ein gründlicher Botaniker, zur Seite stand. Im Apothekerhause wohnte auch die fröhliche Jungfrau Ursula Brändlin; sie war besonders bei den Kindern sehr beliebt, da sie diese oft in die Höhe hob und mit ihnen nach dem Reim ‹Annegstasli lüpf den Fueß, weil ich mit dir tanzen mueß› Ringeltänzchen aufführte. Das Lokal der Apotheke an der Gerbergasse aber mußte sehr ungesund sein, starben doch innert weniger Jahre mehrere Bewohner an Auszehrung.

Unterhalb der Lachenalschen Apotheke standen die Häuser von Hauptmann Franz Werenfels, praktischer Chirurg, und von Schreinermeister Abraham Ramsperger. Dann folgte das Zunfthaus zu Gartnern mit Kriminalgerichts- und Kanzleiweibel Johannes Elsner als Beständer. Dieser hatte einen überaus mürrischen Sohn gleichen Namens, der sich maßlos aufregte, wenn die Kinder im Zunfthof spielten. Neben der Gartnernzunft stand die Schneidernzunft, ein noch älteres, finsteres, unwohnliches Haus. Dann die Liegenschaften von Spezierer Heinrich Ecklin-Schwarz, Bestäter Peter Burckhardt-Bernoulli und Spezierer Heinrich Deucher-Spindler. An der Ecke Gerbergasse/Rüdengäßlein wohnte Seilermeister Dietrich Früh mit seinem kinderlosen Tochtermann Bernhard Holzach. Es folgte das Haus von Amtmann Emanuel Schilling-Gnöpf, genannt Pläppertli, eine lustige Haut. Der kreuzfidele Gerichtsamtmann, dem es immer sehr leid tat, wenn er einen Schuldner drängen mußte, war ein meisterhafter Piccolopfeifer. Die nächsten Häuser waren im Besitz von Spiegelhändler Josef Marfort und der Gebrüder Samuel und Johann Jakob Bruckner, Spezereihändler. Das folgende Haus (zum goldenen Eglin) war für damalige Begriffe ein sehr schönes; es gehörte dem Stubenknecht Johannes Elsner. Neben Weißgerber Melchior Imhof wohnte der Kunstdrechsler Andres Märklin. Der freundliche Handwerker, der es gerne duldete, wenn die Kinder ihm bei der Arbeit zusahen, hatte an der rechten Hand einen hölzernen Daumen. Trotz seiner Invalidität konnte Märklin mit seinem ovalen Rad die unmöglichsten Formen drehen. Das nächste Haus gehörte der Witwe des Rotgerbers Daniel König. Ihr ältester Sohn war Spitalpfarrer. Ein jüngerer geriet nach ihrem Tode in Konkurs, reiste hierauf nach Amerika und kam nach einigen Jahren im Elend wieder zurück. Eine Tochter der Frau König hatte nach Burgdorf geheiratet. Jedesmal, wenn sie mit ihrer Chaise auf Besuch nach Basel kam, ließ sie einen Sack Wiesesand bereitstellen, den sie dann zum Putzen mit nach Hause nahm. Sand aus der Aare und aus der Emme eignete sich ebensowenig wie der Rheinsand zum Fegen. Die Eigentümer der letzten Häuser an der Gerbergasse hießen Leonhard Felber, Knopfmacher und Ratsredner, Gebrüder Alexander und Rudolf Wolleb, Gold- und Silberschmiede, Heinrich Bruckner-Elmer, Spezierer, und Jakob Felber, Knopfmacher.

Im Kloster Mariastein

Als im Sommer 1833 der Bischof von Basel, Josef Anton Salzmann, im Kloster Mariastein die Firmung spendete, lud der Abt auch eine Delegation aus Basel ein. Dazu wurden auserwählt Antistes Hieronymus Falkeysen, Oberstshelfer Jacob Burckhardt, Kandidat Samuel Preiswerk, Pfarrer J.J. Uebelin, Samuel Minder und Carl Hagenbach. Frohgemut fuhr die kleine Reisegesellschaft per Kutsche durchs Leimental, dem Wallfahrtsort entgegen. In den Dörfern standen in dichten Scharen Erwachsene und Kinder und erwarteten den bischöflichen Segen. Die Ankunft in Mariastein fiel mit derjenigen des Bi-

Die große Zunftstube zu Gartnern. Gerbergasse 38.
Um 1874. Hier hielten die Angehörigen der um 1264 gegründeten Zunft bis 1874 auch ihre Mahlzeiten ab, bei denen es meist weder an Quantität noch an Qualität mangelte. So wurde etwa zu einem Festessen folgendes aufgetragen: ‹Erste Tracht: Suppen, Pasteten mit wilden Tauben, Hecht, Blumenkohl, Schneggen, Lärchen, Krawirts Vögeli, Oliven oder Kappern mit Zucker, Gold Häner. Andere Tracht: Welsche Hahnen, Wildbrett und Haasen, Capaunen, beraten Lachs, gebackene Gründerling, Krebsschwänz, Salat und Zungen, Brugnola. Nachtisch: Rosenküchli, Schänkeli, Macronen, Obs, gekochte Quittenen, Läckerli, Käs.› Aquarell von Johann Rudolf Wölfflin.

Als im 1705 Jahr
Eine Ehren Meisterschafft bey Sammen war
Sprachen wir all in Summen,
Laß unser Wappen allhero kummen,
Gott bind Uns mit seyleren der lieb zusammen,
daß wir arbeiten in seinem Nammen.
Dem Aller Hesten zu Ehren, dem Nächsten
   zu Nutz,
Gott erhalt uns alle in seinem Schutz.

(Inschrift einer Wappenscheibe der Zunft zu Gartnern)

Kloster Mariastein ‹samt der heiligen Wallfarths-Capelle›. Um 1837. Die Geschichte des weitbekannten Wallfahrtorts auf felsiger Anhöhe soll nach legendärer Überlieferung um 1380 ihren Anfang genommen haben, als ein Knäblein, während seine ‹fromme Mutter ein gute Weil schlieffe und außrastete, in disem holen Felß herum lieffe, biß endlich es auß angeborner Fürwitz in das tieffe Thal wolte hinab schawen, es auß kindischer Unachtsamkeit sich zu weit über den Felß hinauß gewagt, gählings gestrauchelt, entschlipft und über den stutzigen Felß in das vier und zwantzig Klafter tieffe Thal (O grausamer Fahl!) plötzlich hinunder geschossen.› Mittlerweile erwachte die Mutter und hielt, Böses ahnend, Ausschau nach dem Kinde. Doch ‹an statt da sie ihr nichts anders einbildete, als ein hertzbrechendes Traurspihl. Sihe! da fande sie mit frölichem Anblick ihr tausent liebes Kind gantz unverletzt, frisch und gesund mit frewdigen Geberden Blümlein brechend.› Zum Dank für die wundersame Rettung durch Jungfrau Maria wurde ‹im Stein› eine Kapelle errichtet, mit deren Betreuung 1470 die Basler Augustiner-Eremiten betraut wurden. Der seit 1636 von Benediktinern gehütete Gnadenort hatte in der Folge ein wechselhaftes Geschick zu meistern. Höhepunkte in neuerer Zeit bildeten u. a. der Umbau der Kirche mit der heutigen Fassade (1834), die Erhebung der Kirche in den Rang einer Basilika (1926) und die wiedererlangte rechtliche Selbständigkeit (1970). Stahlstich von Wilhelm Johann Esajas Nilson, nach einem Aquarell von Johann Friedrich Mähly.

Das Gasthaus ‹zum Schiff› am Barfüßerplatz 3.
Um 1870. Im Hintergrund Blick in die Streitgasse. Im Haus links neben dem ‹Schiff› betrieb Gaetano Nardi-St. Martin seine Strohhutfabrikation. Das ‹Schiff› zählte zu den renommiertesten Wirtshäusern im alten Basel. 1889 trat das Hotel Métropole an seine Stelle (bis 1966). Die Mauer zwischen dem ‹Stöckli› (links außen) und dem ‹Schiff› schirmte den Barfüßerplatz von der ‹Cloaca Maxima der großen Stadt›, dem Birsig, ab. Photographie von Adam Varady.

schofs zusammen, der, von seinem Kanzler und einem Leibdiener begleitet, vom herrlichen, vielstimmigen Geläute der Abtei begrüßt wurde. Zur Firmung erschien der Bischof mit dem reichen Pallium und der aus Goldstoff gefertigten Mitra. Anstelle des altersschwachen Abtes assistierten Pater Scholasticus, der den silbernen Teller mit den Chrisamgefäßen hielt, und Pater Cellarius, der ihm die Baumwolle, die sich nach und nach vom Schweiß und Staub der Bauernstirnen dunkel färbte, für die Ölung zu reichen hatte. Nach der feierlichen gottesdienstlichen Handlung empfing der Abt die Gäste, unter denen sich auch der Oberamtmann von Breitenbach und der Abt des Kartäuserklosters Ölenberg, der seine prächtig roten Wangen und seine stattliche Postur gewiß nicht von ungeschmolzenen Wasserspritzern hatte, befanden. Die Tafel war fürstlich bestellt; doch der Tischwein war höchstens einjähriger Elsässer Hirnistößel. Während des Nachtischs führten einige Patres mit 8 Schülern wunderschöne Tafelmusik vor. Nach dem Gastmahl gewährte der Bischof den Baslern im Visitenzimmer eine Audienz. Er reichte jedem echt schweizerisch die Rechte und wünschte herzlich Gottes Segen. Dann richtete der gnädige Herr die Rede auf die steigende Macht des Unglaubens, die auch die katholische Kirche bedrohe. Abschließend sagte Bischof Salzmann: ‹Die Ungläubigen und Revoluzzer mögen uns das Schwert Petri entreißen, aber der Schlüssel fällt nicht in ihre Hände!›

Am späten Nachmittag verabschiedeten sich die Geladenen und langten gegen 7 Uhr wieder auf dem Münsterplatz an. Dort stand schon Frau Oberstpfarrer zur Begrüßung bereit, welcher der Antistes sofort für den Ankenwecken dankte, der ihnen auf der Reise so köstlich gemundet habe. Frau Pfarrer aber hatte keine Ahnung von einem solchen Proviant. Das Rätsel klärte sich erst auf, als der Kutscher sich erinnerte, daß Jungfer Susanne Ronus tags zuvor einen Ankenwecken in Allschwil gekauft hatte und diesen beim Aussteigen versehentlich in der Kutschertasche liegen ließ.

Eine schlechte Straßenbeleuchtung

Von einer Straßenbeleuchtung war anfangs des 19. Jahrhunderts in Basel praktisch noch nichts zu sehen. Nur das Rathaus und die Stadttore waren kümmerlich beleuchtet. Später wurden Öllaternen auch an einigen gefährlichen Passagen aufgehängt. Die Beleuchtung der Gasthöfe und Schenkwirtschaften wurde erst zur Zeit der Helvetik obligatorisch erklärt. Bei nächtlichem Feueralarm war jeder Hausbesitzer verpflichtet, eine brennende Laterne auszuhängen oder wenigstens an einem Fenster im ersten Stock ein Licht aufzustellen. Die Reorganisation der Behörden in den Jahren 1803/04 hatte zur Folge, daß die Straßenbeleuchtung dem Stadtrat übertragen wurde. Da das Anschaffen, Montieren und Unterhalten der Straßenbeleuchtung sehr kostspielig war, wurde sie lange Zeit während der Vollmondnächte nicht angezündet, egal ob der Himmel verhangen war oder nicht. Erst mit der Einrichtung der Gasbeleuchtung traf eine wesentliche Besserung ein; die plumpen Öllaternen wurden an arme Kantone verschenkt oder zu geringem Preis verkauft. Doch schon der Ausbau der Ölbeleuchtung anfangs der 1820er Jahre wurde als Wohltat empfunden. Sie wäre aber nicht so vorangetrieben worden, wenn nicht wegen der Salzfuhren und Bottenwagen vor dem Gasthof zum Schiff ein Unfall passiert wäre: Ein einflußreicher Herr ging an einem finsteren, schneelosen Winterabend nach dem Theater über den Barfüßerplatz und wollte noch in die alte Lesegesellschaft auf dem Münsterplatz. Da stolperte er in der Dunkelheit an eine Wagendeichsel und zog sich äußerst schmerzhafte und gefährliche Verletzungen zu. Dieser bedauerliche Vorfall rüttelte die Regierung auf, der öffentlichen Beleuchtung vermehrte Aufmerksamkeit zu schenken ...

In der Marderfalle

Der Bewohner des Gnadentals, Oberst Christoph Im Hof, Bauschreiber, hielt, wie alle seine Amtsvorfahren, eine größere Anzahl Tauben. Die Tiere fanden in der nebenanliegenden städtischen Kornschütte in der Gnadentalkapelle reichlich Nahrung, doch machte auf den Kornböden mancher Marder auf die Tauben Jagd. Im Hof besorgte sich deshalb eine Marderfalle, um den kleinen Raubtieren das Handwerk zu legen. Bereits einen Tag später konnte er den ersten Fang buchen. Doch statt des gewünschten Marders zappelte eine große Ratte in der Falle!

Vom Altwerden

Einen trefflichen Anschauungsunterricht über das Altwerden erteilte Anno 1801 ein junger Basler Arzt einem Landmann. Die Behörden hatten den Doktor ins obere Baselbiet geschickt, um den Bauern, die von einer Nervenfieber-Epidemie geplagt wurden, Hilfe zu bringen. Von seinem Hauptquartier aus, der ‹Sonne› in Reigoldswil, besuchte der Mediziner jeden Tag, begleitet von einem 60jährigen Taglöhner, der ihm die Hausapotheke trug, die umliegenden Höfe. Wie die beiden nun an einem heißen Sommertag über die Güllenfluh nach Lauwil hinaufstiegen, bemerkte der Träger, vor Zeiten habe die Sonne noch wärmer geschienen und alles sei viel fruchtbarer gewesen. Um dem Hansjoggi zu beweisen, daß nicht die Kraft der Natur nachlasse, sondern das zunehmende Alter des Menschen zu andern Proportionen führe, beschleunigte der junge Arzt seine Schritte. Nach kurzer Zeit schon fing der Hansjoggi zu keuchen an und schnaubte, vor 40 Jahren hätte er wie ein Reh die Bergstraße überwunden. ‹Sodenn!›, dozierte der Arzt, «die Berge sind indes nicht steiler geworden, aber das Alter hat eure Kräfte geschwächt. Glaubt Ihr nun, daß sich nur der Mensch verändert? Zu meines Vaters Zeit hat man auf der Breite zwischen dem St.-Alban-Tor und der Birsbrücke noch Safran angepflanzt. Mit dem Anbau des exotischen Gewürzes aber hat man nicht aufgehört, weil etwa die Witterung ungünstiger geworden wäre – im Glarnerland beschäftigt man sich immer noch mit der Safranpflanze –, sondern weil mit Ackerbau und Weidland mit weniger Mühe mehr zu verdienen ist.›

Im Kleinbasel gab es übrigens um 1825 viele alte Leute, die sich einer ausgezeichneten Gesundheit erfreuten: Obristmeister Sebastian Steiger, der Gipsermüller mit 83 Jahren. Heinrich Heusler, der Schleifer; er wurde hoch in den 80er Jahren bei einem Volksfest im Klingental leider zu Tode getrampelt. Johann Jakob Holdenecker, der 93jährige Kuhhirt der Kleinen Stadt, der noch ohne Brille lesen konnte. Die Jungfern Salome Faust, Susanna Tschientschy und Anna Elisabeth Nübling, alle über 80 Jahre. Pastor Johann Jakob Faesch, 83. Und dann der unverwüstliche Pfarrer Johannes Stoecklin (1655 bis 1746), der bei bester Gesundheit weit über 90 Jahre alt wurde. Als er sein Ende nahen fühlte, rief er seinen Sohn, Johann Jakob Stöcklin, ans Krankenbett und legte ihm ans Herz, sich nicht allzuhäufig dem Jagen und Pirschen zu ergeben, denn wäre er – der

Buntes Treiben an der Spalenvorstadt. 1841. Zuchtstier, Reitpferd und Kramwaren werden gehandelt. Im Gnadental (heute alte Gewerbeschule) wird Korn eingelagert. Ein Mann in der Gruppe am rechten Bildrand hält ein sogenanntes Küpflin (4,25 litriges Kornmaß) am Arm. Links im Hintergrund die Gasthäuser ‹zum Engel› und ‹zur Kanne›. Im Kornkeller des Gnadentals (rechts außen) hat sich in den 1880er Jahren eine lustige Geschichte zugetragen: Im Keller, wo auch Weinhändler ihre großen Fässer eingestellt hatten, waren einige Küfergesellen mit Putzarbeiten beschäftigt. Plötzlich stürmten sie die Treppe hinauf auf die Straße und riefen schreckensbleich: ‹Ein Krokodil! Ein Krokodil!› Ein beherzter Mann holte seine Flinte und schoß vor den Augen des schaudernden Publikums durch ein Kellerfenster. Als sich der Pulverrauch verzogen hatte, stiegen ein paar mutige Männer mit Stangen und Laternen bewaffnet in den Keller und mußten dann konstatieren, daß das Krokodil ausgestopft war und keinem Lebewesen mehr ein Leid antun konnte! Aquarell von Jakob Senn.

Gymnasiarch Professor Jakob Christoph Ramspeck (1722–1797).
Der umstrittene Gelehrte hatte nach dem Studium der Medizin und Botanik weite Reisen unternommen und wurde dann in seiner Vaterstadt durch das Los zum Professor für Mathematik ernannt, doch trat er diesen Lehrstuhl wenig später an Johann Bernoulli ab und erhielt stattdessen die Professur für Eloquenz. Als es 1762 die Posten des Oberstknechts und des Roß-, Vieh- und Schweinezollers neu zu besetzen galt, bemühte sich der damalige Rector Magnificus auch um diese Beamtungen. Weil ihm dieses Vorhaben zur Aufbesserung seiner Finanzen jedoch mißlang, bewarb er sich 1765 mit Erfolg um das Rektorenamt des Gymnasiums, betrieb aber daneben weiterhin seine medizinische Praxis für Kinderkrankheiten. Ramspeck war zeitlebens ein Querulant, der ‹unermüdlich war in Supplikationen, wo er zu kurz zu kommen glaubte, und in Reklamationen, wo ihn gerechter Tadel getroffen hatte›. Aquarell von Franz Feyerabend.

Vater – nicht so oft bei ungünstiger Witterung auf die Jagd gegangen, dann wäre er uralt geworden!

Vererbte Hypochondrie

Im alten Basel sagte man, die angesehene Bürgerfamilie V. habe während einiger Menschenalter durch Vererbung an Hypochondrie gelitten. Ein H. V. war von solcher Furcht befallen, durch Ansteckung einen frühen Tod zu finden, daß er den Sigristen seiner Pfarrkirche anwies, unter keinen Umständen mit einer Leiche bei seinem Haus vorbeizugehen. Für jeden Leichentransport, den der Sigrist auf der andern Straßenseite durchführte, steckte ihm V. einen Sechsbätzer zu.

Eine der Enkelinnen dieses Angsthasen hielt sich ebenfalls für todkrank. Bei einem ihrer Angstzustände ließ sie sich mit dem Sterbegewand bekleiden. Dann legte sie sich mit blühenden Wangen und geschlossenen Augen auf das blumengeschmückte Todeslager und wartete während zweimal 24 Stunden auf die göttliche Erlösung.

Ein anderer Nachkomme des H. V. hatte ebenfalls stark gegen die Hypochondrie zu kämpfen. Dieser, zu den gelehrtesten Geschäftsmännern der Stadt gehörend, hatte die wirtschaftlichen Interessen des Bischofs von Basel und des Domkapitels wie diejenigen des Großherzogs von Baden zu vertreten. Die Sorge um seine Gesundheit aber nagte unaufhörlich an ihm, da er befürchtete, einen Bandwurm im Bauch zu haben. Wurde eine Speise in einer unverzinnten Kupferpfanne gekocht, dann verschlug es ihm augenblicklich den Appetit. Als V. einst für die großherzoglich-badische Domänenverwaltung zum Einzug des Zehntenzinses in Gelterkinden weilte, wurde er zum Mittagessen ins ‹Rößli› eingeladen, wo zum Nachtisch allerlei Schnäpse herumgeboten wurden. Auf einmal schwenkte ein Gast dem V. eine Flasche unter die Nase und rief: ‹Potztausend, da schwimmen ja Bandwürmer in diesem Kirsch.› Der Basler Handelsherr wurde augenblicklich käsebleich und körbelte dann schrecklich über den Tisch. Der zu Tode Erschrockene beruhigte

Tafel 4

‹Klosterkonzert in Mariastein›. 1834/1848. Trotz
auferlegter benediktinischer Zurückhaltung steht
in Mariastein die gemeinsame Pflege anspruchsvoller
geistlicher Musik seit je in hoher Gunst. Der
Künstler hat in seiner humoresken Darstellung mit
feinem Empfinden die von Würde, Entzücken oder Verzerrung gezeichneten Physiognomien der singenden
und musizierenden Geistlichen, die in verschiedene
Ordenstrachten gekleidet sind, festgehalten. Auch der
Organist, der wohlgefällig von der Empore herabblickt,
folgt der temperamentvollen Stabführung seines zwerghaften Mitbruders. Aquarell von Hieronymus Heß.
In Privatbesitz.

Die hochgelegene Kirche und das Dorf Ziefen. Um 1830. Wie die Inschrift: ‹Solchs Schlos stundt vor alter Zeiten, wo man jetzo zkilchen thut lüten, dorin gond vill frommer leüten› aussagt, soll das wegen seiner wertvollen Wandmalereien aus den 1330er Jahren bekannte, dem heiligen Blasius geweihte Gotteshaus auf einem Burghügel erbaut worden sein. Das ‹große und mit sehr vielen Einwohnern versehene Dorf, worinnen nur noch 2. einige Strohdächer sind, hat einen Meyer und 4. Geschworne, so demselben vorstehen. Es hat 6. schöne laufende Brunnen, davon 4. aus einer Quelle getränket werden. Ihr Schützenhaus ist eigentlich zu Bubendorf, doch haben sie am Dorfe einen Schützenplatz, allwo sie mit den Feuerrohren in die Scheibe schießen. Das Wasser, so von der Wasserfalle herab kommt und durch dises Dorf läuft, treibet eine Mahl-, eine Säg-, eine Hanf- und eine Schleiff-Mühle. 1756.› Aquarell.

‹Von der Stirne heiß rinnen muß der Schweiß.› Das Schweizerische Turnfest in Basel 1848. ‹Bei rauschenden Fanfaren mit fliegenden Fahnen, singend und jubelnd zog die gesammte Schaar in Begleitung einer zahlreichen sympathisierenden Menschenmasse auf den Turnplatz im Klingenthal. Als ein noch wenig gesehenes Kuriosum erregte der Gabentempel besondere Aufmerksamkeit. Auf seinem Giebel wurden sämmtliche Fahnen aufgepflanzt, und als sie hier festlich prangend flatterten, begannen die Freiübungen und das Riegenturnen, begleitet und gehoben durch die oft sehnsüchtelnden, oft kriegstobenden Weisen der Festmusik. Die Wettübungen im Steinstoßen und Ringen erfreuten sich besonders einer ungetheilten Aufmerksamkeit; im Geerwerfen wurde kein eigentlicher Kernschuß gethan. Nach beendigten Wettspielen zog die Schaar zur Festmahlzeit ins Casino. Kräftige Chöre und feurige Reden über Freiheit und Vaterland brachten angenehme Abwechslung. Die Wettspiele an den Maschinen wurden andertags mit den Barren begonnen, darauf folgte das Turnen am Schwingel (Roß) und Reck, dann die halsbrechenden Sprünge mit der Stange. Ein mit herrlichen Victualien gewürztes Mahl und ein Ball› beendete die festlichen Tage, welche die Regierung mit Fr. 500.– subventioniert hatte. Lithographie von Joseph Lerch.

sich erst wieder einigermaßen, als ihm der Galgenvogel aufzeigte, daß die vermeintlichen Bandwürmer aus frischen Eiernüdeli bestanden.

Der schlafende Pfarramtskandidat

Anno 1812 wurden unter Deputat Peter Ochs das Kirchdorf Ziefen und die beiden Nebendörfer Arboldswil und Lupsingen von der Pfarrei Bubendorf losgelöst und zu einer eigenen Pfarrei erhoben. Pfarrer Niklaus Eglinger, der sich um das Pfarramt beworben hatte, wurde zu einer Probekinderlehre vor versammelter Gemeinde eingeladen. Der Marsch von St. Romai nach Ziefen erschöpfte den kurzsichtigen Seelsorger, der erst nach sechswöchiger Ehe festgestellt hatte, daß seine Frau schielte, an jenem heißen Sommertag derart, daß er während der Lektion sackmüde im Kanzelstuhl einschlief. Der vorsingende Schulmeister geriet darob in große Verlegenheit und verlangte beim Dorfpräsidenten um Rat, was er tun solle, wenn der Hospitant nach dem letzten Vers immer noch schlafe. Man solle ruhig

Kirche, Pfarrhaus und Kirchrain in Gelterkinden. 1821. ‹Die Kirche St. Maria steht oben im Dorfe auf einer kleinen Anhöhe und prangt mit dem höchsten Kirchthurme im Lande. Ihr zunächst steht die Pfarrwohnung.› Der 40 Meter hohe Turm des ursprünglich Petrus geweihten Gotteshauses ist 1538 in drei Stockwerken neu aufgeführt worden. Das aus dem Jahre 1593 stammende Pfarrhaus erfuhr Anno 1827 einen durchgreifenden Umbau. ‹Im May des Jahrs 1687 erhielt Pierre Baile, ein Piemontesischer Geistlicher, von dem hiesigen Ministerio die Erlaubniß, den der Religion halben vertriebenen Waldensern und Hugenoten, die damals sich in die Schweiz geflüchtet hatten und in großer Anzahl durch den hiesigen Kanton nach Deutschland zogen, in dieser Kirche das heilige Abendmahl auszutheilen.› Aquarell von Diakon Johann Jakob Uebelin.

mit dem Lied wieder von neuem anfangen, meinte hierauf der Dorfälteste, Herr Eglinger werde sicher wieder aufwachen. Was denn auch geschah!

Die abgesägte Wagendeichsel

In der ehrbaren Wirtschaft zum Schwarzen Adler an der Webergasse 10 im Kleinbasel pflegten abends einige Freunde zum Kämmerli zusammenzukommen. Unter diesen war auch der Müller der Kammradmühle (Webergasse 21), der zuweilen etwas stark benebelt nach Hause zog. So geschah es auch in den 1830er Jahren nach einer lebhaften, aufregenden politischen Debatte. Wie der Müller nun heimwärts wankte, stieß er im Dunkeln an eine Wagendeichsel, was ihm so empfindliche Schmerzen verursachte, daß er in seinem Haus nach einer Säge suchte und die Deichsel kurzerhand absägte. Als am Morgen der Müllerknecht die Pferde anspannen wollte und die abgesägte Deichsel am Boden liegen sah, eilte er ans Bett seines immer noch Dampf ablassenden Brotgebers und berichtete ihm atemlos: ‹Meister, wenn ich nur wüßte, welcher vermaledeite Spitzbube uns letzte Nacht die Deichsel vom Müllerwagen abgesägt hat!›

Unschweizerische Gelüste

Napoleon war im Jahre 1811 sozusagen allmächtig. Mit Ausnahme von England und Schweden hatte er alle seine Feinde bezwungen oder hielt sie in Schach, und die Schweiz mußte ihm ihre Söhne auf seine Schlachtfelder liefern. Daß unter dem Druck der Kontinentalsperre der hiesige Handelsstand schwer litt, ist verständlich. Es rechtfertigte aber keineswegs, was einige Handelsherren deswegen unternommen haben sollen: Eines schönen Morgens, es war an einem Ratstag, sei einer der ersten Kommis eines renommierten Handelshauses zum alten Johann Franz Passavant im Seidenhof gekommen und habe ihm ein verschlossenes Couvert überbracht. Darin sei der Wunsch ausgesprochen gewesen, Napoleon möchte Großbasel bis zur Birs dem französi-

Das Haus ‹zur Domprobstey› am St.-Alban-Graben 7. Vom damaligen Zugang von der Rittergasse 18 her gesehen. 1819. Der 1342 erstmals erwähnte ‹Tumprobstes Hof› ist 1515 von Dompropst Wernher von Mörsberg, Lehensherr der Pfarrkirche zu St. Ulrich, ‹erbessert› (umgebaut) worden. Der Dompropst amtete als erster Prälat und Vorstand des Domkapitels und war für die Vermögens- und Güterverwaltung der bischöflichen Domäne verantwortlich. 1826 wurde die alte Dompropstei abgebrochen und Architekt Melchior Berri mit einem Neubau beauftragt. Der ‹launische und ränkesüchtige› Bauherr, Bandfabrikant Johann Jakob Bachofen-Merian, zog allerdings auch noch den jungen Baukünstler Johann Jakob Stehlin zu Rate, so daß ‹täglich andere Ideen aufs Tapet kamen›, was Berri ‹eine Hiobsgeduld kostete, um allen diesen Launen zu entsprechen›. Aquarell von Peter Toussaint.

Internierte Angehörige der Bourbakiarmee im Kleinen Klingental. 1871. Während des deutsch-französischen Kriegs 1870/71 fanden unzählige Flüchtlinge in unserer schwer befestigten und bewachten Stadt Zuflucht. Neben den Tausenden von Kindern, Juden und Gebrechlichen gewährte Basel auch 1300 abgedrängten Soldaten der Bourbakiarmee gastliches Asyl. ‹Die ersten Bourbakisoldaten waren Ausreißer. Am späten Abend des 7. Februars 1871 langte der erste Schub der Internierten an, etwa 900 Mann. Eine ungeheure Volksmenge erwartete sie. Das Bild, das sie boten, war bejammernswürdig genug. Keine militärische Kopfbedeckung fehlte. Jammervoll sah's mit der Fußbekleidung aus. Wie viele marschierten ganz oder beinahe barfuß durch den auftauenden Schnee! Die Mehrzahl gingen beschwerlich an Krücken und Knüppeln oder am Arm des Kameraden. So bewegte sich an diesem Abend ein mühseliger Zug unter fröhlichem Fackelschein durch die Aeschenvorstadt, die Freie Straße hinunter nach dem Klingenthal. Ein scharfer pfeifender Husten begleitete die Kolonne. Ein übler Geruch, wie ihn Krankheit und Unreinlichkeit ausströmen, schwebte über dem Zug. Um die langsam stadtabwärts marschierenden Franzosen drängte und schob sich die Stadtbevölkerung, schon jetzt durch Cigarren- und andere Spenden ihrem guten Herzen Luft machend. Am folgenden Tag wurden weitere 400 Mann in Empfang genommen und in der Klingenthalkaserne untergebracht. Nach einigen Ruhetagen in der Kaserne wurden die Armen in jedem milden Frühlingstag spazieren geführt. Man bot ihnen ein Orgelkonzert im Münster, wobei sie in ungenierter Weise den Boden durch Spucken verunreinigten; zweimal wöchentlich hielt man ihnen Gottesdienst in der Klarakirche. Am 21. März erfolgte der Abmarsch der Internierten; reichlich beschenkt und verproviantiert zogen sie zum Bahnhof. Auf dem ganzen Marsch riefen die Scheidenden: «Vive la Suisse, mille mercis, vive la ville de Bâle!»› Bleistiftzeichnung von Heinrich Meyer.

Abschied der Zuzüger beim Totentanz vor dem St.-Johanns-Schwibbogen. 1797. Die aus allen Kantonen der Schweiz stammenden Grenzbesetzungssoldaten hatten in ihren prächtigen Uniformen keine Mühe, die Gunst der Basler Bevölkerung zu gewinnen. Und den Töchtern der Stadt, vorab, wenn sie einem ‹freudigen› Ereignis entgegenblickten (wie Figura zeigt), fiel es überaus schwer, die schmucken Burschen wieder ziehen zu lassen ... Aquarell von Max Neustück.

schen Reiche einverleiben; das Annexionsgesuch sei bereits von 6 der angesehensten Handelsfirmen unterschrieben gewesen. Nachdem Herr Passavant sich mit dem Überbringer eingehend unterhalten habe, habe er das Aktenstück heimlich ins Rathaus tragen lassen, damit auch die Ratsherren vom unglaublichen Inhalt hätten Kenntnis nehmen können. Die ganze Sache aber muß in der Folge irgendwie unterdrückt worden sein, denn es wurde nie eine offizielle Untersuchung eingeleitet.

Ein arroganter Festungskommandant

Voller Frechheit gegen unsere Behörden gebärdete sich einst ein Hüninger Festungskommandant. Ein Basler, der bei einem Schöpplein ein paar Stunden in der Festung verbracht hatte, verpaßte die Zeit zum rechtzeitigen Aufbruch und brachte deshalb vor dem Kommandanten die Bitte vor, man möchte für ihn das Tor nochmals öffnen. Weil dieser ihn nur unwillig anhörte, bemerkte der Basler, er werde sich bei seinen Behörden über die unfreundliche Behandlung beklagen, seien die Schweizer doch der Franzosen Bundesgenossen. Auf diese Erklärung erwiderte der Kommandant höhnisch: ‹Was ist deine Obrigkeit? Ich will's dir sagen: Schneider, Schuster, Hundefutter. Das ist deine Obrigkeit!› Trotz dieser Verspottung aber ließ er für den Basler das Tor öffnen und gab ihm bis zum äußeren Posten gar noch einen Planton mit; der großmaulige Befehlshaber mochte sich wohl nicht mehr so sicher gefühlt haben. Andererseits ging man auch in Basel auf den Zwischenfall nicht ein. Im Gegenteil. Auf der Staatskanzlei wurde dem Beschwerdeführer unmißverständlich dargelegt, er habe dankbar zu sein, daß man ihn nicht über Nacht in der Festung behalten habe; er solle sich ein ander Mal gefälligst nicht mehr verspäten!

Verpöntes Tabakschnupfen

Christian Gottlieb Blumhard, erster Inspektor der Anno 1816 von Privaten gegründeten Missionsge-

‹*Wenn Gott für Uns, wer wider Uns*›: *Ablösung des Helvetischen Kontingents auf dem Münsterplatz Anno 1793.* ‹Die ersten Hülfsvölker waren von Zürich und trafen den 3. Brachmonat hier ein. Die höchste Anzahl der Zuzüger, die während des Krieges unsere Grenzen beschützten, belief sich, aber nur einige Zeyt, auf 2040 Mann. An Kranken zählte man vom 3. Juny 1792 bis zum ersten Juny 1797 eilfhundert und vier Soldaten, davon 41 starben. Der allgemeine Befehl an unsere Leute war, daß sie sich alles dessen enthalten sollten, was zu Streitigkeiten reizen dürfte. Als ein Zürcher bey seiner Ankunft gerühmt hatte, er würde bald die Franzosen fortjagen, so wurde einer von den unsrigen eingesteckt und für vier Wochen an das Schellenwerk geschlagen, weil er geantwortet hatte: Es würde nicht so leicht geschehen; die Franzosen wüchsen wie Schmalen (das ist, wie langes Gras).›

Über die Zuzüger berichtete ein Zeitgenosse: ‹Übrigens ist alles Gott Lob ruhig hier, wozu die Zuzüger, welche nun nacheinander anlangen und sich zur größten Zufriedenheit der Bürger betragen, auch das Ihrige thun und sich als wackere Bundesgenossen bezeügen. Es sind lauter sehr brave, wackere Eydgenossen, deren Einzug allhier viel Vergnügen verursacht und demnach allemahl einen erstaunlichen Zulauf haben. Solcher war besonders groß bey der Ankunft der Luzerner Truppen, worunter ein Theil Entlibucher Leüte in ihrer sehr artigen Landestracht waren, und welche auch eine schöne türkische Musik mitbrachten.› Kolorierte Radierung von Luc Vischer.

Der Wendelstörferhof (Weißes Haus) und der Reichensteinerhof (Blaues Haus) am Rheinsprung. 1845. Die beiden Monumentalbauten der Gebrüder Lukas und Jakob Sarasin, 1762–1770 von Samuel Werenfels erbaut, sind architektonisch eng aufeinander abgestimmt und haben für ihre hohen gewölbten Keller einen gemeinsamen Zugang. In den Flügelbauten gegen die Martinsgasse, die tiefe Ehrenhöfe umschließen, betrieben die beiden initiativen und erfolgreichen Industriellen ihre Bandfabriken. Aquarell von Constantin Guise.

Die Ankunft der Marie Thérèse Charlotte von Frankreich am 26. Dezember 1795 vor dem Reberschen Landgut (Elsässerstraße 12). Die 17jährige Tochter Ludwigs XVI. mußte als Tauschobjekt gegen einige Franzosen aus österreichischer Gefangenschaft, die in der Landvogtei Riehen ihre Freilassung erwarteten, herhalten. Nach dem formellen Abschluß des Tauschgeschäfts verabschiedete sie sich vom französischen Gesandtschaftssekretär mit den Worten: ‹Leben sie wohl, mein Herr. Ich werde mich stets erinnern, daß ich eine geborene Französin bin, und es tut mir leid, Frankreich verlassen zu müssen.› Dann reiste die spätere Herzogin von Angoulême nach Rheinfelden weiter. Trotz heftigen Schneetreibens stand die ganze Bevölkerung der lieblreizenden Prinzessin mit Fackeln und Lichtern bis zum St.-Alban-Tor ein doppeltes Spalier. Kolorierte Radierung.

Die drei Monarchen, die sich im Januar 1814 im Zuge des Durchmarsches der alliierten Heere in Basel einfanden: Kaiser Franz I. von Österreich (1768–1835), Zar Alexander von Rußland (1777–1825) und König Friedrich Wilhelm III. von Preußen (1770–1840). Zu Ehren der hohen Gäste wurde auf dem Petersplatz eine Truppenparade mit 30 000 prächtig gekleideten russischen, österreichischen und preußischen Elitesoldaten abgehalten, die ganz Basel derart entzückte, daß sich männiglich fragte, ob Frankreich einer solchen Macht widerstehen könne. Magister Munzinger meinte zu diesem großartigsten Zug, den man je in unserer Stadt gesehen hatte, ironisch: ‹Die schönste Illumination wäre doch, wenn die Rücken der Monarchen in allen Regenbogenfarben prangen würden; ihnen wär's gesund und uns wohlfeiler!› Bronze- bzw. Gipsgüsse von Medailleur Philipp Jakob Treu.

sellschaft, erzählte in einer Abendgesellschaft beim Tabakschnupfen, dem er mit großer Leidenschaft oblag, folgende Geschichte: ‹Als ich in Angelegenheit der hiesigen Bibel- und Missionsgesellschaften in den 1820er Jahren dem Fest der British and Foreign Society in London beiwohnte und die sehr zahlreiche Gesellschaft und ihre Freunde in öffentlicher Sitzung in Exeterhall versammelt war, habe ich natürlich kräftig geschnupft. Ich bemerkte zwar wohl, daß der Vorsitzende, der ehrwürdige Greis Lord Tingmouth, mich öfters ernstlich ansah und mit dem Kopf beständig die Pantomime «Nein» machte. Indessen wußte ich nicht, was dies zu bedeuten hatte. Endlich sandte er mir einen Diener mit einem kleinen Streifen Papier, auf dem die Bitte stand, ich möchte mich des Schnupfens in dieser ehrenwerten Versammlung enthalten, da dies in England bei öffentlichen Gelegenheiten absolut unpassend sei!›

Der Doppelgänger

Im Oktober 1836 reiste Blumhard mit einigen Freunden zum Bibel- und Missionsfest nach Stuttgart. Und es gab sich, daß am Tage der Ankunft der König seinen Geburtstag feierte, und eine Einladung zum Festgottesdienst in der Leonhardskirche vorlag. Den Basler Gästen wurde ein ausgezeichneter Platz auf einem Lettner zugewiesen, von wo aus das ganze Schiff gut überblickbar war. Während nun Blumhard und seine Freunde interessiert den Einzug der Geladenen verfolgten, erblickten sie zu ihrer großen Überraschung einen zweiten Blumhard, der den gegenüberliegenden Lettner bestieg. ‹Um Gottes Willen, Herr Inspektor, haben Sie einen Doppelgänger?›, flüsterte männiglich aufgeregt an die Adresse Blumhards, der indessen gelassen zur Antwort gab: ‹Ja und nein, wie man will. Der dort drüben bin nicht ich, das ist mein mir auffallend an Gestalt, Größe und Aussehen ähnlicher Bruder, der Schullehrer!›

Der Durchmarsch der Alliierten

Das Jahr 1814 brachte Basel auch den Besuch der verbündeten Monarchen: Kaiser Franz I. logierte bei alt Ratsherr Peter Vischer im Blauen Haus am Rheinsprung, Kaiser Alexander I. von Rußland bezog bei Witwe Dorothea Burckhardt-Merian im Segerhof am Blumenrain Quartier, und König Friedrich Wilhelm III. ließ sich im Deutschen Haus an der Rittergasse fürstliche Unterkunft zuweisen. Die Anwesenheit der Staatsoberhäupter bescherte der Stadt viele glänzende Feste und großartige Illuminationen. Die Impulse für diese Festlichkeiten gab der trinkfeste Prinz Karl Anselm von Thurn und

Karikatur auf Daniel Schorndorf (1750–1817), Obervogt von Kleinhüningen, der für seine eigenmächtige Verordnung, pro gefangenen Fisch eine Gebühr zu erheben, einen Harschier Lachse abstempeln läßt. Schorndorf, ein sprachgewandter und erfolgreicher Handelsmann, der beim St.-Johanns-Schwibbogen eine ‹Handlung und Fabrique von Seyden- und Halb-Seyden Waaren› betrieb, fand neben seinem anspruchsvollen Beruf noch genügend Zeit, eine Menge von Ehrenämtern auszuüben. So war er Gerichtsherr, Sechser zu Weinleuten, Kleinrat, Zeugherr, Vigilanzherr, Ehericher, Reformationsherr, Verordneter in Metzgereisachen, Quartiermeister zu Spalen, Münzherr, Appellationsherr, Mitglied der Werbungskammer, der Postkammer, der Zins- und Zehntenkommission, des Waisengerichts und der Deputation für Bürgschaften, Spitalpfleger, Deputat, Staatsrat, Tagsatzungsgesandter, Ältester der französischen Kirche, Vorsteher der GGG und, von 1795 bis 1798, Obervogt zu Kleinhüningen! Aquarell von Franz Feyerabend.

Schorndorf, ‹der friedlich sorgende Bürger und liebevolle Unterstützer und Berather der Armen, der alle Liebe und Achtung erworben› hatte, führte in Wirklichkeit seine Amtsgeschäfte genau nach dem Buchstaben des Gesetzes, dem Grundsatz gemäß, daß das Gesetz für die Armen, das Recht jedoch für die Reichen sei, und hatte deshalb nicht nur Freunde. Ganz besonders in Kleinhüningen stand ihm die Bevölkerung feindselig gegenüber. Denn ‹dort hatte er ein ansehnliches Einkommen vom Lachsfang, und da er immer die schwersten Fische für sich verlangte, gaben ihm die Fischer den Rat, sich selbst an ihre Stange zu hängen!› – Auch diese Szene hat Franz Feyerabend in einem Aquarell festgehalten.

Taxis. Dieser hielt jeden Mittag auf Staatskosten eine offene Tafel; zu seinem Abschied schenkten ihm die Behörden einen kostbaren, auf 100 Louisdor geschätzten Ehrendegen.

Nach der Einnahme von Paris passierte auch Erzherzogin Marie Louise, Exkaiserin von Frankreich, mit ihrem 3½jährigen Söhnchen Carl Franz Napoleon auf dem Weg nach Wien unsere Stadt. Anno 1815 suchte Erzherzog Johann von Österreich, der die Belagerung von Hüningen leitete, mit seinem Generalstab Zuflucht in Basel. Er wohnte zuerst im Wildtschen Haus am Petersplatz, wechselte dann aber seinen Wohnsitz während der ärgsten Zeit des Bombardements von Hüningen in den Kirschgarten. Erzherzog Johann erwarb sich durch seine Leutseligkeit, Anspruchslosigkeit und die wesentlichen Dienste, die er unserer Stadt leistete, allgemeine Beliebtheit und Achtung. Während seines ganzen Aufenthalts konzertierte jeden Abend die aus lauter Virtuosen bestehende Musik des Regiments Collowrath auf dem Petersplatz.

Um den Fußfall gedrückt

Als Jakob Christoph Frey, Landvogt zu Kleinhüningen, 1737 nach Paris beordert wurde, um über den unangenehmen Lachsfangstreit zwischen den Fischern von Kleinhüningen und Großhüningen Bericht abzulegen, hätte er, wie landesüblich, Kardinal André Hercule de Fleury mit einem Fußfall begrüßen sollen. Doch einem senkrechten Schweizer widerstrebte eine solche Unterwürfigkeit, und deshalb erdachte sich Frey einen Trick. Der Kardinal hatte die Gewohnheit, seine Gäste jeweils oben an einer hohen Treppe zu empfangen. Diese die Macht unterstreichende Einleitung zur Begrüßung benutzte nun der Kleinhüninger Landvogt, um den verpönten Fußfall ohne Devotion hinter sich zu bringen: er stolperte auf der vorletzten Stufe und täuschte damit einen Kniefall vor. Der Kardinal nahm denn auch die vermeintliche Ehrbezeugung huldvoll entgegen und führte den Schweizer Gesandten zur Audienz in seine Gemächer.

Ein Tumult in der Steinen

Anno 1823 spielte sich in der Steinen eine Geschichte ab, die leicht ein unglückliches Ende hätte finden können. Im Hause ‹zum Adler› (alte Nummer 809) an der Steinenbrücke wohnte der Flachmaler Heinrich Segiser mit seiner Familie. Der Hausvater aber entbehrte jeglicher Autorität, dafür führte seine Frau, ein häßliches, unsittliches Weib, ein großes, böses Maul.

Dieser Hausdrache, Mutter von zwei Söhnen, betrieb eine Pension für Theaterleute. Unter diesen befand sich ein aufschneiderischer Schauspieler, der indessen nicht fähig war, das Kostgeld zu bezahlen. Er verschwand nach Regensburg und anerbot von dort aus der Segiserin, einem ihrer Söhne zu einer vornehmen Partie zu verhelfen, wenn ihm die

Fahrplan der ‹Eilpost› Basel–Bern. Um 1820. Lithographie.

Schuld erlassen werde. Die resolute ‹Schtainlere› ließ sich ein solch verlockendes Angebot kein zweites Mal machen. Sie veranlaßte ihren älteren Sohn, einen jungen Vergolder und Lackierer, seine Korporalsuniform anzuziehen und reiste mit ihm sogleich per Extrapost nach Regensburg, nachdem sie die Spesen durch den Verkauf von Haushaltungsgegenständen und Aufnahme eines Darlehens zusammengekratzt hatte. Der Theatermann war tatsächlich in der Lage, dem Sohn seiner ehemaligen Schlummermutter ein vermögendes Frauenzimmer zuzuschanzen. Der mittellose Vergolder wurde den Schwiegereltern in spe als Baron von Reichenstein, Hofmaler und Feldadjutant, vorgestellt und dessen Mutter als adelige von Segiser. Bei der rednerischen Gewandtheit des Schauspielers, welcher der Tochter des Hauses in Basel den Himmel auf Erden versprach, blieb der Erfolg nicht aus. Und die Regensburger Krämersleute vertrauten den Besuchern mit Gottes Segen und 200 Gulden vorläufigen Reisegelds ihre einzige Tochter an.

In Basel gingen der Braut blitzartig die Augen auf,

▽ *Eine vierspännige Postkutsche vor der Abfahrt nach Zürich.* Auf dem Dach Niggi Münch und Bobbi Keller. ‹Eilwagen für Reisende, Valoren, Pakete und Waaren-Sendungen gehen täglich zweimal nach Neuchâtel und Bern; einer nach Luzern, zwei nach Zürich und je einer nach Aarau, nach Schaffhausen, nach Frankfurt, nach Straßburg und nach Schopfheim.› Bleistiftzeichnung von Hieronymus Heß.

◁ ‹*Das Band ist zerschnitten*›. Mit versteinerten Gesichtern nehmen die Väter vom unglückseligen Ende der Verlobung ihrer Kinder Kenntnis. Federzeichnung von Samuel Barth.

Eheanbahnung. Um 1820. Der Brautvater (rechts) und der Ehevermittler preisen die Vorzüge des Jünglings, der um das Mädchen mit der kunstreichen Hand, der schönen Stimme, dem witzigen Kopf und den angenehmen Manieren anhält. Tongruppe aus Zizenhausen, wohl nach Hieronymus Heß.

Allzubaslerisches. ‹Gottesfurcht ohne Aberglauben noch Frömmeley, freydenkende Liebe zur Obrigkeit, Rechtschaffenheit des Herzens, freygebiges Mitleiden, Bescheidenheit im Glück und bey Ehren, friedfertiges Betragen, Abneigung gegen Weltsitten, fortschreitender Fleiß und gesunde Urtheilskraft sind überhaupt die Kennzeichen eines Baslers. Ich bin kein Schmeichler meiner Vaterstadt, ich darf aber behaupten, daß jene vortrefflichen Eigenschaften die weit größere Anzahl meiner Mitbürger auszeichnen.› Peter Ochs.

und sie bekam handfest zu spüren, daß sie unter gemeinstes Volk gefallen war. Aber auch ihre ‹Entführer› blieben nicht vor einer unangenehmen Überraschung verschont. Nämlich, daß die Braut als Zugabe noch die ‹gute Hoffnung› mitbrachte, deren Urheber unbekannt war! Die Folge dieser beidseitigen völlig unerwarteten Entdeckungen waren tägliche Streitereien, welche die geprellte Braut so zermürbten, daß sie wieder zu ihren Eltern reisen wollte. Doch die Segiserin wachte mit Argusaugen über ihre ‹Beute› und sorgte auch dafür, daß die Briefe abgefangen wurden.

Wie nun an einem Juliabend Vater und Sohn betrunken nach Hause kamen, entfachte sich ein so großer Krach, daß die Nachbarn auf der Straße zusammenliefen. Der Alte und die Alte geiferten schließlich zum Fenster hinaus, was vom Publikum mit Hohngelächter und Pfiffen quittiert wurde. Am nächsten Abend gab es wieder einen Volksauflauf vor dem Segiserschen Haus, den auch zwei anrückende Landjäger nicht auseinanderzutreiben vermochten. Schließlich drang ein beherzter Nachbar, der Seidenfärber Rudolf Brändlin, in die Wohnung der zanksüchtigen Familie und trug unter frenetischem Applaus das geplagte Mädchen in seine Liegenschaft. Nun war der Lärm nicht mehr zu stillen, obgleich Türen und Fensterläden am Hause der Segi-

Das Gewehrladen im alten Basel. Beim ‹Ausschießen der Schützengabe› hat Anno 1822 ‹jeder Mann einen Probierschuß und einen Anschuß zu thun, aber nur diejenigen, welche den Anschuß in die Scheibe gebracht haben, erhalten das Recht zu einem Stechschuß, wozu die nöthigen Patronen aus dem Zeughaus abgeliefert werden; wenn jedoch bei den Stechschüssen das Feuer 3 Mal versagt, so ist der Schuß verfallen, alle aber in die Scheibe gefallenen Schüsse sind gültig und sollen notirt werden.› Aquarellierte Radierung von Franz Feyerabend.

So geht es glücklich auß behend;
Es soll ein Schütz kein schwermer sein,
Bescheiden, mäßig, das ist fein;
Dann's Büchsenschießen ist ein sach,
Das nit allein leit an dem krach!

ser geschlossen wurden. Da fand es der Vorstadtvorgesetzte Mathias Oswald, Ratsherr, Metzger und Kerzenfabrikant, für nötig, im Gefühle seiner Amtslust und im Namen der Obrigkeit Ruhe zu gebieten. Doch das Volk, unter dem sich auch Studenten befanden, schrie den Ruhestifter zu Boden. Und auch die herbeigerufene Polizeiverstärkung war nicht in der Lage, das Lärmen, Schreien und Pfeifen abzustellen. Die Menge zerstreute sich erst, als bekannt wurde, daß man sich am folgenden Abend wieder zu einem Charivari treffen wolle. So geschah es denn auch. Trotzdem auf den Straßen viele Polizisten postiert waren, fanden sich in der Steinen rund tausend Leute ein, um am Krawall teilzunehmen. Polizeidirektor Johannes Wieland wollte das Volk beschwichtigen, doch versandeten seine Beschwichtigungen erfolglos. Nach 22 Uhr löste sich die dichte Menschentraube auf, und ein trügerischer Friede legte sich über die Stadt.

Die Behörden fanden es nun endlich an der Zeit, entsprechende Maßnahmen zu ergreifen. Sie verfügten, daß zur Abendzeit ein ganzer Zug der Standeskompanie die Steinenbrücke besetzen müsse, und die Staatskanzlei war die ganze Nacht geöffnet. Gegen 19 Uhr bewegte sich wieder eine große Volksmasse gegen das Segisersche Haus, das nun für viele der Randalierer nur noch als Vorwand zu einer Mißfallenskundgebung gegen die Regierung, die verhaßte Standeskompanie und die Zentralpolizei benützt wurde. Bis zum Einbruch der Dunkelheit blieb alles ruhig. Dann aber, als man niemand mehr erkennen konnte, ging der Radau los. Ein ohrenbetäubender Lärm erfüllte die Steinen, Wurfgeschosse flogen durch die Luft, Stockschläge wurden ausgeteilt, und die verstärkte Militär- und Polizeimacht schlug mit Kolbenstößen auf die Menge ein. Nach 23 Uhr kehrte endlich wieder eine gewisse Ruhe ein. Am folgenden Morgen ließ der Rektor Magnificus, Professor Dr. Wilhelm Martin Leberecht De Wette, an den schwarzen Tafeln der beiden Kollegienhäuser eine strenge Warnung anbringen. Die Musensöhne hätten sich abends nach 21 Uhr weder in der Nähe des aufgeregten Quartiers noch überhaupt auf den Straßen aufzuhalten. Aber schon nach kurzer Zeit waren die beiden mit Unterschrift und Siegel versehenen Aufforderungen des Rektors mit Federmesserschnitten durchgetrennt. Um 10 Uhr läutete die Ratsglocke, und um 3 Uhr nachmittags wurde durch Trommelschlag bekanntgemacht, die Regierung habe zur Erhaltung von Ruhe und Ordnung verfügt, daß das Nachtglöcklein schon um 21 Uhr, statt wie bisher um 23 Uhr, geschlagen werde. Weil bei Einbruch der Dämmerung wieder mit einem Volksauflauf gerechnet werden mußte, wurde auf die Steinenbrücke wieder die Standeskompanie kommandiert, während die Zugänge von allen verfügbaren Landjägern bewacht wurden. Zudem wur-

‹*Das neue Spital zu Basel*›. Von der Davidsgasse (heute Spitalareal) aus gesehen. Darüber der Turm der Predigerkirche. 1841. Links im Hintergrund einige Häuser an der Spitalstraße. ‹Das neue Spital besteht aus dem alten Markgräfischen Palast, einem neuangebauten Flügel und dem isolirten Irrenhaus. Da das bisherige Spital sich längst als unzureichend erwiesen hatte, wurde endlich 1838 zur Verlegung geschritten, der ehemalige botanische Garten dazu erworben und aus dem Vermögen des Spitals und einer Beisteuer wohldenkender Bürger von circa 276000 Franken das Ganze in seinem dermaligen Bestande hergestellt.› Aquarell von Achilles Bentz.

den beim Zunfthaus zu Webern und beim Gesellschaftshaus zum Rupf zwei Landwehrkompanien mit Ober- und Untergewehr in Alarmbereitschaft gehalten. Die Landwehrler sollen sich allerdings einig gewesen sein, keinen Fuß von ihrem Sammelplatz zu weichen und auf keinen Fall gemeinsam mit der Standeskompanie und der Polizei gegen ihre Mitbürger vorzugehen.

Wider Erwarten regte sich in dieser Nacht sonst kein Bein in der Stadt, und damit fand die Unruhe doch noch ein glimpfliches Ende. Die Segisersche Sippe wurde vor das Polizeigericht geladen und zu einem Kostenersatz verknurrt. Ratsherr Mathias Oswald durfte für sein mutiges Wort den Dank der Regierung entgegennehmen, und Seidenfärber Brändlin, der das Mädchen ‹gerettet› hatte, erhielt von den Steinlemern einen silbervergoldeten Becher mit der Inschrift: ‹Zum Zeugnis unseres Vergnügens 1823 Juli›. Verhaftungen sollen keine vorgenommen worden sein.

Von unterschiedlicher Qualität

Pfarrer Theodor Falkeysen besaß ein Rezept für ein vorzügliches Magenelixier, das er in Abschrift in der damals Bernoullischen Apotheke am Spalenberg 16 deponierte, damit die Medizin im Bedarfsfalle hergestellt werden konnte. Diese Rezeptur enthielt u.a. die nachfolgende Vorschrift: ‹Die Medizin für die Herrschaft ist mit altem Malaga abzuziehen, die für die Dienstboten bestimmte aber nur mit altem Franzbranntwein!›

Legendäres Basler Trommeln

Vergolder Johann Jakob Pfannenschmidt erzählte gerne Erlebnisse aus seiner Gesellenzeit und Wanderschaft. Da stand er einst in München beim Hoflackierer und -vergolder Prestel in Arbeit, der im Schloß Nymphenburg viel zu tun hatte. Und es begab sich, daß der menschenfreundliche König Max Josef öfters erschien, um den Handwerkern beim Vergolden der Sterne an der Decke der Schloßkapelle zuzuschauen. Bei einer solchen Gelegenheit fragte er die Gesellen nach ihrer Heimat, und als er von Pfannenschmidt erfuhr, daß er Basler sei, wollte der König wissen, ob er auch trommeln könne. ‹Selbstverständlich, Majestät. Ich schlage den Wirbel vor dem besten französischen Tambourmajor›, gab Pfannenschmidt selbstbewußt zur Antwort. Max Josef ließ hierauf von der Hauptwache den Trommler mit seinem Kalbfell kommen, und Pfannenschmidt mußte wohl eine halbe Stunde lang seine Kunst zeigen. Diese erfreute den König so sehr, daß er den Virtuosen reich beschenkte und dazu bemerkte: ‹Ja, ja, er kann's. Ich habe mir sagen lassen, es können's alle Basler. Sie können's, glaub' ich, schon im Mutterleib!›

Alter Geizhals beim Geldzählen. Sepiazeichnung von Daniel Burckhardt.

Tafel 5

Barfüßerplatz, Barfüßerkirche und Almosengebäude. 1788. Im Vordergrund der Zug zur Hinrichtung des Vatermörders Hans Joggi Tschudin von Eptingen am 29. November 1788. ‹Er sol zu gerechter Strafe und andern Bösewichtern zum Schrecken auf einer erhöheten Schleife zur Richtstatt vor das Steinen Thor geführt, alda ihm die rechte Hand abgehauen, er alsdann mit dem Schwerd vom Leben zum Tode gebracht, sein Leib hernach von da weggeführt, bey dem Hochgericht vor St. Alban Thor auf das Rad geflochten, und Kopf und Hand am Galgen aufgesteckt werden. Gott sey seiner armen Seele gnädig!› Kolorierte Radierung. Im Besitz des Staatsarchivs Basel.

Zwei Basler Trommler. Um 1830. Obwohl schon 1712 rund 70 Trommler auf dem Petersplatz unter dem Stecken eines Generaltambours ein aufsehendes Konzert gegeben haben, gelangte die Basler Trommelkunst erst durch den Einfluß der französischen Garnisonstruppen und der Alliierten Anno 1813/14 zu ihrer weitbekannten Virtuosität. Unter der Hundertschaft der Trommler, die 1833 den Bellschen Fasnachtszug anführten und 1857 General Henri Dufour vor dem Hotel Drei Könige mit einem Ständchen erfreuten, glänzten besonders Schuhmachermeister Johann Jakob Kühn und Goldschmied Johann Jakob Handmann als überragende «Kalbfellschläger». Aquarell.

Nochmals gegen die Kokarde

Einen ähnlichen Spaß mit der Kokarde wie Wachtmeister Wolleb leistete sich der aufschneiderische Gipser Rudolf Geßler-Fuchs beim Spalenturm. Auch er weigerte sich, eine solche zu tragen und wurde deshalb ebenfalls vor den Regierungsstatthalter Schmid zitiert. Nach der Androhung, bei weiterem Ungehorsam zweimal 24 Stunden in bürgerliche Gefangenschaft gelegt zu werden, eilte Bürger Geßler zu seinem Gesinnungsgenossen Buchbinder Heinrich Haag am Aeschenschwibbogen, um bei ihm eine monströse Kokarde anfertigen zu lassen. Mit diesem Hut aus dreifarbigem Buntpapier, der ein kolossales Ausmaß hatte, stolzierte der Gipser so lange über den Münsterplatz, bis ihn der Statthalter rufen ließ und ihm befahl, von solchem Blödsinn abzusehen und stattdessen wie die

Ein Pfarrer aus der Revolutionszeit. Um 1798. Ein Mann mit rot-weißer Kokarde und grüner Feder auf dem schwarzen Hut und grüner Armbinde begrüßt einen Pfarrer mit abgelegter Amtstracht und hält ihm ein Manifest mit der Aufschrift: ‹Freyheit, Gleichheit› hin: ‹Bürger Pfarrer, Ihr müßt ohn Habit und Kragen, Uns künftighin die Wahrheit sagen.› Gouache von Johann Jakob Schwarz.

Blick in eine Basler Wohnstube. Um 1830. Jungfer Judith Faesch, umgeben von ihren geliebten Katzen, im St.-Antonier-Hof (Klösterli) an der Sankt-Johanns-Vorstadt 35. Eine ihrer Vorgängerinnen, die resolute Elisabeth Ryhiner-Leißler, hatte im St.-Antonier-Hof, in Nachahmung der französischen Damenmode, in ihrem Schlafkabinett im zweiten Stock einen Drahtzug installieren lassen, mit dem sie vom Bett aus die Zimmertür öffnen konnte ... Aquarell von Rudolf Follenweider.

> Welken muß die schönste Blume,
> Wenn auch deine Hand sie brach,
> Alles welkt auf dieser Erden
> Bis zum großen Erntetag.
> Nur die Blume meiner Liebe,
> Beste Freundin, welket nie,
> In dem Garten des Allmächt'gen
> Ewig, ewig blühet sie.
>   Judith Kern-Herzog (1795–1851)

andern Bürger nur eine Kokarde in der Größe eines Neutalers am Hut zu tragen.

Ein Glücksvogel

Bei der Verlegung des Bürgerspitals von der Freien Straße in den Markgräflerhof an der Neuen Vorstadt (heute Hebelstraße) gelangten sämtliche Lokalitäten des alten Spitals zur Versteigerung. Dazu gehörte auch eine Menge Gerümpel von Pfründern, das in einem als Vorratskammer benutzten Gebäude neben dem Haus zum Schlegel gelagert war. Unter diesem Steigerungsgut befand sich ein alter, halbzerbrochener irdener Topf mit ausgelassenem, schimmligem Schmalz. Dieser Topf wurde gegen einen Pappenstiel einem Lehenmann zugeschlagen, der das Schmalz zum Schmieren von Rädern und Lederwerk verwenden wollte. Als der neue Besitzer sich dann anschickte, den Inhalt zu gebrauchen, entdeckte er zu seinem nicht geringen Erstaunen, daß unter der Schmalzschicht große und kleine Taler und sonstige Silbermünzen im Wert von über 100 Franken alter Währung verborgen waren. Die Behörden verzichteten indessen auf eine Rückforderung, da der Topf tel quel verkauft worden war.

Ein kluger Pudel

Vergolder Pfannenschmidt war stolzer Besitzer eines hübschen, pechschwarzen Pudels namens Zschokke, dem er allerlei Kunststücke beigebracht hatte. Diese ließ er einst in Allschwil bei einem Glase Wein vorführen und ging dabei die Wette ein, der Hund würde sein hier zurückgelassenes Nastuch vom Spalentor aus ohne Schwierigkeiten apportieren. Anderntags traf sich die Gesellschaft im Gasthaus zum Schiff zum Schoppen mit Knackwurst, dem Preis der Wette. Alsdann begaben sich Pfannenschmidt, Zschokke und ein Gewährsmann zum Spalentor, wo der Hund zum Apportieren des Nastuchs weggeschickt wurde. Inzwischen behändigte sich in Allschwil ein Schneider des Fazenettlis und versteckte es in seinem Rockschoß. Nach 21 Uhr

Auf der Steinenschanze. 1865. Neben dem Wagdenhals-Bollwerk (Leonhardsbastion), dem Stadtgraben, dem Birsigeinlauf und dem Steinentor ist auch der Auberg, der Steinentorberg und der Viadukt über den Birsig zu sehen. Aquarell von Johann Jakob Schneider.

kratzte es dann an der Haustür zu Pfannenschmidts Wohnung, und Zschokke brachte im abgezerrten Rockschoß des Schneiders das Nastuch zurück. Für diese Meisterleistung verehrte die Wettgesellschaft dem klugen Pudel einen Ring Wurst!

Im Flaschenhals gefangen

In den 1830er Jahren wohnte in einem kleinen Logis im Haus zur Laute am Marktplatz 7 das alte Fräulein Dorothea Streckeisen, das früher lange Jahre als Gesellschafterin und Façonausgeberin bei einer Stiftsdame von hohem Adel in Wien gedient hatte. Fräulein Streckeisen, die viele drollige Geschichten zu erzählen wußte, welche freilich auf den Schnitt vergoldet sein mochten, lebte sehr einfach und hielt daher keine Magd. So besorgte sie sich denn auch selbst das Trink- und Kochwasser am nächsten laufenden Brunnen, und zwar gewöhnlich morgens früh oder abends spät, um keinen Dienstboten zu begegnen. Als Wasserbehälter benutzte sie nicht etwa einen größeren Tragzuber, sondern eine Waschkanne, eine Gießkanne oder 6 gewöhnliche Wasserbouteillen. Von den letzteren klemmte sie eine unter den Arm, während sie die andern an die Finger steckte. Eines Tages nun erschien die gute Dame, im schönsten Morgennegligé vom Brunnen kommend, mit einer Flasche am Zeigefinger bei

Uebelin und klagte ihm in großer Aufregung, sie habe den Finger so tief in den Flaschenhals hineingesteckt, daß sie diesen nicht mehr herausbringe. Uebelin schlug kurzerhand mit seinem Sackmesser den Flaschenhals entzwei und befreite Fräulein Streckeisen von ihrer Not, nicht ohne Ermahnung, in Zukunft das Wasser lieber mit einer Gießkanne zu holen.

Den Ehemann ertappt

Als sich eines Abends ein armer Seidenfärbergeselle auf den Heimweg begab, wurde er auf der Straße von einer wohlgekleideten Dame, deren Gesicht vermummt war, angehalten und von dieser gebeten, sie gegen eine ansehnliche Belohnung zu begleiten. Nach einigem Zögern willigte er ein und folgte der rätselvollen Erscheinung auf die Steinenschanze. Dort steuerte die Frau geradewegs auf einen abgelegenen Winkel und überraschte offensichtlich ihren Ehemann in flagranti bei einem Ehebruch. Zutiefst erschrocken rief sie aus: ‹Herr Jesus. Er ist's. Er ist's wirklich!› Dann verließ sie lautlos den Ort der wüsten Entdeckung. Auf dem Roßmarkt reichte die vornehme Dame ihrem verdutzten Begleiter einige Geldstücke, verlangte seinen Namen und machte sich dann umgehend aus dem Staube. Anderntags erhielt der Seidenfärber ein Couvert mit 8 Louisdor als Lohn für seine Bemühungen zugestellt. Die Absenderin aber blieb für immer unbekannt.

‹d Bänggli-Heere›

Als das alte Rheintor mit dem ‹Lällekeenig› und dem kleinen Zollstüblein noch bestand, scheuten sich die Leute, bei guter Witterung beim Zollstübchen vorbeizugehen. Denn bei Sonnenschein saßen auf dem Bänklein immer einige ältere unbeschäftigte Herren, die eine Art Schwatz- und Neuigkeitskämmerli bildeten und die Spaziergänger mit ‹Schletterlig› oder Spitznamen bedachten. Mitunter schärften sie ihre Pfeile auch gegen sich selbst.

Das Rheintor mit dem Wachthaus des Brückenzollers. 1838. Ein Jahr vor dem Abbruch. Das Bänklein vor dem Zollhaus war der beliebte Treffpunkt der ‹Bänggli-Heere›, die hier ausgiebig dem Stadtklatsch frönten und den Vorübergehenden kritische, nicht immer goutierte Bemerkungen nachschickten. Links, neben der ‹astronomischen› Rheintoruhr, Basels Wahrzeichen: ‹dr Lällekeenig›. Darunter Gefangene, die frische Luft schnappen. Links außen ein ‹Kramlädelin›. Als einst von den zweiteiligen Bauerntüren die Rede war, fragte ein mit verschiedenen Ehrenämtern ausgestatteter Müller, weshalb alle Müller und viele Bäcker und Metzger solche gebrochenen Haustüren hätten. ‹Damit man die Spitzbuben, wenn sie unter der Türe stehen, doch noch zur Hälfte sieht›, tönte es schlagfertig auf die einfältige Frage! Aquarell von Peter Toussaint.

Der Einfluß des Birsigs beim Steinentor. Von der Stadt her gesehen, unmittelbar vor der Schleifung der Mauern im Jahre 1866. Die schweren Fallgatter, die vom Wehrgang aus nur ungenügend überwacht werden konnten, stellten für Eindringlinge nur ein leicht zu nehmendes Hindernis dar. Links das Bowaldsche Haus und einige Hinterhäuser an der Steinentorstraße. Rechts die Gerberei zum Lohhof an der Steinenvorstadt. Aquarell von Eduard Süffert.

In Nomine Dei
Wer für der Armen Heil und Zucht
Mit Rat und Tat gut wachet,
Dem Übel recht zu wehren sucht,
Das oft sie dürftig machet,
Den segnet Gott hier in der Zeit,
Noch mehrers in der Ewigkeit.
  Daniel Bruckner. 1774

So fragte einst ein ungemein neugieriger, vermögender Juwelier, was es denn Neues gebe. Da meinte einer: ‹Ach, da hat die Regierung eben einen Hufschmied däumeln lassen und in Gefangenschaft gelegt, weil er aus einem gefrorenen Keigel ein S geschmiedet hat!›

Wolfsjagden

Auf den Neujahrstag 1825 wurde von der Obrigkeit eine Wolfsjagd angesagt, weil des öftern Wölfe in der Umgebung aufgetaucht waren. Deputatenverwalter Jakob Lichtenhahn gelang es, bei Bottmingen eines der gefährlichen Raubtiere anzuschießen.

Bänkelsänger am Nadelberg. 1832. Während der eine seine Drehorgel zum Spielen bringt, besingt der andere seine ‹Bank›, die im oberen Teil das große Erdbeben von Basel Anno 1356 und im unteren die verheerende Wassernot in Hölstein von 1830 zeigt. Das Gasthaus ‹zur Henne› des Glasers Wernhard Burckhardt trägt die Inschrift: ‹Was hillft mich dann ein schönes Hauß, wann mich Gott zum sterben ruft, dann muß ich raus.› Aquarell von Hieronymus Heß.

▷ *Blick von der Krempergasse (heute Greifengasse) gegen die Rheinbrücke und den Großbasler Brückenkopf.* 1838. Links das Richthaus mit dem ‹Schwalbennest›, rechts das Haus ‹zum Waldeck›. Das Kleinbasler Rathaus (also das Richthaus) ist ‹rechter Hand, so man aus der großen Stadt über die Rheinbrücke kommt, neben des Rheinbruckknechts Wohnung, ein altes Gebäud, mit einem kleinen Türmlin versehen, worauf der Nachtwächter die Stunden mit Blasen anzeigt und bei Feuergefahr mit der Glocken stürmt, da dann der erste, welcher das Feuer anzeigt, für seine Wachsamkeit zwei Gulden bekommt. Es ist auch eine Uhr, welche die Stunde schlägt, allhier, und unten bei dem Eingang werden zwei große Feuerspritzen verwahrt. Obenauf wird wochentlich Dienstag und Donnerstag das Stadtgericht gehalten, wann streitige Parteien vorhanden. Auch werden die Sessionen der Stadtpolizei, welche aus dem Schultheiß, dem Stadthauptmann und zwei andern Kleinräthen besteht, sodann des Gescheids, der Rheininspektion und des Wachtkollegiums allhier gehalten. So ist auch die burgerliche Hauptwacht bei diesem Gebäud, in welchem der Richthausknecht, so Gerichtsamtmann ist, des Winters die Feuerung besorgt. Alle Jahr acht Tag nach dem Schwörtag der großen Stadt kommt der neue Obristzunftmeister mit seinem Gefolg und nimmt auch von der Kleinbasler Burgerschaft unten im Richthaus den Jahreid ab. Am Ecken des Rathaus hängt noch ein Halseisen zur Bestrafung der Übeltäter, welches aber seit Vereinigung beider Städt nur im großen Basel auf dem Kornmarkt an einer Schandsaul ausgeübet wird. Vor nicht langer Zeit war bei dem Schilterhaus noch ein Trillen, in welche die Feld- und Obstdiebe zu öffentlicher Schau eingesperrt wurden. Da aber diese Trillen vor Erweiterung der Rheinbruck sehr oft verkart wurd und auch die Jugend zu vielen Ausgelassenheiten veranlaßte, als wurde sie weggethan. So war auch noch 1786 eine steinerne gevierdte Blatten vor dem Rathaus, worauf vormals die Schandlibell verbrannt wurden; da sie nun ausgekart, wurde das Loch mit Kiesling besetzt.› – Aquarell von Johann Jakob Neustück.

Doch erst zwei Tage später konnte das Tier von einem Bauern bei Münchenstein erlegt werden. Ende Monat wurde in Allschwil ein weiterer Wolf erlegt. Die tapferen und glücklichen Jäger wurden mit einer Kopfprämie von je Fr. 80.– belohnt.

Die Anfänge der Gewerbeschule

Am 28. November 1824 eröffnete die GGG im Klingental eine Schule für Lehrlinge und Handwerksgesellen. 200 Schüler, in 3 Klassen eingeteilt, benutzten die Gelegenheit, sich an Sonntagen und Werktagabenden im Lesen, Schreiben, Rechnen, Briefaufsetzen und Zeichnen zu üben. Der Unterricht war unentgeltlich, einzig für Schreib- und Zeichenmaterial mußten monatlich 3 Batzen bezahlt werden.

Machtlos gegen Zauberei

Einst gab ein Vertreter der Tausendkünstler im Abendkämmerli im Richthaus (heute Café Spitz) vielbeachtete Gastspiele. Zur zweiten Vorstellung erschien auch Meister Früh, der nichts von Zauberei, Hexenwerken und Taschenspielerei hielt, mit einer Alraunenwurzel und einem frischgebackenen, mit Kreuzzeichen versehenen ‹Halbbatzelaibli› in der Rocktasche, mit denen er dem Hokuspokus-

‹Die Wirthspolitick›. Ein janusköpfiger Gastwirt steht zwischen einem vornehmen Herrn, den er katzenbucklig und händeringend mit ausgesuchter Höflichkeit begrüßt, und einem Handwerksburschen, dem er hochnäsig und abweisend seinen dicken Bauch entgegenstreckt. An Gasthöfen standen 1808 dem Publikum offen: zum Schiff, zur Krone, zur Blume, zu 3 Königen, zum Storchen, zum Schnabel, zum wilden Mann, zum schwarzen Bären, zum Kopf, zum schwarzen Ochsen, zum Schwanen, zum Engel, zum schwarzen Stern im Großbasel und zur Sonne, zum weißen Kreuz, zum roten Löwen und zum roten Ochsen im Kleinbasel. Kreidelithographie nach Hieronymus Heß.

menschen das Handwerk legen wollte. Doch dieser wurde von dritter Seite über Frühs Vorhaben orientiert und stellte sich dementsprechend ein. Der Taschenspieler unternahm also so lange erfolglose Anstrengungen, seine Produktionen zu demonstrieren, bis ihn Oberstmeister Johann Jakob Flick scheinbar ungeduldig anschnauzte, ob es endlich vorwärts gehe, man habe Besseres zu tun, als hier umsonst zu warten. Der Magier, wartend auf einen solchen Einwand, erwiderte dezidiert, es gehe heute einfach nicht, es müsse jemand im Raum sein, der seine Kunst lähme. Auf diesen Augenblick hatte Früh längst gelauert. Er stand auf und zeigte der Menge triumphierend seine beiden gegen den Hexenmeister angewandten Mittel. Der Taschenspieler seinerseits ließ nun mit großer Fertigkeit seine Künste über die Bühne rollen und gab derart den ‹Hexenbanner› Früh dem Spott und Hohn des Publikums preis.

Schon zu Noahs Zeiten ...

In einer gemeinsamen Sitzung der Drei Kleinbasler Ehrengesellschaften brachte der einflußreiche Ratsherr Samuel Minder den Antrag ein, der allen Gesellschaftsbrüdern unrentable Weidgang solle bebaut oder dann verkauft werden. Dagegen aber setzte sich Meister Samuel Früh, der zwei Stück Hornvieh und etliche Schafe hielt, mit Händen und Füßen zur Wehr, sei es doch himmelschreiend, ein solches Recht abzuschaffen, das die Drei Ehrengesellschaften der Mindern Stadt schon zu Noahs Zeiten besessen und benützt hätten!

Ein aufdringlicher Gerstenhändler

Einst kam Gerstenhändler Spaar-Hirzenheiris von Biel-Benken zu Bierbrauer Ludwig Merian, um ihm einige Säcke Gerste zu verkaufen. Doch Merian wollte davon nichts wissen, denn Spaar hatte ihn vor geraumer Zeit betrogen. Der Gerstenhändler aber gab nicht nach, holte einen Sack von seinem Handwagen, schöpfte daraus zur Probe eine Handvoll Körner und pries noch und noch die ausgezeichnete Qualität seiner Ware. Dem Bierbrauer wurde die Drängerei schließlich zu bunt, und er drohte dem ungebetenen Gast, Schläge statt Geld auszuteilen, wenn er nicht endlich verschwinde. Spaar ließ sich indessen nicht einschüchtern und versuchte unentwegt, seine Gerste doch noch an den Mann zu bringen. Nun stülpte Merian seine Hemdsärmel hoch, schöpfte ebenfalls eine Handvoll Körner, prüfte sie kritisch und sah, daß es sich um minderwertige Ware handelte, was ihn so erzürnte, daß er diese entrüstet Spaar ins Gesicht schmiß. Dann vermöbelte er den Gerstenhändler ‹gottsjämmerlich› und jagte ihn aus der Stube mit dem Rat, sich nie mehr blicken zu lassen.

Der gutmütige Merian

Sonst war Merian ein äußerst gutmütiger Mann, der seine zahlreichen Kinder zärtlich liebte. Im März 1814 wurde die von den alliierten Truppen umringte Festung Hüningen den Belagerern übergeben. Dieses Ereignis wollte Merian benutzen, um die beinahe ausgehungerten Bewohner des Gasthauses ‹au Corbeau› mit Lebensmitteln zu versorgen. In der Frühe des Kapitulationstages ließ Merian 2 Pferde vor den Korbwagen spannen, füllte diesen mit Brotlaiben, Schinken, Kalbsbraten und einem halbsäumigen Fäßchen Bier und fuhr in Begleitung Uebelins, der zu dieser Zeit als Hauslehrer bei ihm wirkte, und eines Söhnchens und Töchterchens über Bourglibre (St-Louis) nach Hüningen. Noch vor 8 Uhr begannen die Franzosen bei der weißen Fahne die Retraite zu schlagen, und vor dem Tor marschierten 3 Regimenter Fußtruppen, eine Batterie Österreicher und etliche Schwadronen Chevauxlégers und Husaren auf und bildeten ein Spalier. Dann wurde das Tor geöffnet, und die wenigen Artilleristen und Reiter und einige hundert Conscris verließen mit Trommelklang und gesenkten Waffen die Festung. Nach der Entwaffnung nahmen die Alliierten Hüningen in Besitz. Auch Merian fuhr mit seinem Gefährt durch das Elsässertor zum Wirtshaus Corbeau, wo er von den Hungernden mit Freudentränen in den Augen empfangen wurde. Und alle durften sich an Speis und Trank sättigen und überschütteten dafür den Wohltäter mit Dank und Segenswünschen.

Einzug des Belagerungskorps unter Anführung Seiner Kaiserlichen Hoheit Erzherzog Johann von Österreich am 28. August 1815 in Hüningen. Die Truppen werden von Baslern herzlich applaudiert, war doch die Stadt wiederholt von der Festung aus bombardiert worden, wobei beispielsweise «die furchtbare Bombe aus dem großen Lisy das Bänklein und die Linde beim Stachelschützenhaus in tausend Stücke» zerschlagen hatte. Kolorierte Radierung von Samuel Frey.

*Der Ulmerhof am Peterskirchplatz 10. 1877.
Im Ulmerhof, nach dem einstigen Besitzer Franz Carl
Anthonius von Ulm, Schloßherr zu Hagenthal, so genannt,
betrieben in den 1820er Jahren die Schwestern Anna
Helena und Maria Barbara Beckel eine fleißig besuchte
Studentenkneipe. Bleistiftzeichnung von Heinrich Meyer.*

Eine lustig gefeierte Wette

Um die Mitte der 1860er Jahre verkaufte Emanuel Merian-Gerster seinen Biergarten beim Aeschentor an den Bierbrauer Carl Thoma, um ein neues, schönes Hotel, den Schweizerhof, zwischen dem Centralbahnhof und der unteren Heumattgasse, zu erbauen. Das Baukollegium hatte deswegen über die Baulinie zu befinden. Bei der Behandlung dieses Traktandums vertrat Oberstleutnant Heinrich Merian-Von der Mühll die Ansicht, die festgesetzte Linie stimme nicht mit dem vom Großen Rat genehmigten Plan der Stadterweiterung überein. Architekt Johann Jakob Stehlin-Burckhardt dagegen schloß sich der Meinung Merian-Gersters an. Das Ende der lebhaften Diskussion war schließlich der Abschluß einer Wette, die den Verlierer verpflichtete, alle Anwesenden zu einem Abendessen einzuladen. Der Kantonsingenieur wurde nun abgesandt, in seinem Büro im oberen Stock des Bischofshofes (Rittergasse 1) den Plan zu holen, damit der strittige Punkt geklärt werden könne. Die Konsultation des Planes ergab dann eindeutig, daß Merian-Von der Mühll im Unrecht war. Dieser bat deshalb, wie abgemacht, die ganze Gesellschaft auf den nächsten Donnerstagabend zu einem ‹bescheidenen› Essen in sein schönes Haus an der St.-Alban-Vorstadt 82. Die Herren wurden erst im herrlich beleuchteten, mit kostbaren Ölgemälden geschmückten Salon empfangen und hernach ins Speisezimmer gerufen. Zum Essen wurde das Beste aufgetragen, was die Jahreszeit zu bieten hatte: Wildbret, Fisch, zahmes Geflügel, Backwerk, Früchte, Delikatessen und köstliche Edelweine. Bald knallten die Korken zur Decke, und die Gästeschar war bis spät nach Mitternacht von Jubel, Trubel und – Heiserkeit erfüllt...

Mit dem Augenmaß geprahlt

Chirurg Lukas Keller brüstete sich, ein sehr gutes Augenmaß zu haben und deshalb beim Holzkauf ohne Holzmesser auszukommen. Auf dem Barfüßerplatz, wo der Holzmarkt abgehalten wurde, erstand Keller einst einen Wagen voll Holz, den er mit 1½ Klafter einschätzte, während er dem Bauern aber nur die von diesem geforderten ⁵⁄₄ Klafter bezahlte. Adam Oser, Rudolf Bloch und Balthasar Götz, alles Färber, und Bierbrauer Ludwig Merian, die dem Handel beiwohnten, bezweifelten die Richtigkeit von Kellers Maß und gingen mit ihm deswegen eine Wette ein. Die Färber zogen ihre Röcke aus und nahmen zum Gaudium des Publikums das genaue Maß der Holzladung, das demjenigen des Bauern näherkam. Chirurg Keller hatte also die Wette verloren und mußte bonne mine jedem seiner Kontrahenten ein Nachtessen kredenzen!

Der übertölpelte Polizeidiener

Eines Abends saß Kölner bis nach 10 Uhr im Ulmerhof zu St. Peter, wo die beiden Jungfern Balthasar Beckels guten roten Wein verwirteten. Auf dem Heimweg wurde er beim Engelhof von einem erst seit kurzem im Dienst stehenden Polizeidiener an-

Basler Landjäger mit blauem Rock, Zweispitz, Gewehr und Stock. Um 1790. ‹Allgemeine Pflichten der Harschiers. 1. Die Harschier sollen einen Christlichen Wandel führen, damit man sie wegen übler Aufführung in keinen Verdacht einiger Liederlichkeit oder Untreu setzen könne. 2. Insonderheit sollen sie sich nicht Vollsauffen, damit sie zu allen Zeiten so Tags als Nachts bereit seyen, ihr Amt als wackere Männer zu verrichten. 3. Sie sollen weder allzuhart gegen wahrhaft armen Leuthen, noch allzumitleidig gegen Landfahrendem Strolchen-Gesind seyn, und in allweg ihrer dissorts habenden besondern Ordre pünktlich nachleben.
14. Sie sollen ihr Carabiner, Bajonet, Patrontasche, Pulver und Bley, wie auch ihre Daumen-Eisen und ein kleiner Strick immer in gutem Stand bey sich haben, und insonderheit Sorg zur Montur tragen, säuberlich in Huth und eingeflochtenen Haaren seyn, sich, wo möglich, schwartze Überstrümpfe anschaffen, und zu jederzeit zu allen Obrigkeitlichen Befehlen auf den ersten Winck bereit und Marschfertig seyn, um Puncto verreisen zu können. – Gegeben in Basel den 15ten May 1763.› Aquarell, wohl nach Franz Feyerabend.

Basler Gerichtsverhandlung. Der Präsident zum Angeklagten: ‹Si sinn iberfiehrt. Fimf Zyge saage-n-uus, Si gseh z'haa, wie Si em Kaufmaa Schwindelmeyer e goldigi Uhr uus dr Däsche gschtohle hänn.› Hierauf der Angeklagte zum Präsidenten: ‹Und ych kennt zem mindeschte zwanzig Zyge-n-uffbringe, wo's *nit* gseh hänn!› Bleistiftzeichnung von August Beck.

gehalten, weil er keine brennende Laterne bei sich trug. Wie nun der Landjäger die fällige Buße erheben wollte, zog Kölner vor der Liegenschaft zum Löwenschlößlein am Nadelberg 7 den Hausschlüssel hervor und täuschte vor, die Türe zu öffnen, denn er habe kein Geld mehr in der Tasche und wolle die Seinen nicht aus dem Schlaf wecken. Nach kurzem Bedenken willigte der Polizeidiener ein, das Strafgeld von 5 alten Batzen andertags einzukassieren, dann entfernte er sich. Kölner schlich sich nun nach Hause, und der Polizist mußte am andern Tag zu seinem Leidwesen erfahren, daß er von einem Unbekannten geprellt worden war!

Schenk noch einmal ein

Zu einer Übungspredigt, die ein junger Studiosus in der Spitalkirche hielt, fand sich auch Magister Heinrich Kölner mit seinem Busenfreund Magister Franz Werenfels, ebenfalls Lehrer, ein. Kölner aber schlief bald ein und überhörte denn auch prompt das Amen der Predigt. Dies veranlaßte Werenfels, seinen Kollegen zu stupfen und ihm zu sagen: ‹Duu! s isch bald uus!› Offenbar saß Kölner im Traum an seinem Stammtisch, denn er antwortete unwillig: ‹So schängg doch nomool y!›

Glück im Unglück

Eine fatale Unachtsamkeit führte einst in der Steinen zu einer großen Explosion, die nur durch gütigen Zufall keine Opfer forderte. Eine Magd, beauftragt, einen Säugling zu erwärmen, stellte einen sogenannten Sandkrug zur Erhitzung in den Zwischenofen. Statt mit Sand war das Gefäß aber aus irgendeinem Grund mit Schießpulver gefüllt, was der

Magd indessen nicht bekannt war. Nach einiger Zeit entzündete sich das Pulver und verursachte eine gewaltige Detonation, die großen Schaden anrichtete. Man konnte von Glück reden, daß sich niemand in der Nähe der Unglücksstelle aufgehalten hatte, sonst wären zweifellos Menschenleben zu beklagen gewesen.

Auf dem Brunnstock

Anno 1815 saß Kölner wieder bis nach 10 Uhr in einem Wirtshaus. Diesmal im Gasthof zum Schiff am Barfüßerplatz. Als er längst nach Verklingen des Studentenglöckleins heimwärts ziehen wollte, begegneten ihm in der Streitgasse zwei Stadtpolizeidiener, die ihn, da er kein brennendes Licht bei sich hatte, kurzerhand festnehmen wollten. Doch Kölner entwischte ihnen, rannte über den Barfüßerplatz

Der Barfüßerplatz mit dem Viehmarkt, der ‹etwas widerwärthig schmeckth›. Um 1820. Im Hintergrund die Almosenschaffnei und dahinter der Wasserturm (links), rechts davon der Eselsturm. In der Mitte rechts außen das Haus ‹zum Vogel Strauß› (Barfüßerplatz 16). Vor dem Hause sitzt neben seiner Nichte Lukas Keller, Wundarzt und Chirurg der Stadtgarnison. Links von Keller wohnte Perückenmacher Johann Friedrich Uebelin (Pfarrer Uebelins Vater). Das Haus mit der Trommel dagegen, dem Handwerkszeichen der Pergamenter, gehörte Johann Heinrich Lindenmeyer. Links außen der mit einem schildhaltenden Löwen bekrönte Barfüßerplatzbrunnen. Kolorierte Lithographie von Maximilian Neustück.

Die Weinprobe, welche den Antistes zeigt, dem neben seiner Barbesoldung 20 Saum Kompetenzwein per Jahr zustand. Weil der Wein sauer war, ließ der Geistliche in der Stadt ausrufen, daß man, solange der Vorrat ausreiche, im Antistitium gratis davon beziehen könne. Die durstige Bevölkerung leistete der Einladung in so großer Zahl Folge, daß es schließlich vor dem Oberstpfarrhaus auf dem Münsterplatz zu einem lärmigen Handgemenge kam! Die Weinprobe erinnert aber auch an Seilermeister Emanuel Hey, der ‹Samstag, den 15. December 1764 abends Bey Mstr. Heinrich Fischer, zwar vorher schon berauscht, getrunken. Da er nach Haus gehen wollt, ist vornen im Haus der Kellerladen offen gewesen, darinnen er gefallen und das Genick gebrochen, alwo er in der Vollheit gestorben. Ist einer von den gottlosten Fluchern und größten Weinschläuchen gewesen, dene man sonsten, wegen weilen er denen Elsasser und Marggräfer Bauren ihr alhier feilgebrachter Wein hat verkaufen helfen, der sogenandte «Wein-Curtie» geheißen. Mithin kann man auch sagen, wegen seinem vüechischen Fluch- und Saufleben, was das Sprichwort sagdt: «wie gelebt, also auch gestorben»!› Schon am 1. September war «an einer außerordentlichen halbjährigen Sauffkrankheit Lucas Lüdy, Sensal, gestorben. Ist ein krummer, unvernünftiger, bosfertiger und einer von denen größten Bachusbrüdern und wegen seiner Frauen Esther Socinin ihrem geführten Leben auch einer von den größten Hörnerträger gewesen!» Tuschzeichnung von Daniel Burckhardt.

und wollte zum Eselstürlein hinaus. Aber, oh Pech, hier versperrte ihm ein weiterer Wächter den Weg. Der Gejagte machte rechtsumkehrt, zäpfte zum Platzbrunnen beim Zollstübchen zurück und kletterte behend die Brunnsäule bis zum schildhaltenden Löwen hinauf. Die drei pflichteifrigen Diener des Staates suchten indes den ganzen Platz ab, stocherten mit ihren Säbeln unter die Hausbänke und krochen unter die abgestellten Pferdewagen. Kölner aber blieb im Schutze der Dunkelheit.

Der trinkfeste Magister

Als Kölner einst bei der Armenherberge vorbeiging, hatte er das Glück, zu sehen, wie ein Wagen mit Wein abgeladen wurde. Die Aufsicht führte Küfer Friedrich Lotz zum Bäumlein. Wie Lotz nun seinen Nachbarn erblickte, bot er ihm großzügig eine Stütze Wein von 8 Maß Inhalt an (12 Liter!), wenn er diese, ohne ein ‹Mimpfeli› Brot zu essen, austrinke. Kölner ließ sich nicht lange bitten. Er setzte an und leerte das Gefäß innert 15 Minuten. Dann bedankte er sich und entschwand ohne mit den Wimpern zu zucken via Herbergsberg. (‹Wer's nicht glaubt, zahlt einen Taler› — würde dazu wohl J. P. Hebel sagen.)

Magister Nierenfresser

Kölner wettete einst im Bierhaus, rohe Nieren zu essen. Weil er die Wette dann auch tatsächlich durchsetzte, nannten ihn die Studenten fortan Magister Nierenfresser. Auch eine andere Wette entschied er in einem Bierhaus an der Steinen zu seinen Gunsten. Nämlich: für einen Neutaler, Brot und Bier aufs Mal 100 Maienkäfer zu verspeisen!

Irdische Gerechtigkeit

Ende der 1820er Jahre trug sich in Basel eine Geschichte zu, die weiterum großes Aufsehen erregte. Da lebte im Oberbaselbiet ein junger Bursche

Die 18 Jahre alte Frau Hauser und ihr 60jähriger Ehemann. Sie: ‹Ach lieber Gott, laß doch den Alten sterben, daß wieder ein junger um mich kann werben. Wenn nur das theur Geld nie wäre gewesen. Nie ein so Alten hätt ich geheurat in meinem Leben!› Er: ‹Ach, was hab ich doch so große Freud, bekommen zu haben ein solch junges Weib!› Aquarell von Wilhelm Oser.

aus rechtschaffener Bauernfamilie, der hatte ein Liebesverhältnis mit einer unbescholtenen Näherin von ärmlicher Herkunft. Eines Tages vergnügten sich die beiden auf dem Sissacher Markt und begaben sich dann ins Zimmer des Mädchens, was nicht ohne Folgen blieb. Die begüterten Eltern des minderjährigen Baschi aber waren nicht bereit, in eine Heirat einzuwilligen. Sie beauftragten daher einen Winkeladvokaten, dem unglücklichen Mädchen zwei- bis vierhundert Franken für eine außergerichtliche Erledigung des Falles anzubieten. Dieses jedoch wollte kein Geld, sondern den Vater ihres Kindes haben. Es kam also zur Verhandlung vor dem Basler Ehegericht. Baschi leugnete unter Einfluß seiner Eltern und seines Schwagers den Fehltritt und bezichtigte dafür das brave Mädchen, mit andern Männern Umgang gehabt zu haben. Das trotzige Leugnen Baschis veranlaßte das Gericht, diesen zunächst für 8 Tage in Haft zu legen und ihn dann in Eid zu nehmen. Baschi blieb auch während der nächsten Gerichtsverhandlung bei der Aussage, mit dem Mädchen keine intimen Beziehungen gepflogen zu haben. Und als er auch nach wiederholten geistlichen Ermahnungen kein Geständnis ablegen wollte, verlangten die Richter, daß er sein Zeugnis beschwöre. Dagegen verwahrte sich die Familie des armen Tropfs, denn aus ihrem Hause habe seit Menschengedenken niemand geschworen. Das Gericht folgte diesem Einwand nicht. Vielmehr stellte der Präsident dem Angeklagten die Frage, ob er dem Mädchen nicht Hoffnung auf die Ehe gemacht habe und ob das arme Büblein nicht sein Kind sei. Wie nun Baschi verneinend die drei ersten Finger der rechten Hand zum Schwur erhob, zündete plötzlich ein Blitz in den dunklen Gerichtssaal, und ein mächtiger Donnerschlag ließ den Verleumder auf die Knie sinken und ausrufen: ‹Ich will alles bedauern, hochgeachtete Herren, ja, es ist mein Kind!› Dieser Vorfall erschütterte die Hüter der irdischen Gerechtigkeit sehr, und der Vorsitzende erklärte mit gebrochener Stimme: ‹Baschi, Du bist weiß Gott dem Herrn im Himmel lieber, als Du verdienst. Sein unmittelbares Einschreiten beim Ablegen eines Meineids hat Dich vor zeitlichem und ewigem Elend bewahrt. Dafür kannst Du ihm nie genug danken. Gehe, wir werden Dir nun das Urteil sprechen und das Konto machen.› Zur Ehe konnte man den Minderjährigen nicht zwingen, dafür wurden ihm unverhältnismäßig hohe Alimente und Kindbettkosten auferlegt, wie auch der Seelsorger angewiesen wurde, dem hartnäckigen Leugner einen kräftigen Separatzuspruch zu erteilen. Das Mädchen dagegen wurde im Hinblick auf seine Leidenszeit nur zu einer leichten Buße von einigen Franken verurteilt.

Die ganze Geschichte nahm schließlich doch noch einen tragischen Ausgang. Der junge Mann wurde von einem unheilbaren, schleichenden Fieber ergriffen. Einige Tage vor seinem Hinschied ließ er sich auf dem Totenbett' mit der schwergeprüften ledigen Mutter trauen und sicherte so Frau und Kind wenigstens Ehre und leiblichen Wohlstand.

Eine unglückliche Verlobung

In einem der Baselbieter Städtchen (Liestal oder Sissach) hatte sich ein wohlhabender 40jähriger Handwerker mit einer 23jährigen Jungfrau aus gutem Hause verlobt. Die gebildete Tochter schien aber nach kurzer Zeit ob dieser Verbindung nicht mehr glücklich zu sein. Entweder mochte das etwas

Der Hochzeitszug des Landmanns Heinrich Märklin von Wintersingen. Maisprach 1823. ‹Es möchten angehnde Eheleute bedenken, daß um ihren Landbau oder um ihren anderwärtigen Beruf recht einzurichten, und mit Nutzen zu treiben, sie ihre Mittel nicht auf übermäßige Freuden einiger Tage verschwenden, sondern mit kluger Sparsamkeit bessern Gebräuchen aufbehalten sollen. Unsere Gnädigen Herren sind weit entfernt, ihnen an solchen Tagen, die für alle Menschen Freuden-Tage sind, eine mäßige und anständige Freude zu mißgönnen. Jedoch verbieten wir, mehr als fünfzig Personen einzuladen, allso wollen Wir ferners, daß sowohl zu Abholung der Gäste als zum Kirchgang bey keiner Hochzeit, wann es eine von einem Bürger ist, mehr als Acht, und wann es eine von einem Hindersässen ist, mehr als Zwo Kutschen gebraucht werden sollen. 1780.› Aquarell von Muser.

Die Ankunft einer Postkutsche vor dem heutigen Stadthaus. Um 1803. Der Ankömmling, Johann Jakob Handmann, wird von seinen drei Schwestern und seinem Schwager, begrüßt. Aquarell von Friedrich Meyer im Stammbuch des J. J. Handmann (1789–1868).

Ohne Gott kann man nichts,
Ohne Freund ist man nichts,
Gesundheit befördert das Glück
Und Geld hilft uns zu Freuden.
(Johann Jakob Handmann, 1803).

sentimentale Mädchen lieber einen jüngeren Gatten haben oder fühlte sich mehr von städtischen Verhältnissen angezogen und wollte deshalb eher nach Basel heiraten. Auf jeden Fall bat die Braut einige Wochen vor der geplanten Vermählung den Bräutigam um Entbindung von ihrem Versprechen. Dieser aber mimte den Beleidigten und verlangte vor Gericht eine standesgemäße Abfindung. Das Tribunal hatte keinen Grund, die Braut zur Erfüllung ihres Versprechens zu zwingen. Andererseits aber wollte es durch ein scharfes Urteil vor Unbesonnenheit und Wankelmut warnen. Die Richter verfügten deshalb, die an der Trennung schuldige Jungfrau habe Fr. 100.– an den Staat und Fr. 800.– an den blamierten Bräutigam zu bezahlen. Der gekränkte ‹Beinahehemann› dankte dem Gericht für den glanzvollen Urteilsspruch und gab Anweisung, den ihm zugesprochenen Betrag je zur Hälfte seiner und seiner ehemaligen Braut Heimatgemeinde zugunsten der Armen zu übermitteln.

Ein einfaches Mittel

Mit dem Dreikönigswirt Iselin fuhr Kölner einst in einer offenen Chaise übers Land. Da bemerkte Iselin, daß sich hinten ein Schwarzfahrer aufgesetzt hatte, und er versuchte, diesen mit einem Geißelzwick zum Absteigen zu zwingen. Doch der blinde

Der Hattstätterhof am Lindenberg 12. Um 1868.
Die ursprünglich aus verschiedenen Häusern bestehende
Liegenschaft, zu der auch eine Ziegelei gehörte, erscheint
urkundlich erstmals Anno 1293. Das Haupthaus des
1576 von Oberst Niklaus von Hattstatt erworbenen
Besitzes ‹zum Tiergarten› ging 1836 an die römisch-
katholische Gemeinde und dient heute als ‹Residenz›
der Geistlichkeit zu St. Clara. Aquarell.

Passagier reagierte nicht. Dem wolle er schon helfen, mischte sich Kölner ein, lehnte sich über das zurückgeschlagene Chaisendach, steckte den Zeigefinger in den Mund und körbelte dem unwillkommenen Reisegefährten aufs Haupt, worauf dieser fluchtartig das Weite suchte!

Vom Tische des Herrn ausgeschlossen

Die bereits hoch in den Zwanzigerjahren stehende Tochter der Familie Achilles Miville im Hattstätterhof (Lindenberg 12) hatte unerlaubte Beziehungen zum schönen, jungen Stall- und Karrenknecht des elterlichen Hauses, was nicht ohne Folgen bleiben

Bannwart Johannes Richard mit umgehängter Steinschloßflinte. ‹Richard Bannwarth wollte einst auf dem Feld einen Kirschendieb arrettieren. Diser hatte aber schnellere Füße und entkam. Bey einem zweiten Vorfall gleicher Art fällt der Bannwarth auf das Stratagem, dem Inquisiten die Hosen oder Beinkleider hinunterzulassen und nicht zu gestatten, daß er selbige wieder einknöpfe, bis die Strafe erlegt worden. Dies Mittel half, denn so konnte der Dieb nicht mehr so leicht Entrechats machen und zum zweyten mal das Weite suchen!› Aquarellierte Federzeichnung von Franz Feyerabend.

sollte. Als die Geschichte auskam, jagten die Eltern den Burschen aus dem Haus und suchten nach einem besser passenden Mann. Dieser fand sich in der Person eines jungen, aber etwas beschränkten Gerbers, der bereit war, die Vaterschaft nach außen auf sich zu nehmen. Ehe die Hochzeit geschlossen war, begab sich die Tochter zur Feier des Pfingstfestes in die Kirche zu St. Theodor. Dort geriet sie geradewegs unter den strafenden Blick von Pfarrer Johann Buxtorf, der ob der Frechheit, schwangeren Leibes ledigen Standes im Gotteshaus zu erscheinen, so erzürnt war, daß er mit seinen beiden Amtsbrüdern umgehend beratschlagte, was in Zukunft in einem solchen Falle vorzukehren sei. Und so wurde denn der Sigrist beauftragt, der Tochter im Namen der drei Geistlichen mitzuteilen, daß sie es nicht wagen solle, zum Abendmahl in die Kirche zu kommen. Die unglückselige ‹Hattstätterin› aber ging trotzdem zum Tische des Herrn. Doch als sie am göttlichen Brote teilhaben wollte, wies sie der Geistliche mit einer schroffen Handbewegung vom Altar. Diese Beleidigung zahlte sie Pfarrer Buxtorf anderntags zurück, indem sie ihm, als er vor ihrem Gartentor vorbeiwandelte, die Zunge herausstreckte und ihm vor die Füße spuckte.

Die Ironie des Schicksals wollte es, daß der ‹Hattstätterin› Kind später zum Organisten zu St. Theodor aufrückte. Doch der Mutter Haß gegen die Kirche hatte sich augenfällig auf ihn vererbt. Denn er verfocht zeitlebens den Standpunkt, nur für das Orgelspiel angestellt zu sein und verließ daher während Gebet und Predigt demonstrativ die Kirche, bis die Reihe wieder an ihn kam.

Haltet den Dieb

Während eines Fronfastenmarktes erkundigte sich ein Passant bei Ausschnitthändler Rudolf Löw im Haus ‹zur großen Treu› an der Gerbergasse 47 über gewisse Waren, die auf dem tischförmigen, über dem Hausbänklein liegenden Laden ausgelegt waren. Als dann der ältliche Handelsmann anderweitig in Anspruch genommen wurde, benützte der ‹dr grumm Burget›, alias Ehegerichtsredner Johannes Burckhardt der Krumme (1715–1801), der als amtlich bestellter Fürsprech Kläger und Angeklagte vor den Schranken des Gerichts zu vertreten hatte. – ‹Den 28. Februar 1766 hat es auffem Rahthaus aus Liederlichkeit Joh. Burccards seiner Magdt, welche auf glüente Aeschen ein höltzen Sibli und Rebwellen gelegdt, davon es angefangen zu brennen. Weilen aber gleich Hülf dagewesen, ist das Feuer bald wieder mit großem Schrecken gelöscht worden.› Aquarell von Franz Feyerabend.

Unbekannte die Gelegenheit, um schnell ein Zeugstück unter seinen Überrock zu stecken und das Weite zu suchen. Wie nun Löw von dritter Seite auf den Diebstahl aufmerksam gemacht wurde, stürzte er, nur mit Pantoffelschlurpen und Nachtrock bekleidet und den Ellenstab in der Hand, auf die Straße und verfolgte den Schelm mit dem Ruf: ‹Heebet-en, heebet-en!› Der Dieb aber schrie nun auch seinerseits: ‹Heebet-en, heebet-en!› Der uralte Trick verwirrte die vielen Leute auf dem Rindermarkt, wodurch dem Gauner die Flucht gelang. Der arme Löw jedoch war nicht nur um seine Ware geprellt, sondern wurde wegen seines lächerlichen Aufzugs auch noch verhöhnt.

Unterschiedliche Beleuchtung

Im abschließenden Gespräch einer Ehegerichtssitzung, die bis spät in den Abend hinein gedauert hatte, warf Gedeon Burckhardt Pfarrer Uebelin vor, die St.-Martins-Kirche sei jeden Abend beleuchtet. ‹Gewiß›, gab der Angesprochene spitz zur Antwort, ‹beleuchtet Pfarrer Niklaus von Brunn einigen Damen auf deren eigene Kosten des Abends das Gotteshaus, weil sie tagsüber keine Zeit für einen Kirchenbesuch haben. Andere dagegen gehen, ohne daß es ihnen mißgönnt wird, ins erleuchtete Theater oder Konzert, wie auch den Logenbrüdern das Haus zum Venedig erleuchtet ist, und manches Individuum illuminiert sich schon vormittags um 10 Uhr!› Diese treffliche Erwiderung löste unter den anwesenden Richtern schallendes Gelächter aus, und der anzügliche Fragesteller mußte anerkennen, daß es so aus dem Wald tönt, wie man hineinschreit!

Psychologie des Alltags

Einst mußte Antistes Burckhardt zu seinem Leidwesen vernehmen, daß zwei seiner Freunde untereinander verfeindet waren. In der ausgesprochenen Absicht, den Zwist zu schlichten, lud er die beiden Kampfhähne zu einem Abendtrunk ins Oberstpfarrhaus ein. Nachdem er eindrücklich vom Werk der Versöhnung gesprochen hatte, ging auf einmal das Licht der Kerze aus, so daß der Antistes in die Küche mußte, um dieses wieder anzuzünden. Vorher aber verpaßte er in der Dunkelheit dem einen schnell eine schallende Ohrfeige. Dieser, in der ehrlichen Meinung, sein Gegenspieler habe ihn geschlagen, revanchierte sich gründlich, und schon lagen sich die beiden Gegner erbarmungslos in den Haaren und vermöbelten sich nach Noten. Die Rechnung des menschenfreundlichen Pfarrers war somit aufgegangen: er konnte – mit sichtlicher Genugtuung über sein erfolgreiches Rezept – die streitbaren Herren beschwören, doch endlich von der wilden Schlägerei abzulassen und in aller Ruhe wieder Frieden zu schließen!

Am Petersberg. Um 1895. Von links nach rechts die Häuser ‹zum Kohler›, ‹zum Wolfsbrunnen›, ‹zur Mischleten› und ‹zum Tanneneck›. Diese Liegenschaften wurden 1908 abgebrochen. Der restliche Petersberg fiel 1937 dem ‹Spiegelhof› zum Opfer. Photographie, wahrscheinlich von Attila Varady.

Eine Trauerrede für den Ueli

Nach langer Krankheit starb in den 1820er Jahren in der Mindern Stadt der Kleinviehmetzger Conrad Bertsche, dessen Frau, die dem Hausierhandel oblag, allgemein als ‹Gaißebärtschene› bekannt war. Als guter Kleinbasler verdingte sich Bertsche während der Umzüge der Drei Ehrengesellschaften und an der Fasnacht als Ueli und sicherte sich damit einen lohnenden Nebenverdienst. Bei seiner Beerdigung hielt ihm der Pfarrer eine pietätvolle Leichenpredigt, da er sich, so weit das Menschenauge sehen könne, auf seinem Krankenlager als Christ benommen habe. Dies paßte einem Mitglied des Bannes nicht in den Kram. Er bemerkte deshalb dem Geistlichen, das sei doch stark, daß man einem Manne, der während vieler Jahre den Ueli gemacht habe, eine förmliche Trauerrede gehalten habe. Der Pfarrer aber war anderer Meinung, denn, so nahm der den Stänkerer ins Gebet, wenn ein angesehener Mann gestorben sei, erhalte er gewiß eine Leichenpredigt, die sich gewaschen habe, auch wenn er in seinem Leben oft den Löwen, den wilden Mann, den Vogel Gryff oder den Ueli gemacht habe!

Kommt, wenn ihr könnt

Ein andermal lud Burckhardt viele seiner Freunde zu einem Trunke ein; es freute ihn, *wenn* sie zu ihm kommen könnten, betonte er. Wie nun am besagten Abend die Freunde sprungweise vor dem Pfarrhause erschienen, blieb die Haustüre trotz ungeduldigen Polterns absichtlich verschlossen. Andertags traf der geistliche Spaßvogel, der hinter den verschlossenen Fensterläden den Auf- und Abzug der Geladenen verfolgt hatte, im Kämmerli zur Zosse seine Freunde, die ihren vermeintlichen Gastgeber bestürmten, weshalb ihnen kein Einlaß gewährt worden sei. ‹Ach ja›, beteuerte wie ein unschuldiges Lamm der Pfarrer, ‹ich habe ja gesagt, ihr sollt kommen, *wenn* ihr könnt!›

Gemütliche Geistlichkeit

Da Kirche und Schule bis ins zweite Jahrzehnt des 19. Jahrhunderts eng miteinander verbunden waren und alle Lehrerstellen in der Stadt und auf dem Land (namentlich die sogenannten Deputatenschulen zu Liestal, Sissach, Buckten, Waldenburg und Riehen) mit Theologiekandidaten und Magistern besetzt waren, die sich gut kannten und mit der Geistlichkeit in stetem Kontakt standen, entwickelte sich auch zwischen Antistes Dr. theol. Hieronymus Burckhardt und dem Praeceptor des Gymnasiums ein freundschaftliches Verhältnis. Pfarrer Burckhardt erfreute sich als zuvorkommender und wohltätiger Seelsorger und orthodoxer Prediger allgemeiner Beliebtheit. Seine Streiche, die er dann und wann zum besten gab, erregten keinen Anstoß, zumal zu dieser Zeit die Geistlichen gelegentlich in Krös und leichtem Mantel nach Binningen, St. Jakob

Pfarrherrliche Eleganz. Evangelischer Seelsorger der Aufklärungszeit in Habit und Krös. ‹Die Geistlichen und die Ratspersonen gehen zur Kirche alle mit weißen Halsbinden, die wie die Zellen der Bienenwaben aussehen, die übrigen Männer kommen in der Mehrzahl in schwarzen Kleidern und Mänteln, während die Frauen durchwegs für die Kirche schwarz gekleidet sind.› Aquarell von Daniel Burckhardt.

Professor Johann Jakob d'Annone (1728–1804), Dozent für römisches Recht, Numismatik, Mathematik und Naturgeschichte und Stadtkonsulent. Der schrullenhafte d'Annone, ‹der von allem wußte, was überhaupt ein sterblicher Mensch zu wissen vermag›, war ein begeisterter Sammler von Kunstwerken, besonders von solchen, die sich in Augst aus der Römerzeit finden ließen. Daneben aber weckten auch Mineralien, Pflanzen und Schmetterlinge sein Interesse sowie Gegenstände, die er mit seinen abergläubischen Vorstellungen in Verbindung bringen konnte. Zu diesen Dingen gehörte auch ein uralter Goldring, den er am Zeigefinger der rechten Hand trug, weil der dem Träger Glück verheißen sollte. Aquarell von Daniel Burckhardt.

oder zum Neuen Haus an der Wiese zum Schoppen gingen, wo gewisse Pfarrherren ihren Wein aus dem Zehnten verwirten durften. Auch Spitalpfarrer Kölner schenkte in seiner zum Spitalpfarrhaus gehörenden Sommerwohnung am Barfüßerplatz seinen Kompetenzwein an ehrbare Gäste aus; für einen Batzen ließ er einen erträglichen und für sechs Kreuzer sogar einen recht schmackhaften roten Basler Wein auftragen.

Bei einer Pfeife guten Knasters und einem Glas Bier waren die geistlichen Herren, die sich auch der Jagd widmen durften, in den Zunfthäusern und den Kämmerli der Stadt gerngesehene Gäste.

Eine eindrückliche Predigt

Vom würdigen Pfarrer Ulysses Wolleb in Frenkendorf ist folgende Geschichte überliefert: Als er einst vor seiner Kirchgemeinde über die Heiligung des Namen Gottes predigte, begann er seine Ansprache mit den Worten: ‹Daß dich das Kreuzdonnerwetter in den tiefsten Boden verschlage!› Nach kurzer Kunstpause fuhr der Pfarrer in wesentlich sanfterem Tone fort: ‹Nicht wahr, liebe Zuhörer, ihr seid alle erschrocken und wißt nicht, was ihr von mir denken sollt. Vielleicht fürchtet ihr, ich sei wahnsinnig geworden. Dem ist aber nicht so. Als ich vor einigen Tagen auf Krankenbesuch ging, hörte ich, wie ein 9jähriger Bube diese schrecklichen Worte im Streit einem gleichaltrigen Kameraden zurief. Ich traute meinen Ohren kaum und fragte deshalb den Buben, bei wem er denn diesen Spruch gelernt habe, worauf er mir zur Antwort gab, sein Vater sage es der Mutter, wenn er zornig sei!› Diese Predigt hat in Frenkendorf einen nachhaltigen Eindruck hinterlassen!

Zivilcourage

Der bekannte Pfarrer Marcus Lutz in Läufelfingen weigerte sich zu Beginn der 1830er Jahre, den Sohn eines angesehenen Dorfmatadors zu konfirmieren, weil dieser an einem wüsten Trinkgelage teilgenommen hatte. Der ob dieses Ausschlusses zutiefst erboste Vater fuhr hierauf in die Stadt, um bei Amtsbürgermeister Martin Wenck persönlich eine geharnischte Beschwerde anzubringen. Doch da geriet er an die falsche Adresse, denn der Bürgermeister kühlte seinen Unmut mit einer kräftigen Dusche, indem er ihm vorhielt: ‹Euer Herr Pfarrer hat ganz recht. Ihr rohen und stolzen Dorfregenten geht zum heiligen Nachtmahl, wie die Sau zum Troge. Hätte Pfarrer Lutz Euren Sohn nicht zurückgestellt, so wäre ihm zu den Vorwürfen seines eigenen Gewissens noch ein tüchtiger Verweis seitens des Kirchenrats sicher gewesen!› Mit diesem deutlichen Bescheid zog der selbstbewußte Bauer kleinlaut nach Hause.

Im Galopp über den Münsterplatz

Antistes Burckhardt war stolzer Besitzer eines schönen ‹Byggers›, auf dem er mitunter spazierenritt. Das sanfte und gutmütige Pferd wurde morgens und abends selbständig zur Tränke gelassen, indem es zügellos über den Münsterplatz zum Pisonibrunnen trabte, sich den Bauch mit Wasser füllte und dann wieder in den Stall im Hof des alten Oberstpfarrhauses zurücktrottete. Als einst ein Landpfarrer, der im Münster seine Jahrespredigt gehalten hatte, eingeladen wurde, im Hof des Oberstpfarrhauses noch einen Trunk zu genehmigen, wurde ihm auch des Antistes Pferd vorgeführt. Und es ging denn auch nicht lange, bis der Pfarrer sich zu einem Proberitt auf den ‹Bygger› schwang. Unterdessen brachte der Hausdiener zwei Schoppen Rotwein, den einen für den Antistes, den andern für den Gast. Wie nun der Landpfarrer reitend den Meyel in Empfang nahm, öffnete ein Knecht auf des Antistes Wink das Hoftor, worauf das auf Durst gehaltene Pferd prompt zum Münsterplatzbrunnen galoppierte. Und der arme Landpfarrer, der in voller Amtstracht und dem Schoppen in der Hand auf dem Gaul saß, vermochte den unliebsamen Ritt über den Münsterplatz nicht mehr abzuwenden; sehr zum Gaudium einer zahlreichen Zuschauerschaft.

Das Haus ‹zum Duttli›. Duttliweg 6 (Wettsteinallee/Peter-Rot-Straße). Um 1912. Ein typisches Landgütchen vor den Toren der Stadt. Das aus der zweiten Hälfte des 17. Jahrhunderts stammende ‹Hexenhäuschen›, offenbar nach Hans Georg Dutli-Muro von Oberglatt benannt, war 1698 im Besitz von Professor Dr. jur. Johannes Wettstein (1660–1731), einem Großsohn von Bürgermeister Johann Rudolf Wettstein. Im April 1932 wurde das verträumte Landhäuschen, damals Eigentum von Bankier Rudolf La Roche-Respinger, abgebrochen. Aquarell von Ludwig Wolf.

◁   *Zwei Handwerker, vom Pfarrer eine Prise annehmend.*
‹Ein Pris Tabak und ein wenig Geld im Sak, macht guten
Humor, nicht wahr Herr Pfarr.›
Tongruppe aus Zizenhausen.

*Die Villa ‹St. Jacob› an der St.-Jakob-Straße 191,
1859, kurz nach ihrer Vollendung.* Dem Bauherrn, Carl
Geigy-Preiswerk/Buxtorf (1798–1861), war es freilich
nicht mehr lange vergönnt, den von Architekt Johann
Jakob Stehlin entworfenen, von einer wundervollen Park-
anlage umgebenen herrschaftlichen Sitz zu bewohnen.
Ratsherr Geigy, der ‹als Handelsmann und Industrieller,
wie auch als Verkehrspolitiker den Durchschnitt seiner
Basler Standesgenossen weit überragt hat›, hat das Erbe
seines Vaters, die heutige J. R. Geigy AG, hervorragend
verwaltet und gemehrt. Der Schwerpunkt der vielseitigen öffentlichen Tätigkeit Geigys lag bei der Gründung
der Eisenbahnen. Als Präsident des Verwaltungsrates der
Centralbahngesellschaft verfügte er über eine private
Eisenbahnhaltestelle in seinem Park! Nach seinem Tod
gelangte die Liegenschaft in den Besitz von Wilhelm Bach-
ofen-Vischer und 1920 in denjenigen des Verbandes Nord-
westschweizerischer Milch- und Käsereigenossenschaften.
Aquarell von Louis Dubois.

Das meckernde Schneiderlein

Es begab sich, daß einst die Stelle eines Vorsängers
der französischen Kirche wieder zu besetzen war.
Für diesen Posten meldete sich u. a. auch ein älterer
Schneider, der aber seiner Stimme nicht mehr ganz
sicher war und dadurch den Zorn des französischen
Pfarrers heraufbeschwor. Um den unfähigen Bewerber beim Vorsingen vor den Ältesten der Kirche der
Lächerlichkeit preiszugeben, verfügte der rach-
süchtige Geistliche, daß beim dritten Vers, der mit
‹mais› begann, das Orgelspiel zu unterbrechen sei.
Wie nun der Schneider zur dritten Strophe anhob
und die musikalische Begleitung plötzlich ausblieb,
verfiel er in ein meckerndes ‹mais, mais, mais›, womit der unchristliche Wunsch des Geistlichen in
Erfüllung ging.

Der unsichtbare Herrgott

Pfarrer Jakob von Brunns Eifer verleitete ihn oft zur
Oberflächlichkeit, die seine Überzeugungskraft ins

Wanken bringen konnte. In Vertretung seines Vaters, des unvergeßlichen Pfarrers Niclaus von Brunn zu St. Martin, hatte er einst in einer stark besuchten abendlichen Betstunde einige Betrachtungen anzustellen. Dabei gab er die bestimmte Erklärung ab, Gott könne man unter keinen Umständen sehen, auch in der jenseitigen Welt nicht; man könne ihn höchstens so sehen, wie das geschwächte Sonnenbild durch den Nebel. Die durch diese kühne Behauptung ausgelöste Unruhe benutzte ein wegen unvorsichtiger politischer Äußerungen aus dem Kanton Zürich vertriebener Pfarrer, um mit der Bibel in der Hand vor den Altar zu treten und folgende Ansprache an die Gemeinde zu richten: ‹Liebe anwesende christlichen Seelen! Bisher habe ich mit Erbauung einem lieben Prediger zugehört, jetzt aber darf ich nicht mehr schweigen. Denn er hat euch über das einstige Anschauen Gottes nur seine persönliche, theosophische Ansicht als allgemein geltende Wahrheit vorgebracht. Diese Versicherung streitet aber schnurstracks mit der Heiligen Schrift. Zunächst mit der Versicherung des Johannes: Wir werden ihn sehen, wie er ist. Sodann mit der Hoffnung des frommen Königs David: Ich will schauen dein Antlitz in Gerechtigkeit, und Hiob sagt: In diesem meinem Fleische werde ich Gott sehen. Wenn ihr an den Aussprüchen der heiligen Männer Gottes noch nicht genug habt, so hört den Sohn Gottes selbst, der die Wahrheit und das Leben ist: Selig sind die, die reinen Herzens sind, denn sie werden Gott schauen. Ich brauche keine weiteren Beweise mehr, ich habe geschlossen!› Der arme Pfarrer von Brunn jun. war ob diesem Einwand so konsterniert, daß er wie vernichtet dastand. Dann sprach er schnell den Segen und verließ unversäumt die Kanzel.

‹dr Eptiger Lällekeenig›

Bei einem Kuraufenthalt im Eptinger Bad klagte ein einfacher Bauer dem Basler Antistes seine Not und betonte, wie froh er wäre, wenn er ihm zu einem bescheidenen Nebenverdienst verhelfen könnte. Nach kurzem Nachsinnen fragte Burckhardt den Bauern, ob er wisse, daß in Basel ‹dr Lällekeenig› gestorben sei; er solle sich doch um diesen Posten bewerben. In diesem Falle müsse er am nächsten Ratstag nur oben auf die Treppe im Rathaus stehen und jedem Ratsherrn so weit als möglich die Zunge herausstrecken und die Augen dazu verdrehen. Je länger er den Lälli sehen lasse, desto größer sei seine Chance, zum ‹Lällekeenig› gewählt zu werden!

Ein hungriger Pfarrer

Anno 1818 wurde Pfarrer Uebelin gebeten, bei einem älteren Pfarrer auf der Landschaft über ein

Das Obersthelferhaus am Hasengäßlein (Rittergasse 4). Um 1879. Links die Münstertürme, rechts die St.-Ulrichs-Kapelle (1887 abgebrochen). Die ‹Wohnung in Mauern samt Flügel in Riegel›, die 1807 mit Fr. 10000.– in der Brandschatzung stand, war bis um 1885 dem Obersthelfer des Münsters als Amtssitz zugewiesen. Diese angesehene kirchliche Beamtung, von 1529 bis 1897 belegt, wurde insgesamt von 22 Inhabern versehen. Aquarell.

Tafel 6

‹*Die Abreyßung und Plünderung des Totentanzes*›
am 5. August 1805. Nachdem die Regierung den Abbruch
des berühmten, aber schadhaften Totentanzes an der
Friedhofmauer der Predigerkirche, der ‹eyne Ärmahnung
an Basels Eynwohner› sein sollte, ‹fleyßig dahin zu
kommen, um sich ihrer Sterblichkeyt zu erinnern›, auf
Begehren von 21 Anwohnern beschlossen hatte, griffen
gegen 200 Männer und Frauen voreilig zur Spitzhacke
und schleppten 7500 Ziegel im Wert von Fr. 225.– und
das anfallende Holz nach Hause. Als Haupttäter der
‹sträflichen Unfugen auf dem Todtentanz› konnten
11 Personen eruiert werden, nämlich die Schuhmacher
Wernhard Roth, Johann Jakob Flick und Hans Jakob
Gugelmann, Spanner Rudolf Kromer, Perückenmacher
Heinrich Ryf, Schneider Johann Jakob Riedtmann,
Schreiner Conrad Brunner, Seidenweber Johann Jakob
Fink, Bettelvogt Leonhard Hofer, Ignaz Hebert und ein
Seilergeselle. Doch wurde offenbar von einer Bestrafung
der Übeltäter abgesehen. Dagegen erhielt Seilermeister
Samuel Schwarz, der in der überdachten Gemäldegalerie
sein Spinnrad aufgestellt hatte, einen neuen Platz auf der
Petersschanze zugewiesen. Aquarell von Johann Rudolf
Feyerabend. Im Besitz der Universitätsbibliothek Basel.

Wochenende die Gottesdienste zu versehen. Zum Mittagessen gab's neben den gewohnten Samstagsspätzlein einen köstlichen Hasenpfeffer, der an gewürzter Wildbretsauce ausgezeichnet schmeckte. Doch der Herr des Hauses schüttelte nachdenklich den Kopf und meinte schließlich: ‹Frau, ich habe aber Rindsfleisch.› Das wisse sie schon, erklärte lachend die gemütliche Pfarrersfrau. Das komme davon, wenn man das größte Stück herausfische; dieses sei nämlich ein Rest vom gestrigen Essen!
Am Sonntag ließ die joviale Matrone einen herrlichen goldgelb geprägelten Kalbsbraten auftischen. Der hungrige Pfarrer sicherte sich sofort eine zünftige Portion und schickte sich sogleich an, diese zu

Bad Eptingen. Um 1828. Das ‹Rucheptingerwasser› wurde schon in frühester Zeit zum Trinken und Baden verwendet. 1693 attestierte Professor Theodor Zwinger der Quelle heilende Wirkung bei unreinem Blut, Verstopfungen, Hautausschlägen, Geschwulsten und kaltem Fieber, und er ‹achtete es also für Schaden, daß dieses Mineralbaadwasser nicht mehr probieret und gebrauchet wird, als bisher geschehen. Ganz gläublich ist, daß öfters viele Leute sich in andere benachbarte Bäder begeben, von welchen sie doch die Wirkung und den Nutzen nicht erlangen.› Seine Große Zeit hatte das Bad im 19. Jahrhundert. Die Gebäulichkeiten bestanden aus drei Häusern, die mit einer Galerie miteinander verbunden waren. Seit 1899 wird das heilkräftige Mineralwasser auch im Handel und Gastgewerbe angeboten. Kupferstich von Amadeus Merian nach Rudolf Follenweider.

Chirurg Jakob Christof Mangold (1746–1803). Die in der Zunft zum Goldenen Stern zusammengeschlossenen ‹Mediziner› hatten oft einen schweren Stand, denn ‹im Chirurgischen Fache Pfuscht und Arzet all und jeder›, was dazu führte, daß ‹junge Meister und Zunftbrüder infolge Mangels an Erwerb außzuwandern genöthiget worden und ihre Vatterstadt samt Weib und Kindern anjetzo mit dem Rücken ansehen müessen!› Aquarell von Daniel Burckhardt.

verspeisen. Dabei aber wurde er andauernd von seiner Tischnachbarin, einer vornehmen, gemütskranken Kostgängerin, unterbrochen, die unbedingt eine Prise Schnupftabak von ihm haben wollte. Endlich gab der geplagte Pfarrer diesem Wunsche nach und gewährte der Dame einen Griff in seine silberne Schnupfdose. Als Dank dafür streute ihm diese mit dämonischem Lachen umgehend eine Ration davon auf seinen Teller und bemerkte dazu: ‹Doo hänn Sy no s Gwirz zem Brootis!›

Professoraler Zornausbruch

Spitalpfarrer Professor Hieronymus König war ein in seiner Art tüchtiger Stubengelehrter, hatte aber in Bewegung und Sprache etwas auffallend Hastiges. Mit zunehmendem Alter wurde er auch bequemer und schätzte es deshalb, wenn seine paar Studenten – von denen die meisten schwänzten, wenn sie konnten – in sein Haus kamen, um die Lektionen zu hören. Die Vorlesungen wurden für gewöhnlich auf ein Uhr nachmittags angesetzt, doch ließ der Herr Professor immer eine halbe Stunde auf sich warten. Wie nun einst Uebelin und Christoph Burckhardt die Wartezeit benutzten, um in des Geistlichen schöner Wohnung ‹ummez'schnaigge›, entdeckte der Pfarrerssohn von St. Peter oberhalb der Studierstube den mit zierlicher Bleistiftschrift geschriebenen Vers ‹Nulla dies sine linea›. Das sei doch dummes Zeug, fing Burckhardt zu spotten an, es wisse jedes Kind, daß man keinen Tag vorbeigehen lassen dürfe, ohne etwas Gutes getan zu haben. Dabei löschte er mit nassem Finger den Sinnspruch kurzerhand aus. ‹Um Gottes Willen›, jammerte entsetzt Uebelin, ‹was hast du gemacht, das hat doch Johann Kaspar Lavater, des Professors verstorbener Freund, eigenhändig hingeschrieben!› Den beiden Studenten wurde es ‹windeweh›, als König, vom Lärm aufgeweckt, in die Stube trat und sofort bemerkte, was geschehen war. Der unersetzliche Verlust bewirkte, daß der ergraute Professor zunächst in erschütterndes Weinen ausbrach und dann in einen heiligen Zorn geriet. In seiner Wut griff er nach einem Zollstab und schlug damit Burckhardt wütend auf die Hand. Unglücklicherweise verletzte er dabei den Übeltäter so, daß das Blut spritzte. Professor König, dem angst und bange wurde, verlangte sofort nach einem Becken mit Salzwasser. Und als er mit diesem das Blut nicht stillen konnte, wurde Chirurg Lucas Keller, der gegenüber wohnte, ins Haus gerufen, um mit Heftpflaster und Verband die Wunde Burckhardts zu kurieren. Schließlich waren die beiden direkt Beteiligten froh, daß der Vorfall keine weiteren Folgen hatte und ließen die Geschichte stillschweigend auf sich beruhen.

Der Garten des Rollerhofs am Münsterplatz 20.
Ende 18. Jahrhundert. Links das 1914 abgebrochene Fabrikgebäude. Die nach einem frühern Eigentümer, Gavin de Beaufort genannt Rolle, bezeichnete Liegenschaft gelangte 1758 in den Besitz von Martin Bachofen-Heitz, des Erbauers des Ebenrains bei Sissach, der hier seine florierende Bandfabrik betrieb. ‹1789 gab es hier 22 Bandfabriken mit 2268 Stühlen; im Jahr 1800 wurde die Zahl der für hiesige Fabriken arbeitenden Bandstühle auf 3000, 1836 auf 4000 mit 12000–15000 Arbeitern geschätzt. 1837 wurden in Basel selbst 46 Bandfabrikanten mit 1550 Fabrikarbeitern gezählt.› Aquarell, vermutlich von Daniel La Roche.

Die abergläubische Bedeutung der Zahl 13

Es ist ganz begreiflich, daß sich unter 13 Tischgästen immer einige ältere oder jüngere schwächliche Personen befinden, von denen der eine oder andere unerwartet abberufen werden kann. Indessen ist es erstaunlich, wie die Furcht vor der ominösen Zahl 13 auch in gebildeten Kreisen verbreitet ist.

Um die 1830er Jahre lud die Familie Benedikt Staehelin-Schaffner verschiedene Gäste zu einer Geburtstagsfeier ein. Wie Frau Staehelin ihren prüfenden Blick durch die Tafelrunde schweifen ließ, bemerkte sie mit Schreck: ‹Mein lieber Gott, wir sind gerade dreizehn. Welches von uns gefällt wohl dem Herrn binnen Jahresfrist zum Heimgang?› Und was geschah? Kaum 6 Monate nach dieser angsterfüllten Frage erkrankte der 20jährige Stiefsohn des Hauses, Nikolaus Staehelin, an einer galoppierenden Schwindsucht, die ihn in wenigen Wochen dahinraffte!

In früheren Jahren pflegten die Mitglieder der Krankenkommission alljährlich einen gemeinsamen Spaziergang zu unternehmen, jeder natürlich auf sein eigenes Silber. Ein solcher fand Ende der 1820er Jahre auf Vorschlag des Präsidenten, Professor Dr. Bernoulli, nach Arlesheim statt. So versammelten sich an einem wunderschönen Frühlingsmorgen um 8 Uhr folgende Herren unter dem Aeschentor: Professor Christoph Bernoulli, Johannes Dünner, Pfarrer Daniel Krauß Sohn, Pfarrer Johann Jakob Leucht, Pfarrer J. J. Uebelin, Pfarrer Jakob Friedrich David, Waagmeister Franz Falkeysen, Emanuel Schmid-Brand, Oberstmeister Jakob Christoph Pack, Buchdrucker Jakob von Mecheln, Stadtrat Jakob Christoph Schölly, Kornhausschreiber Lukas Pack und Bäckermeister Niklaus Henz-Schölly.

◁   *Münchenstein von Süden.* Um 1800. Das einstige Dorf Geckingen übernahm in den 1270er Jahren den Namen der dem bischöflich-baslerischen Dienstadel angehörenden Münch, die auf dem ‹Stein› über der Siedlung eine Burg erbaut hatten. 1515 ging die Herrschaft der Münch von Münchenstein um 660 Gulden an Basel, die, durch einige weitere Dörfer ausgedehnt, bis zur 1798er Revolution die Landvogtei Münchenstein bildete. Dann verkaufte die Basler Nationalversammlung das Schloß für 24000 Pfund an die Gemeinde Münchenstein, die es auf Abbruch versteigerte. Kolorierter Stich.

Der Abschluß der Neuen Vorstadt (seit 1871 Hebelstraße). Um 1860. Rechts der Holsteinerhof, der 1780–1801 im Besitz von Peter Ochs war und seit 1922 der Bürgergemeinde gehört. Links im Hintergrund der sogenannte Schanzenberg, der sich im Winter ausgezeichnet zum Schlitteln eignete. Dieses Treiben wurde jeweils von Frau Emilie Burckhardt-Gemuseus beobachtet, und raste ein Bube köpflings den Hügel hinunter, dann tadelte sie diesen mit den Worten: ‹Wart, y sag's dynere Mamme! Du schtirbsch emool kai nadyrlige Dood!› Aquarell von Jakob Christoph Weiß.

In unbeschwerter Munterkeit wanderte die Gesellschaft nach Münchenstein und legte sich dort für kurze Zeit beim Kreuz am Waldrand zur Erholung in den Schatten. Bei dieser Gelegenheit fand es der Präsident angezeigt, dem Wirt zum Maison de Santé in Arlesheim die genaue Anzahl der Gäste mitzuteilen. Und siehe da: er zählte richtig 13! Der verehrte Professor hatte nun keine Ruhe, bis er die Unglückszahl überbieten konnte. Zuerst versuchte er den Münchensteiner Pfarrer Melchior Berri als Ehrengast einzuladen. Doch weil dieser wegen einer Hochzeit erst zum Kaffee erscheinen konnte, schickte er eine Einladung an Bezirksstatthalter Dagobert Gysendörfer, der gerne zusagte und gerade noch seinen Freund, Bezirksschreiber cand. jur. Martin Schneider, zum Essen mitbrachte. Damit war die Zahl 13 mit Müh und Not glücklich umschifft, was die Tafelfreude unerhört steigerte!

Eine unvollkommene Beichte

In den 1820er Jahren erhielt Pfarrer Uebelin vom katholischen Pfarramt Röschenz ein Couvert mit 2 französischen Talern und der Bitte, das Geld dem Eisenhändler Ulrich Faesch-Paravicini zu übergeben. Ein ehemaliger Magaziner von Faesch habe nämlich gebeichtet, seinen Patron bestohlen zu haben. Einige Tage später sandte der Eisenhändler das Geld nach Röschenz zuhanden des Armensäckels zurück und teilte dem Pfarrer mit, jener Arbeiter habe ihn um mehr als das Zwanzigfache betrogen. Deshalb seien nicht nur Beichte und Reue sehr unvollständig gewesen, sondern auch der Beichtvater sei ein Opfer dieses ausgeschämten Gauners geworden!

Mit Bier gesegnet

Auf dem Wege ins Kämmerlein zur Zosse traf Antistes Hieronymus Burckhardt einst den ihm wohlbekannten Praeceptor des Gymnasiums, der ebenfalls auf dem Wege zu einem Glas Bier war, um bei der großen Hitze den Schulstaub hinunterzuspülen. Vorerst aber hatte dieser noch eine Kommission zu erledigen, weshalb er den Antistes bat, für ihn eine Portion Bier in die Kühle stellen zu lassen. Wie der Praeceptor dann vor der Zosse erschien, schüttete ihm Burckhardt aus dem Fenster des ersten Stocks eine große Kanne Bier aufs Haupt und trompetete voller Vergnügen: ‹Prost! Weil Ihr so entsetzlich durstig seid!›

Metzgermeister Johannes David-Bienz (1755–1829). Vorstadtmeister zu St. Alban und späterer Kerzenfabrikant. Sein Onkel, der ‹den 22. Januar 1759 starb, war der alte und bedackte Meister Johannes David, Metzger, sonsten der Doppel-Vierer genannt, aetat. 82 Jahr. Ist ein arbeitsamer und guter Haushalter gewesen. Nach seinem Tod haben seine 2 Söhn und Tochtermann Fändrich Melchior Münch, Metzger und des Großen Rahts, zwar unbewußt, in einem Spahrhafen 500 Species Duccaten gefunden.› Aquarell von Wilhelm Oser.

Brennende Häuser, aus denen die Bewohner ihr Hab und Gut in Sicherheit bringen. 1789. ‹Den 7. September 1764. Als H. Beck Chirurgus, sonsten der sicher und geschwindt Arzt genand, auffem Barfüßer Platz sein Barbiersgesell abends gegen 6 Uhr in seiner Kammer im Beth mit angezündten Schwefelhöltzli Wantzen suchen und vertreiben wolte, hatte er das Unglück, daß er dummerweis mit dem Feuer an das pure Strohu kam und angezund, darvon es die Bethladen ergriffen und im Zimmer gebrand hatte. Weilen aber gleich Hülf dagewesen, ist das Feuer doch noch ohne Stürmen wieder gelöscht worden.› Aquarell von Daniel Burckhardt.

Die hohle Urinierpeitsche

Pfarrer Uebelin hatte in seinem Leben nur zweimal einen Ausritt hoch zu Pferd unternommen. Das erstemal als siebenjähriger Knabe nach Binningen und das zweitemal als junger Pfarrer zu St. Theodor. Dieser Ausritt fand auf Einladung von Pfarrer Johannes Staehelin nach Wintersingen statt. Uebelin mietete sich bei Vorstadtmeister Johannes David zu St. Alban einen rassigen Kohli, der, von seiner vortägigen Reise nach Altkirch etwas ermüdet, ohne Schwierigkeiten zu reiten war. Beim Holzplatz an der Birs wollte das Pferd allerdings ganz eigensinnig dem Flußlauf entlang; erst mit Hilfe eines Straßenknechts gelang es, Pferd und Reiter wieder auf die richtige Fährte zu bringen. In der Hard verspürte der Kleinbasler Pfarrer ein dringendes Bedürfnis, getraute sich aber nicht vom Pferd zu steigen, da er befürchtete, sich allein nicht mehr in den Sattel schwingen zu können. Doch für einen solchen Fall hatte Papa Johannes Brenner vorgesorgt. Er hatte dem unerfahrenen Reiter eine hohle Peitsche mitgegeben, die beim Handgriff mit einem Deckel verschlossen war. Uebelin konnte also ohne Umstände hoch zu Pferd sein Geschäft erledigen! In Rheinfelden stieg er im Gasthaus zum Schiff ab, um einen Schluck Maispracher und eine Portion saure Leber zu genehmigen, dann setzte er seinen Ausritt nach Wintersingen fort.

Intermezzo in der Spitalkirche

Um seine Fähigkeiten zu prüfen, bewarb sich Tobias Prader 1811 bei Professor König für eine nichtamtliche Probepredigt in der Spitalkirche. Dem Gesuch wurde selbstverständlich entsprochen, und so stand der geniale Mensch an einem kalten Wintersonntag mit etwelchem Lampenfieber vor den Spittlern und vielen Externen, welche das Kirchlein bis zum letzten Platz füllten. Unter den Gläubigen saß auch Schuhmachermeister Hieronymus Freyburger. Während nun Prader mit gehörigem Pathos seine Predigt über die Arbeiter im Weinberg Gottes hielt, kam auf leisen Sohlen Freyburgers Frau zur Tür hinein und flüsterte dem Schuster hastig etwas ins Ohr, worauf dieser mürrisch entgegnete, sie solle ihn in Ruhe lassen. Ob dieser Reaktion geriet die Handwerkersfrau noch mehr in Aufregung und zischte laut: ‹Du Kueh, duu! Kumm doch! Es brennt in dr Neye Voorschtadt bim Schryner Hans Ueli Frey!› Hierauf folgte aufgeregt allgemeiner Aufbruch. Prader aber schlug die Bibel zu und war froh, vorzeitig von der Kanzel steigen zu können.

136

Die holde Obrigkeit

Kurzweiliges Treiben auf dem Marktplatz. Um 1887. Im Hintergrund u. a. das Rathaus, die ‹Bank in Basel› und die ‹Weinleutenzunft›. Aquarell von Rudolf Weiß.

Aus dem Rathaus

Die Bettelvögte Christof Beck (1756–1827) und Friedrich Matzinger (1755–1814). Die Bettelvögte hatten die Aufgabe, ‹Kinder liederlicher Eltern, die beym Gassenbättel› ertappt wurden, und Erwachsene, die ‹anstatt ihrem Beruf oder Gewerbe fleyßig zu obliegen und für die Verpflegung der Ihrigen zu sorgen, das Erworbene verzechen›, zu ergreifen und ins Zuchthaus zu bringen. Auch mußten sie «fleißig vor den StadtThoren patrouillieren und alle Bettler und Strolchen fortweisen, diejenigen die sich wieder betreten lassen, sollen von denselben in das SchellenwerkHaus gebracht, löbl. StadtPolizey davon Anzeige gethan, selbige je nach den Umständen mit einer Anzahl Stockschläge bestraft, und dann unter Bedrohung härterer Strafe ausgeführt und fortgewiesen werden.» Die Bürgerschaft dagegen wurde angewiesen, «den PolizeyDienern und Bettelvögten in Ergreifung der wiederspänstigen und frechen Bettler auf keine Weise hinderlich seyn, indeme durch ein solches übelbezeugtes Mitleiden der lästige Gassenbettel gepflanzt und unterstützt wird. Wer durch milde Gaben die bestehenden ArmenAnstalten unterstützt, der bezeugt wahres Mitleiden mit den Bedürftigen, aber nicht derjenige, welcher dem strafbaren Bettler das Wort redt.» Aquarell von Franz Feyerabend.

Bis zum Ausbruch der 1798er Wirren stand der aus den beiden Bürgermeistern, den Ratsherren und den Meistern der Zünfte bestehende Kleine Rat in höchstem Ansehen. Die 60 Zunftabgeordneten und je ein neuer und ein alter Bürgermeister und Oberstzunftmeister bildeten den sogenannten neuen Rat, d.h. den für ein Jahr regierenden Rat. Dem alten oder abtretenden Rat gehörten ebensoviele Mitglieder an. Zum Kleinen wie zum Großen Rat (der 282 Mitglieder zählte!) gehörte je ein altes und ein neues Zivilgericht, das abwechslungsweise tagte. Alle wichtigen Ratsgeschäfte wurden vom Kollegium der sogenannten XIIIer-Herren vorbereitet. Das Bauwesen in der Stadt unterstand dem Fünferamt, dasjenige außerhalb der Stadt dem Gescheid bzw. dem Gescheidmeier. Das Finanzwesen besorgten 3 Kleinräte. Jeder von diesen besaß einen besonderen Schlüssel zur Staatskasse, die nur mit allen 3 Schlüsseln zusammen geöffnet werden konnte. Der Finanzbehörde beigegeben war der Rechenrat, dem 3 Großräte angehörten. Über Kirche und Schule geboten 4 Deputaten (Kleinräte), die mit den 4 Hauptpfarrern und den Professoren der theologischen Fakultät den Geistlichen Kirchenrat bildeten. Die Polizei wurde von den Quartierhauptleuten beaufsichtigt. Sie bestand aber bis Anno 1804 nur aus etwa 8 in blaue Uniformen gekleideten Harschierern. Dann fand es der Stadtrat für nötig, eine spezielle städtische Polizei einzurichten. Diese sogenannten grauen Polizeidiener hatten die Straßen und Märkte zu beaufsichtigen. Vor den Stadttoren mußten die Bannwarte für Ordnung sorgen. Den Gassenbettel hatten die Bettelvögte zu überwachen. Diese mußten auch an Sonn- und Feiertagen die Umgebung der 4 Hauptkirchen von Ruhestörern freihalten.
Um der Stadt wirkungsvollen militärischen Schutz zu garantieren, wurde anfangs des 19. Jahrhunderts eine Freikompagnie gegründet, in welcher auf freiwilliger Basis Bürger Militärdienst leisteten. Die rund 300 Angehörigen der Freikompagnie trugen gediegene grün und rote Uniformen mit weißen

Das Spalentor und der Schützengraben. 1788. Seit dem 15. Jahrhundert hielt die Regierung im fast 9 Meter breiten Stadtgraben Rotwild (früher Bären), das für festliche Anlässe gejagt wurde. Später wurden außer den Hirschgehegen auch kleine Gärten angelegt. So war der Stadtgraben zwischen dem Spalentor und dem Steinentor um 1790 in 43 Parzellen unterteilt, die durch Losentscheid den vielen Bewerbern zugeteilt wurden. Die Stadtmauer am Schützengraben und am Spalengraben wurde 1866 abgebrochen. Aquarell von Franz Feyerabend.

Isch das nit e Schpaaledoor?
Joo, das isch e-n-Eeselsohr.
Isch das nit e hi-n-und häär?
Joo, das isch e Liechtputzschäär.
Und e Liechtputzschäär
Und e hi-n-und e häär
Und e-n-Eeselsohr
Und e Schpaaledoor —
Ai du scheene, ai du scheene, ai du scheene Schnitzelbangg.

        Kehrreim aus dem alten Basel

Unterkleidern. Die großgewachsenen Soldaten waren zudem mit Bären- oder Grenadiermützen ausgestattet, die andern dagegen nur mit Hüten. Zur Freikompagnie gehörte auch ein vollständiges Tambouren- und Pfeiferspiel, ein Musikkorps und eine Abteilung von Dragonern mit pelzverbrämten Kasken, die sich aus vermögenden Pferdebesitzern zusammensetzte. Anno 1807 wurde dann der Militärdienst zum Obligatorium erklärt. Das blauuniformierte Stadtbataillon erreichte eine Stärke von gegen 700 Mann. Der alljährliche Auszug auf die Schützenmatte gestaltete sich immer zu einem farbenprächtigen Volksfest.

Die Aktivbürgerschaft besaß jeder volljährige Zunft- und Gesellschaftsbruder, der aufrichtig stand, d.h., der weder durch Konkurs noch durch strafrechtliches Urteil seine Ehrenhaftigkeit verloren hatte. Wer Vorgesetzter seiner Zunft war, kam automatisch in den Großen Rat, wer gar eines der beiden Zunftmeisterämter bekleidete, stieg zum Mitglied des Kleinen Rats auf. Ehrenstellen und bezahlte Ämter standen nur den Stadtbürgern offen, wie auch die Aufnahme in eines der 3 Armenhäuser (Spital, Almosenamt, Waisenhaus). Die Erlangung des Bürgerrechts war denn auch mit großen Schwierigkeiten und Kosten verbunden. So hatten z.B. die beiden Württemberger Friedrich Ziegler und Friedrich Sieber, obwohl sie mit Stadtbürgerinnen verlobt waren, für den Einkauf noch je 200 Louisdor zu erlegen. Den Söhnen Wernhard und Jacob des Zürcher Buchdruckers Felix Schneider, die beide in Basel aufgewachsen waren und es bis zu Kandidaten der Theologie brachten, wurde das Bürgerrecht nur unter der Bedingung gewährt, sich in den nächsten 15 Jahren in Basel um keine Pfarrstelle zu bewerben...

Mit geladener Kanone gegen Aufwiegler

Im Haus ‹zum St. Niklaus› an der unteren Gerbergasse 30 wohnte im ersten Jahrzehnt des 19. Jahrhunderts der Wirt und Metzger Jakob Schuler, der eng mit dem Chirurgen Jakob Christof Wieland im Gerbergäßlibad (Gerbergäßlein 17) befreundet war. Beide waren rechthaberisch und streitbar und lehnten sich mit Schmähreden gegen die obrigkeitliche Ordnung auf. Die Regierung verfügte deshalb ihre Inhaftierung. Doch die beiden Querulanten weigerten sich, sich in bürgerlichen Gewahrsam zu begeben. Auch drohten sie, bei Anwendung von Gewalt das Schulersche Eckhaus am Rindermarkt samt den Bewohnern in die Luft zu sprengen. Da ließ der Rat die verschrobenen Köpfe schriftlich durch den Ratsdiener in der Farbe (Amtskleidung) ein letztes Mal wissen, daß sie Gehorsam zu leisten hätten. Die beiden aber verhöhnten den obrigkeitlichen Boten, zeigten sich hemdsärmlig unter dem Fenster und

Paßkontrolle. Ein Basler Harschier prüft mit kritischem Blick das amtliche Ausweispapier eines selbstbewußten Vagabunden. Aquarell von Augustin Feyerabend.

Der letzte Familientag der Basler Infanterie vom 30. September 1861 auf der Schützenmatte. 1460 Mann stellten sich ‹auf dem guten Schützenmattenfeld und auf den Rübenäckern des Lettenfeldes› zum traditionellen Manöver und defilierten anschließend vor einer großen Zuschauermenge. ‹Ganze Familien waren dort auf den Beinen: Vater, Mutter und Kinder, man fühlte sich! Es ist ja das einzige Mal im Jahr, wo die Frau das Recht hat, als Vaterlandsvertheidigerin mitzufechten. Wehe dem Manne, welcher es wagt, diese edlen Gefühle zu unterdrücken, an diesem Tag seine Ehehälfte abzuspeisen, sie daheim zu lassen. Große Feindschaft kann daraus entstehen, unabsehbares Unglück!› Der mit Hopfen und Malz vermengte glühende Patriotismus überschäumte an jenem schönen Herbsttag aber derart maßlos und nahm mit ‹sechsmal vierundzwanzig Stunden Arrest für jene Fehlbaren, welche nach dem Einrücken ihre geladenen Gewehre noch losgelassen hatten›, ein so ungefreutes Ende, daß die Regierung inskünftig auf die weitere Durchführung solcher Familientage verzichtete. Aquarell.

demonstrierten mit Gewehrläufen ihre Macht. Jetzt zerrann die Geduld der Ratsherren im Nu. Die Garnisönler mußten an der Hutgasse eine geladene Kanone in Stellung bringen, dann wurden Schuler und Wieland ultimativ aufgefordert, sich ins Rathaus zu begeben, ansonsten die Kanone augenblicklich gezündet würde. Das half! Die beiden Bösewichte ergriffen allerdings die Flucht, erreichten via Grünpfahlgäßlein, ‹Lienerts-Schanze› und Steinentor das Schulersche Familiengut Schlatthof und betraten nie wieder den Stadtboden!

Zwei Schellenwerker beim Straßenwischen. Um 1800. Im 1616 errichteten Schellenwerk mußten ‹fremde starke Bettler, unnütze faule Haushalter und boshafte Gesellen› ihre Strafe mit nützlicher Arbeit im Straßenunterhalt, bei schlechtem Wetter mit Farbholzschneiden (Männer) und Spinnen (Frauen), verbüßen. Sie waren an eiserne Springer oder Ketten gefesselt oder trugen ein eisernes Halsband mit einem langen Schnabel mit Glöcklein (Schelle), welches eine allfällige Flucht erschweren sollte. Später wurden auch kleinere Verbrecher ans Schellenwerk geschlagen. Die Gefangenen wurden nach der Schwere ihres Vergehens in 3 Klassen eingeteilt und entsprechend kenntlich gemacht. Für geringe Verschulden erfolgte Einteilung in Klasse I mit einem eisernen Ring um den Fuß. Größere Verfehlungen wurden mit Klasse II taxiert und waren mit einem eisernen Halsband und einem S(chellen) W(erker) auf dem Kittel zu sühnen. Schwere Vergehen mußten in der Klasse III mit Hals- und Fußeisen, Kette und SW auf dem Kittel abgebüßt werden. 1806 wurde das Schellenwerk mit dem Zuchthaus vereinigt. Farbstiftzeichnung von Samuel Bauer.

Dirne mit Sonnenschirm. 1756 ‹wurden 2 Weiber wegen schandlichem Huerenleben ... für ihr Lebtag eingespehrt.› Bleistiftzeichnung von Hieronymus Heß.

Das Stachelschützenhaus am Petersplatz. Um 1850. Links der Stückbrunnen, der Anno 1847 einen neuen Trog und 1865 einen mit ‹einem bürgerlichen Stachelschützen› bekrönten Brunnstock erhalten hat. 1856 ist das 1546 neu erbaute Haus der Stachel- und Armbrustschützen, die jeweils an Sonntagen im Schießstand längs der Stadtmauer ihrem Training oblagen, definitiv für andere Zwecke eingerichtet worden, weil die Gesellschaft in diesem Jahr aufgelöst wurde. Bis zum Bau des Schulhauses an der Kanonengasse (1884) war hier die Töchterschule untergebracht. Heute ist der stilvolle Riegelbau, dessen offene Parterrehalle inzwischen zugemauert worden ist, Sitz der Hygienischen Anstalt. Aquarell, wahrscheinlich von Achilles Bentz.

Mißwirtschaft im Schellenwerk

Als im Jahre 1821 die Herren der Inspektion den Betrieb des Schellenwerkes etwas näher unter die Lupe nahmen, kam eine regelrechte Mißwirtschaft zutage. Die beiden Aufseher, Heinrich Stupanus und Johann Jakob Senn, ließen sich nicht nur Veruntreuungen zuschulden kommen, sondern ermöglichten den eingekerkerten Dirnen auch die Ausübung ihres Gewerbes, wobei sie sich in die Einkünfte teilten! Trotz gewisser Widerstände wurde den beiden Beamten der Prozeß gemacht, der mit Gefängnis und Entsetzung vom Amte endete.

Ein unschuldiges Opferlamm

Bei seiner Amtseinsetzung in Rued hatte Pfarrer Niklaus Eglinger schriftlich Verzicht auf gewisse von seinem Vorgänger bezogene Zehnten geleistet. Später aber wollte er seinen vermeintlichen Anteil beanspruchen und ließ es zu einem Prozeß kommen. Als er diesen dann, wie erwartet werden mußte, verlor, beschimpfte er die Regierung in Aarau aufs heftigste und bemitleidete sich als der tyrannischen Despoten von Aarau unschuldiges Opferlamm. Das ungebührliche Verhalten hatte unweigerlich seine Abberufung zur Folge. Der streitbare Pfarrer zog sich nun auf den ererbten Alphof St. Romai bei Reigoldswil zurück, verkaufte diesen jedoch schon nach kurzer Zeit und erwarb dagegen das Landgut zum Rosengarten an der Grenzacher Straße 44. Doch auch dort fühlte sich der hervorragende Linguist nicht wohl; er gab das Herrschaftshaus in Lehen und bezog mit seinem Bruder Wernhard stattdessen ein Rebhäuschen. Hier lebte das Brüderpaar still und friedlich, bebaute den Garten und ergab sich bis zum Tode gleichermaßen Wissenschaft und kulinarischen Genüssen.

Eine Tyrannenregierung

Als Eglingers Gattin anfangs der 1840er Jahre im Rosengarten starb, wurde ein Geistlicher ins Haus gebeten, um die Personalien der Verblichenen aufzunehmen. Der in tiefe Trauer versetzte hinterbliebene Gatte erteilte in Anwesenheit seines Schwagers dem Kollegen den Auftrag, es sei besonders die große Anhänglichkeit, Treue und Sorgfalt, mit welchen sie ihm zugetan gewesen sei, zu betonen, wie auch das Verständnis, das sie ihm während der Streitigkeiten mit der ‹gottvergässene Aarauer Tyrannerergierig› erwiesen habe, hervorzuheben.
Gegen den letzten Wunsch aber protestierten sowohl der Geistliche als auch Schwager Lotz, denn man könne doch nicht einer bestehenden Regierung so an den Kragen fahren. Schließlich ließ sich Pfarrer Niklaus Eglinger davon überzeugen, daß dieser ungeschickte Passus eigentlich in die dereinst für *ihn* zu haltende Leichenpredigt einzubauen wäre, indem er schluchzend bemerkte: ‹Aber, denn heer ys jo gaar nimm!›

Der gefoppte Küfermeister

Einst war auf der Stadtkanzlei über der Wachtstube des Rathauses ein Schreiner mit der Reparatur der Archivschränke beschäftigt. Der Bursche, ein fleißiger, gutmütiger, aber nicht sonderlich mit den Verhältnissen bekannter Württemberger, wärmte im Vorkamin den Leim auf. Stadtschreiber Daniel Wierz dagegen lag wie gewöhnlich unter dem offenen Fenster und erblickte da den mit dem Übernamen ‹Harnischmaa› betitelten Küfermeister Benedikt von Mechel aus der Aeschenvorstadt, der beim Kornmarktbrunnen eben ein ungefähr 40säumiges neues Faß (etwa 6000 Liter) sinnen ließ und dabei in Verlegenheit geriet, weil der vordere Boden Wasser durchließ. Wierz beauftragte nun den Schreiner, mit warmem Leim zum Faß hinzugehen und dem Mann dort auszurichten, Herr Wierz lasse Herrn Harnischmann grüßen und biete ihm zum Ausbessern der schadhaften Stelle Leim an soviel er wolle. Der ahnungslose Schwabe tat, wie ihm befohlen, worauf er aber vom Küfermeister mit Schimpfworten lästerlich abgeputzt wurde. Auch Wierz mußte einige Sonntagsnamen über sich ergehen lassen.

Schnupftabak im Wurstteig

Wierz war mit dem Hardförster Carl Näher an der Birsbrücke sehr befreundet. Im Januar 1848 kam dieser nun auf die Kanzlei und lud Wierz und Uebelin zu einer Metzgete ein. Die Einladung wurde von beiden dankend angenommen. Wenig später aber verzichtete Wierz auf die Metzgete, als er sich der letztjährigen Schlächterei erinnerte: Näher war starker Tabakschnupfer und hatte neben Gewürzen noch anderes Kraut in den Wurstteig ‹gmischlet›...

Mit dem Stadttorschlüssel am Maskenball

Am Fasnachtsmittwoch 1823 brach nachts um 10 Uhr an der Klybeckstraße ein Brand aus. Doch von der Stadt aus konnte keine Wasserspritze zu Hilfe

Universitätspedell Emanuel Scholer (1775–1852) zeigt, mit dem Schlüsselbund in der Hand, im großen Vorsaal der ‹Mücke› den Besuchern die Kunstsammlung. Ein Fremder hat bereits den Geldsäckel gezückt, um dem mißtrauischen, habgierigen Scholer ein angemessenes Trinkgeld zu verabfolgen. An den Wänden hangen Passionsbilder der Holbeinschule und Gelehrtenporträts. Das Haus ‹zur Mücke› am Schlüsselberg 14 diente von 1671 bis 1849 der Stadt als Kunstsammlung, deren Kern das sogenannte Amerbachsche Kabinett des Buchdruckers Johannes Amerbach, seines Sohnes Bonifacius und seines Enkels Basilius mit Gemälden von Hans Holbein, Urs Graf, Niklaus Manuel, Albrecht Dürer und Hans Bock bildete. Aber auch die Universitätsbibliothek (bis 1896) und später das ‹Faeschische Museum› waren in der ‹Mücke› untergebracht. Aquarell von Hieronymus Heß.

Emanuel Scholer begegnet Hieronymus Heß (1799 bis 1850) *am Schlüsselberg*. Die beiden Erzfeinde, der schnurrige Abwart der öffentlichen Kunstsammlung und der spottlustige Kunstmaler, gehen grimmigen Blicks aneinander vorbei und gönnen sich keinen Gruß. Die andern Herren auf dem Bild benehmen sich hingegen ausgesprochen höflich. Im Hintergrund die Fassade der ‹Mücke›. Aquarell von Hieronymus Heß.

> O Herr, entzieh dein Gnadenlicht,
> Das unsre Väter einst entzückt,
> Und uns noch inniglich erquickt,
> Auch unsern letzten Enkeln nicht!
> Behaupte deine Bundestreu
> Und schaffe, daß es immer neu
> In unser aller Herzen dringe,
> Und Basel, als dein Erb und Los,
> Wie ehmals Salems Mutterschooß,
> Der Welt noch manche Lehrer bringe!
>
> Aus ‹Feyerlicher Lob-, Dank- und Betpsalm› von Prof. Dr. Johann Jakob Spreng, 1760

Eine Neudörflerin auf dem Weg zum Markt.
Aquarell von Eduard Süffert nach Hieronymus Heß.

> Was me bruucht ins Muul, in Chuchi, Cheller
> und Chammer,
> strömt zu alle Thoren i, in Zeinen und Chretze;
> 's lauft in alle Gassen, es rüeft an allen Ecke:
> Chromet Chirsi, chromet Anke, chromet Andivi!
> Chromet Ziebele, geli Rüebe, Peterliwurze!
> Schwebelhölzli, Schwebelhölzli, Bodekolrabe!
> Paraplü, wer koof? Reckholderberi und Chümmi!
> Alles für baar Geld und alles für Zucker und
> Kaffi…
>
> Aus dem Gedicht ‹Geisterbesuch auf
> dem Feldberg› von Johann Peter Hebel

geschickt werden, weil das Bläsitor geschlossen war und der Schlüssel in der Tasche des Stadtkommandanten, Oberst Ernst Ludwig Lichtenhahn, steckte, der sich an irgendeinem Maskenball vergnügte. Als Stadtrat Samuel Minder schließlich das Tor einschlagen ließ, stand das Gebäude bereits lichterloh in Flammen, welchen auch die Spritzen von Kleinhüningen und Weil, die als erste auf der Brandstätte erschienen waren, nicht Herr zu werden vermochten. ‹Daas findsch uff dääre-n-Ärde myseel nit iberall: em Blääsidoor sy Schlissel goht an e Masggeball!›

Ein phlegmatischer Staatsbeamter

Einst mußte Wierz, als er den Schlüsselberg hinaufging, unbedingt ein dringendes Geschäft erledigen, konnte dies aber nicht tun, weil vor ihm ein Lohnämtler mit stoischer Ruhe und unüberbietbarer Langsamkeit dahinschlich. Wie nun Wierz am obrigkeitlichen Arbeiter vorbeiblitzte, begehrte dieser auf, was er denn so zu pressieren habe. Er müsse sofort in die Mücke (wo die Gemälde, Antiquitäten und Naturalien verwahrt waren), dort sei eine einmalige Seltenheit zur Schau gestellt, gab Wierz sarkastisch zur Antwort. Man habe nämlich vorhin ein Hemd mit Lohnämtler-Schweiß erhalten, und diese große und wunderseltene Merkwürdigkeit müsse er unbedingt sehen!

Ein Schellenwerker vor Gericht

Weil die alte Ehegerichtsordnung gänzliche Scheidung erlaubte, wenn einer der beiden Ehegatten dem andern nicht über Land und Meer folgen wollte, begehrte eine ohnehin unglückliche Ehefrau aus dem Baselbiet Scheidung, da ihr Mann nach Amerika auswandern wolle. Dieser Mann war nun wegen qualifizierten Diebstahls schon während etlicher Jahre in Kriminalhaft und trug, wie alle Schellenwerker, eine eiserne Kette um den Hals, welche die Fluchtgefahr mindern sollte. Zur Ehescheidungsverhandlung im alten Ehegerichtshaus bei den Predigern erschien der kurz vor seiner Haftentlassung

Blick in eine Basler Küche. 1809. Elisabeth Bachofen-Fuchs (1779–1816), die Frau des Stubenverwalters zu Hausgenossen, ist mit dem Spicken von Fleisch mit Speck beschäftigt. Ihre Kinder Louise, Emilie und Elisabeth leisten ihr dabei Gesellschaft. Aquarell von Friedrich Meyer.

stehende Baselbieter in Begleitung eines Landjägers und in vollem Gefangenenornat. Wie nun der Präsident den Prozeß eröffnen wollte, gab der Statthalter zu bedenken, daß der Schellenwerker Halshaken und Ketten anhabe, was vor Gericht gar nicht Brauch sei. Selbst ein Kapitalverbrecher, der das Todesurteil erwarte, trete ohne Ketten vor seine Richter. Er, der Statthalter, weigere sich, einem solchen Skandal beizuwohnen. Wiewohl der Präsident hierauf beschwichtigte, das Entfernen und Wiederanpassen der Ketten koste dem Staat unnötigerweise einen Haufen Geld, bekräftigten auch einige Richter den Statthalter in seiner Meinung. Der Sträfling wurde also vom Polizisten zu einem Schmied geführt, der ihm die Eisen vorübergehend abnahm; dann wurde er erneut – mit einem Manschettli gesichert – dem Gericht vorgestellt.

Ein Mixturenschüttler im Offiziersrang

Im Zuge der 1830er Julirevolution wurden alle Schweizer Regimenter aus den französischen Diensten entlassen. Unter diesen befanden sich auch die sogenannten Cents Suisses, die ohne Ausnahme dem Offiziersrang angehörten. Für einen Basler Hauptmann dieses militärischen Trupps, Johann Martin Fechter, war es indessen schwierig, anderweitige Beschäftigung zu finden, weil dieser an einer ziemlich verbreiteten Krankheit litt. Er zitterte nämlich ganz erheblich an beiden Händen, was jeweils nur durch den Genuß von ein bis zwei Schoppen Wein temporär zu lindern war. Der ausgediente Haudegen und Träger des Kreuzes der Ehrenlegion, der einstweilen gegen ein geringes Wartegeld bei der Garnison angestellt war, aber wollte sich nicht der Untätigkeit ergeben. Deshalb klopfte er bei Kanzlist Daniel Wierz auf der Stadtkanzlei an und bat um eine entsprechende Arbeit. Wierz, den Schalk im Nacken, war um einen Rat nicht verlegen und schlug dem Hauptmann a. D. vor, sich in der Goldenen Apotheke um den vakanten Posten eines Mixturenschüttlers zu bewerben.

Nur ein Schneiderlein

Die städtische Niederlassungskommission unter dem Vorsitz von alt Bürgermeister Dr. Johann Jakob Burckhardt-Ryhiner hielt ihre Sitzungen im Rathaus ab. Einst läutete der Magistrat dem Stadtboten Franz Meyri und begehrte, er solle den Teufel, der im Vorzimmer sitze, am Schwänzchen nehmen und ihn hereinführen. Es überraschte aber dann allgemein, als unter der Maske des gefürchteten Teufels ein harmloses Schneiderlein aus dem badischen Bahlingen steckte, dessen Aufnahme ins Bürgerrecht höchstens die hiesigen Dritt- und Viertklaßschneider in etwelche Sorge hätte stürzen können.

Jakob Feller, einer der drei letzten, am 5. August 1819 auf der Basler ‹Kopfabhaini› (vor dem Steinentor) Hingerichteten. – ‹Jacob Feller genannt Diebold von Sondernach in Frankreich, 24 Jahre alt, angehalten den 3. Merz 1818, verurtheilt den 14. July 1819 zum Tod durch's Schwerdt. Mord, Straßenraub, Feuereinlegen, Kirchenraub, gewaltsame Diebstähle aller Art und sonstige Verbrechen waren bey diesen Bösewichtern erster Classe (Feller, Xaver Herrmann, Ferdinand Deisler) zur Tages-Ordnung geworden; im Ganzen sind Einhundert und Ein Verbrechen eingestanden worden. Feller ist ein Mensch, der schon im 12ten Jahre wegen einem besondern Unzuchts-Verbrechen in Criminalgerichtlicher Untersuchung gelegen, der, immer in seiner Verdorbenheit fortgewandelt, noch sehr jung schon wegen Betrügereyen aus dem hiesigen Kanton verwiesen, öfters das Bando gebrochen und sich vieler großer und kleiner Verbrechen schuldig gemacht, unter denen sich auch die Theilnahme an dem Mord zu Benken, zwey Straßenraube, dem bestohlenen Opferstock im Münster und so viele bedeutende und qualificirte Gold- und Silber Diebstähle befinden. Auch hat er einem bedeutenden Diebstahl in Oberwyl beygewohnt und hätte mit seinem bey sich getragenen, mit bleyernem Schrot geladenen Sack-Puffert im Angriffs-Fall geschossen. Herrmann kommt insonderheit zu Schulden, bald bey jedem Verbrechen den ersten Gedanken dazu gehabt. Deisler hat nach seinem dermaligen Geständnisse u. a. dem Angriff auf die Neuenburger Diligence mit bewaffneter Hand beygewohnt.› Aquatinta nach Hieronymus Heß.

Menschenfreundlichkeit

Ein schöner Zug von Menschenfreundlichkeit ist von Staatsschreiber Georg Felber zu erwähnen. Im Jahre 1848 kam ein junger Mann aus dem Elsaß in Hochzeitsangelegenheiten auf die Staatskanzlei, um einen Totenschein über den Hinschied seines Vaters zu verlangen, da er gemäß französischem Gesetz für die Heirat entweder die schriftliche Einwilligung des Vaters oder dessen Totenschein vorzulegen hatte. Uebelin erklärte dem jungen Mann, man führe auf der Staatskanzlei wohl ein Totenregister für die ganze Stadt, aber Totenscheine würden nur von den Pfarrämtern ausgestellt. Dies sei eben das Problem, entgegnete der Elsässer, denn der Name sei in keinem Kirchenbuch verzeichnet. Im Vertrauen erzählte er dann Uebelin, er sei der Sohn des am 5. August 1819 hier enthaupteten Fellers. Nun war das Rätsel gelöst, denn Hingerichtete wurden nicht kirchlich beigesetzt. Uebelin, bestrebt, dem unglücklichen Jüngling zu helfen, trug dessen Anliegen dem Staatsschreiber vor; beide waren sich einig, daß dem armen Menschen so geholfen werden müsse, damit die tragische Geschichte nicht den Angehörigen der Braut zu Ohren käme. Felber diktierte also Uebelin folgenden Todesschein: Im Jahr 1819 den 5. August ist allhier in der Münstergemeinde gestorben und begraben worden J. J. Feller von Sondernach. Dieser Schein wurde nun Obersthelfer Johannes Linder vorgelegt, der denn auch nach kurzem Bedenken unterschrieb, und damit war Fellers Sohn geholfen.

Der Metzgerturm mit seiner barock geschweiften Haube und dem Wall an der Lottergasse (Spitalstraße). 1844. Links der Stadtgraben, im Vordergrund ein Stück Stadtpromenade, rechts Blick in die St.-Johanns-Vorstadt. 1833 war das Eingangsgewölbe des Metzgerturms dem Einsturz nahe, so daß die Baubehörden unverzüglich die notwendigen Reparaturen anordneten. Dies führte zu einem Kompetenzstreit mit dem Militärkollegium, das sich als hiefür zuständig erachtete und deshalb verlangte, daß ‹der durch die Noth eingeschlagene Pfad vom Reglement abweicht und wieder ins gehörige Geleise einzuleiten› sei. Dieser Meinung schloß sich auch die Regierung an, indem sie erklärte, es solle ‹in Zukunft der guten Ordnung wegen der betreffenden Competenz Rechnung getragen werden.› Die Ansicht zeigt den als Wachtposten benützten Metzgerturm unmittelbar vor dem Abbruch, an dessen Stelle das Empfangsgebäude der französischen Ostbahn errichtet wurde (1844–1846, heute Strafanstalt). Aquarell von Peter Toussaint.

Deputat Germann La Roche (1776–1863). Neben seiner beruflichen Tätigkeit als Handelsmann stellte der feinfühlende, sparsame, mildtätige Junggeselle seine Kräfte jahrzehntelang der Allgemeinheit zur Verfügung. So wirkte er als Ratsherr, Spital- und Armenpfleger, Inspektor der Artillerie, Kirchen- und Schulgutsverwalter, Erziehungsrat, Berater beim Bau der beiden Hauensteinstraßen, Delegierter für die Beilegung der Folgen der Kantonstrennung, Präsident des Waisengerichts und Meister E.E. Zunft zu Weinleuten. Aquarell.

Die Anfänge der Stadtgärtnerei

Die wenigen städtischen Promenaden und Baumbestände wurden bis zur Stadterweiterung um das Jahr 1857 kaum je sorgfältig gepflegt. Deshalb wuchsen die Bäume und Sträucher einfach in den Himmel. Um diesem Übel abzuhelfen, übertrugen die Behörden die Betreuung der öffentlichen Bepflanzung dem Straßeninspektor Friedrich Baader. Der tüchtige, vielseitig gebildete Ingenieur nahm für diese Aufgabe verschiedene Gärtner in den Dienst, von denen bald der Inzlinger Felician Schmidt besonders unangenehm auffiel. Dieser, ungemein auf Holz- und Wellenmachen erpicht, stellte seinerseits einige Gehilfen an, mit denen er mit Bienenfleiß sorgte, daß die Bäume nicht mehr in den Himmel wuchsen! Als dann der Wandalismus gar den Behörden in die Augen stach, wurden zwei Bauherren mit der Aufsicht über die Promenaden bestimmt. Dies hatte aber, da die beiden alternierend ihr Amt ausübten, den Nachteil, daß die Bäume das eine Jahr auf Zöpfen und das andere Jahr auf Gerten geschnitten wurden. Deshalb wurde der bayerische Oberhofgartenbaudirektor Karl von Effner als Experte nach Basel berufen, dessen Bericht die Anstellung Georg Schusters zum ersten Stadtgärtner (der später von Georg Lorch abgelöst wurde) zur Folge hatte. Diese Maßnahme fand fortan in wunderschönen Anlagen und Promenaden, die der Stadt zur Ehre gereichten, erfreulichen Niederschlag.

Teure Sparsamkeit

Deputat Germann La Roche war wohl wegen seiner ausgeprägten Sparsamkeit bekannt, aber auch seine tätige Nächstenliebe blieb seinen Mitbürgern nicht verborgen. La Roche oblag die Aufsicht über das Bauwesen der Kirchen, Pfarrhäuser, Sigristenwohnungen und Schulhäuser. Als der pedantische Deputat sich einst mit der Buchhaltung beschäftigte, erregte eine gesalzene Sattlerrechnung betreffend das Einschmieren der Kirchenglocken von St. Theodor seine Aufmerksamkeit. Er ließ deshalb den Sigristen antanzen und erklärte ihm, er habe inskünftig das Leder selbst zu ölen und dürfe keinen Sattler mehr bestellen. Und weil der etwas gebrechliche Sigrist sich nicht ins hohe Glockengestühl hinaufwagte, blieb der Befehl unbeachtet. Dies hatte zur Folge, daß das Schmieren der Lederhalfterung unterblieb. Eines Sonntags nun, als der Sigrist zum Morgengottesdienst zusammenläutete, riß sich der zwei Zentner schwere Klöppel von der großen Glocke los, stürzte durchs Schalloch auf den Kirchhof und zerschmetterte das Bleyensteinische Grabdenkmal mit solcher Wucht, daß dieses sich in Staub auflöste. Nur wenige Schritte vom Grabstein ent-

‹*Nun kam Basel auch ins Spiel, das wohl zu schießen weiß ins Ziel.*› Die Eröffnung des großen 12. eidgenössischen Ehr- und Freischießens zu Basel und der vierhundertjährigen Jubelfeier der Schlacht bei St. Jakob vom 1.–8. September 1844. ‹Zum Festplatz war die geräumige Schützenmatte auserkoren. Sämmtliche Festbauten waren sehr geschmackvoll in englisch-gothischem Style aufgeführt. Den Eingang schmückte eine wahrhaft königliche Ehrenpforte. Zu beiden Seiten derselben erhoben sich zwei gleichartig hohe, zierliche Kaffeehäuser in Achteckform, denen zwei ähnliche auf der entgegengesetzten Seite des ungeheueren Festplatzes entsprachen. Zur rechten Seite desselben stund die gewaltige Speisehütte mit 152 Tischen zu je 30 Personen. Der Speisehütte gegenüber stund der Schießstand mit 3000 Ladeplätzen und in bemeldter Entfernung von ihr der Scheibenstand mit 71 Papierscheiben. Mitten auf dem Festplatz, als Glanz- und Mittelpunkt desselben, erhob sich der Gabentempel mit der Fahnenburg, im Grundriß das eidgenössische Kreuz und in edler gothischer Bauart ausgeführt. Mit begeistertem Jubel war die eidgenössische Schützenfahne überall auf ihrer Durchreise begrüßt und gefeiert worden. Bei schöner, aber heißer Witterung und einem Volkszudrang von Hunderttausenden (!) von Theilnehmern und Zuschauern wurde am 30. Juni das Doppelfest mit der Schlachtfeier bei St. Jakob eröffnet. Alle Kantone der Eidgenossenschaft waren bei der vaterländischen Doppelfeier in Basel vertreten gewesen, die an Pracht der Einrichtungen wie Massenhaftigkeit der Festbesucher alle frühern eidgenössischen Schützenfeste weit übertroffen und daher die volle Bedeutung desselben für Pflege schweizerischen Nationalgefühls klar dargethan hat.› Der Gesamtbetrag des Schießplans erreichte die enorme Summe von Fr. 121 000.–. Unter den Ehrengaben befand sich auch ein ‹Wagen des besten Bergfutters, welches auf derselben Stelle gewachsen, auf welcher die im Kampfe bei St. Jakob gefallenen Eidgenossen bei der Belagerung der im Ormalinger Banne gelegenen Feste Farnsburg gestanden haben.› Kolorierte Lithographie nach Constantin Guise und Anton Winterlin.

Das Eglofstor bei der Lys. 1860. Das in die Ringmauer der Vorstadtbefestigung der Spalen eingebaute, aber schon nach 1440 vermauerte Törlein wurde um 1840 nochmals für einige Jahre geöffnet, um den Bewohnern der ersten Häuser auf dem Mostacker den Zugang in die Stadt zu erleichtern. 1861 wurde das auch ‹Leimentor› genannte Torhaus abgebrochen. Rechts das Haus von Schreinermeister Samuel Lindenmeyer am Leonhardsgraben 26. Links die Weinschenke von Heinrich Bärry. Bleistiftzeichnung von Heinrich Meyer.

fernt befand sich das Söhnchen des Kunstmalers Friedrich Meyer auf dem Weg zur Kirche. Durch den Luftdruck zu Boden geschleudert, erlitt der über und über mit Staub bedeckte Knabe einen schweren Schock, so daß er für einige Tage das Bett hüten mußte. Das Unglück, das leicht mit einer Katastrophe hätte enden können, wurde durch einen Riß des ungeschmierten Rindsleders hervorgerufen, mit welchem der Klöppel in die Glocke eingehängt war. Deputat La Roche kam deshalb für alle Kosten für Arzt und Apotheker auf, schenkte dem Knaben eine neue Schweizer Dublone Schmerzensgeld und bestellte einen neuen Grabstein. Am Schmieren aber wurde nicht mehr gespart.

Von der Wissenschaft der Straßenreinigung

Auch mit der Straßenreinigung hatte es seine Tükken. Denn eines der einflußreichsten Mitglieder der städtischen Baubehörde lebte bei der Beaufsichtigung der Straßenreinigung dem Grundsatze nach, es sei möglichst viel Staub und Schlamm von den Straßen zu entfernen. Flaumte nun ein Arbeiter mit dem Kehrbesen die Oberfläche nur schwungweise ab, dann mußte er eine eindringliche Belehrung über sich ergehen lassen. Das konnte auch der Einwand der Pflästerermeister, durch allzu scharfes Kratzen mit abgestumpften bürstenförmigen Besen zwischen den Steinen werde das Pflaster weggeschabt, nicht ändern. Auch das häufige Bespritzen der Straßen zur heißen Sommerszeit war dem Herrn ein Dorn im Auge, denn das Bewässern ungepflästerter Straßen erzeuge seiner Meinung nach nur Schlamm. In Wirklichkeit aber kühlte das Bespritzen wohltuend ab und fixierte erst noch den Straßenbelag.

Arm wie eine Kirchenmaus

Als anfangs der 1820er Jahre der altersschwache und auch sonst durchaus unfähige Mädchenschullehrer Heinrich Scherb in der Kleinen Stadt beerdigt worden war, wurde das Schulhaus an der Rheingasse abgetragen und durch ein neues ersetzt. Den Schulunterricht hielt man in der Zwischenzeit im altertümlichen Richthaus. Die freie Lehrerstelle wurde provisorisch durch den Thurgauer Weilermann besetzt, der aber nicht viel tauglicher als sein Vorgänger war. Zum Kandidatenexamen fanden sich dann 5 Bewerber ein, von denen sich der ausgezeichnete Organist Theodor Matzinger, der leider viel zu früh verstarb, mit Abstand als der fähigste erwies. Unter den Abgewiesenen befand sich auch ein junger Glarner, der voller Hoffnungen nach Basel zur Prüfung gekommen war und schließlich mit Wasser in den Augen gestand, er sei so arm wie eine Kirchenmaus und habe das Reisegeld borgen müssen. Deputat Germann La Roche empfand aufrichtig Mitleid mit

Die Predigerkirche. Im Hintergrund der Erimanshof. 1845. Von 1233 bis 1529 Gotteshaus der Dominikaner, von 1614 bis 1866 der Französischen Gemeinde (und 1858 der Katholiken) und seit 1877 der Christkatholischen Gemeinde; dazwischen Salzmagazin, Gantlokal und Kaserne. Aquarell von Peter Toussaint.

Ausstreichen der Löcher koste, war die nächste Frage. ‹Höchstens 25 Franken›, lautete die Antwort. ‹Also ausstreichen›, befahl der sparsame Deputat, nahm eine brennende Laterne in die Hand und kletterte ebenfalls in das Loch hinunter. Und siehe da. Was Oberstmeister Pack nicht festgestellt hatte, entdeckte La Roche: Die Grube hatte an der Wand zum Nachbarhaus Löcher, durch welche Jauche aus dem Stall des Gerichtsherrn Melchior Münch, der tagtäglich den Pferden der Wiesentaler Holzbauern offenstand, einströmte. Hier also lag des Rätsels Lösung. Deputat La Roche sorgte höchstpersönlich dafür, daß die entsprechenden ‹Konsequenzen› gezogen wurden.

dem bedauernswerten Mann und ließ ihm in aller Stille 2 Neutaler als Zehrpfennig überreichen, was dieser mit tausend Dank entgegennahm.

Eine löcherige Jauchegrube

Im Jahre 1819 bezog Uebelin die Amtswohnung Nr. 165 an der Rebgasse. Diese war mit einer Senkgrube versehen, die erfahrungsgemäß so alle 5 Jahre entleert werden mußte. Allein, seit Uebelin das Haus bewohnte, füllte sich das Abwasserloch schon innert 2 Jahren. Der verkürzte Turnus der kostspieligen Entleerung erregte denn auch den Argwohn von Deputat Germann La Roche, der deshalb zur Winterszeit einen Augenschein vornehmen ließ. Zu diesem Zweck beauftragte er Maurermeister Jakob Christoph Pack, mittels einer Leiter in den Abtrittturm hinabzusteigen und das Gemäuer zu überprüfen. Dann wollte La Roche wissen, was es koste, das Mauerwerk gründlich zu reparieren und auszuzementieren. ‹150 bis 200 Franken›, brüllte der Maurermeister aus dem Loch. Was denn nur das

Das Dorado der verkommenen Schweizer

Mit der im Jahre 1848 angeordneten freien Niederlassung meldeten sich in Basel, dem Dorado aller verkommenen Schweizer, sofort eine Menge solcher Individuen. So kam unter anderen der Glarner Pastetenbäcker Kubli auf die Kanzlei, der aus seinem Heimatort Schwanden sehr gute Zeugnisse vorwies; man weiß ja, wie geduldig das Papier ist und wie gewissenlos manche Ortsbehörden ihre liederlichen Angehörigen durch verlogene Empfehlungen loszuwerden versuchen! Aber Wierz hatte aus seinem Freundeskreis in Bern erfahren, daß Kubli sowohl wegen Konkurses als auch wegen liederlicher und sittenloser Wirtschaft ausgewiesen worden sei, und deshalb nahm er den Mann besonders scharf unter die Lupe: ‹So, so, Ihr seid der Kubli, der die berühmten gemeineidgenössischen Pastetli fabriziert?› Und Kubli antwortete: ‹Ja Herr, ich mache Pastetli aller Art, aber ich habe nicht gewußt, daß man ihnen den Titel «gemeineidgenössisch» gibt.› Wierz fuhr weiter: ‹Kubli, wenn ich Euch ge-

Rechenrat Jeremias Wildt-Socin (1705–1790), der um 1763 vom bekannten Architekten Samuel Werenfels das Wildtsche Haus am Petersplatz hatte erbauen lassen, Anno 1784 in seiner Wohnstube an der Hebelstraße 7. Der erfolgreiche Handelsmann galt als einer der reichsten Bürger unserer Stadt, fürchtete sich aber derart vor Krankheit und Tod, daß er weder Geld noch Metall in die bloße Hand nahm, um nicht durch Grünspan vergiftet zu werden. Wollte er Geld zählen, dann zog er Handschuhe an. Machte er einen Hausbesuch, so wickelte er sein seidenes Taschentuch um den Glockenzug. Seine Garderobe dagegen ließ er im Abtritt aufhängen, weil er gehört hatte, daß jener Geruch an den Kleidern der Gesundheit sehr zuträglich sei ... Aquarell von Daniel Burckhardt.

wesen wäre, so wäre ich in Bern geblieben. Man sagt, ihr seid ein reicher Mann, die halbe Stadt Bern sei euch verschuldet.› ‹Das ist nicht wahr, Herr. Das ist eine schamlose Lüge, um mich spöttisch zu machen›, erwiderte hierauf entsetzt der Glarner. Aber Wierz machte kurzen Prozeß: ‹Ja, ja, es wird wohl «umgekehrt ist auch gefahren» heißen. Ihr seid der halben Stadt Bern schuldig. Macht Euch auf die Socken und führt andere Leute als uns an der Nase herum. Wir haben anderen Bericht um Eure Lumpenwirtschaft!›

Selbst ist der Mann

Mit zunehmendem Alter wurde Germann La Roche eigensinnig und unbequem. So wollte er, als er längst nicht mehr Mitglied der Kommission für kirchliche Bauten war, partout der Predigerkirche zu einer dritten Tür verhelfen. Doch das Konsistorium der französischen Gemeinde wollte von dieser an sich begrüßenswerten Idee nichts wissen und verweigerte ihm die Aushändigung der Schlüssel zur Kirche. Deputat La Roche aber ließ sich von seiner Absicht nicht abbringen und rückte eines schönen Morgens mit einem Schlüsselspezialisten und einem Trupp Maurer vor der Predigerkirche an. Mit vereinten Kräften gelang der Zugang in die Kirche, worauf unter des Deputaten Aufsicht mit dem Einbrechen einer Öffnung in die Scheidemauer zwischen Chor und Schiff unter dem Orgellettner begonnen wurde. Schließlich legte La Roche selbst noch Hand an und zerrte mit einer Hacke den Boden auf. Als die Arbeit so richtig im Schwung war, erschien plötzlich der Parlier des Baukollegiums und setzte dem kuriosen Treiben ein Ende, was Deputat La Roche mit einer wilden Szene quittierte.

Der Stadttambour

Bis um die Mitte des 19. Jahrhunderts war das Austrommeln von obrigkeitlichen Bekanntmachungen (die durch drei einzelne Schläge nach dem Wirbel verkündet wurden) und Anzeigen von Privaten

Pfarrer Simon Grynaeus (1725–1799), Helfer zu St. Peter, der ‹Gründlichkeit, Deutlichkeit und Anmuth im Kanzelvortrag miteinander zu verbinden wußte›. 1796. Sepiazeichnung von Daniel Burckhardt.

Torzoller Samuel Werdenberg (1737–1810) ‹im hohen Alter und üblem Gesicht›. 1807 richtete Werdenberg, der den Weg- und Brückenzoll unter dem Sankt-Alban-Tor zu erheben hatte, eine ‹flehentliche Bitte› an die Obrigkeit, es möchte seine Kompetenz erhöht werden, da es ihm bei einem Wochenlohn von 18 Batzen und den Früchten der Obstbäume im Fröschengraben unmöglich sei, seine Frau und sich durchzubringen, würden nun doch auch noch die Flecklinge der hölzernen Brücke wegfallen, weil diese in Stein neu erbaut worden sei. Aquarell von Franz Feyerabend.

durch den Stadttambour noch üblich. Die Möglichkeit, wichtige Nachrichten durch die Tagesblätter verbreiten zu lassen, nahm mehr und mehr überhand und ließ schließlich die Institution des Stadttambours allmählich einschlafen. Anfangs des letzten Jahrhunderts versah Meister Bernhard Degelmann dieses geringe obrigkeitliche Amt, das nichts eintrug als eine Trommel, einen Ordonnanzhut und jeweils 10 bis 20 alte Batzen für einen öffentlichen Text und 15 Batzen für eine Privatanzeige. Dieser Degelmann war Schiffmann und hatte als Vorgesetzter seiner Zunft berechtigte Aussichten, dereinst Zunftmeister zu werden, womit er automatisch zu der mit vielen Vorteilen verbundenen Ratsherrenwürde aufgestiegen wäre. Doch die 1798er Revolution setzte der Zunftherrlichkeit vorübergehend ein Ende, und so war Degelmanns Traum ausgeträumt. Stattdessen erfüllte ihn nun ein tiefer Haß gegen die Franzosen und das Bauernregiment, dem er auch beim Austrommeln – als hervorragender Trommler entging er der Amtsentsetzung – freien Lauf ließ. Um 1808 mußte er eine Versteigerung von beschlagnahmten Kolonialwaren in St-Louis, die aus der von Napoleon verfügten Kontinentalsperre stammten, austrommeln und rief dabei unermüdlich, mit größtem Vergnügen und unter dem Gelächter des Publikums fortwährend aus: ‹Ein Quantum Kanaillenwaren!›, und als er deswegen auf die Staatskanzlei zitiert wurde, wand er sich mit der Entschuldigung heraus, er sei der französischen Sprache nicht mächtig.

Eine Judentaufe

Am 16. November 1823 wurde in Basel unter großem Aufsehen erstmals seit 83 Jahren wieder ein Jude getauft: Ferdinand Ewald aus Maroldsweisach in Bayern. Der 25jährige Optiker hatte schon in Schaffhausen und Zürich versucht, zum christlichen Glauben überzutreten. Allein, diese Behörden konnten sich nicht entschließen, der gewünschten Konversion zuzustimmen, dafür wurde er aufs freundlichste nach Basel empfohlen. Hier brachten Bür-

Das äußere Bläsitor. 1788. Vermutlich bis 1810 stand vor dem Bläsitor und der St.-Anna-Kapelle das äußere Bläsitor. Das pittoreske Vorwerk war durch eine Fallbrücke über den Schintgraben, in dem das verendete Vieh verscharrt wurde, gesichert. Federzeichnung von Rudolf Huber.

germeister Martin Wenck, Antistes Hieronymus Falkeysen und Menschenfreund Christian Friedrich Spittler für das Anliegen des jungen Ewald volles Verständnis auf. Das ‹Comité zur Ausbreitung des Christentums unter den Juden› wurde mit den entsprechenden Vorbereitungen beauftragt.

Nachdem der Rat beschlossen hatte: ‹Wenn Ferdinand Ewald sich durch herbeyzubringende Scheine über ein besitzendes Staatsbürgerrecht in Bayern oder anderswo gesetzmäßig ausweisen könne oder aber im ermangelnden Falle 2 sichre hiesige Bürgen stelle, daß er in Folge seiner vorhabenden Conversion und Taufe keinerley Ansprüche an den hiesigen Staat machen werde, über Dinge, die man ihm nicht freywillig oder gegen den gesetzlichen Gebräuchen abzulassen willig seyn könnte, so stehe seiner Taufe im hiesigen Canton kein Hindernis entgegen›, wurde der bekehrungswillige Jude zu Pfarrer Niclaus von Brunn in den christlichen Unterricht geschickt. Zwischen der religiösen Unterweisung, der er mit Aufrichtigkeit und Rührung folgte, hatte Ewald dreimal dem Amtsbürgermeister die Aufwartung zu machen. Der Magistrat besah sich den Bewerber peinlich genau und stellte ihm u. a. auch die Frage, ob wohl im Himmel, der doch mit vielen nationalen Bekenntnissen gefüllt sei, auch ein Jude darin Platz finde. Ewald gab zur Antwort, er wäre weit davon entfernt, irgendeinem Religionsgewissen das Himmelreich abzusprechen. Trotzdem sei er nach redlicher Prüfung zur Überzeugung gelangt, daß er kein Jude mehr bleiben könne. Der Bürgermeister war ob dieser Einstellung erfreut, veranlaßte aber eine weitere eingehende Prüfung des Kandidaten durch das Juden-Comité.

Als Ewald auch diese mit Auszeichnung bestanden hatte, wurde er vor das Stadtkapitel zitiert und mußte sich über folgende 7 Fragen äußern: 1. ‹Ist es Euer ernster Vorsatz, die bestehenden Irrtümer der jüdischen Kirche zu verlassen und Euch dagegen zur christlichen Kirche zu wenden?› Antwort: ‹Ja.› 2. ‹Was für Beweggründe habt Ihr dabey?› Antwort: ‹Ich finde, wie ich in meinem schriftlichen Lebenslauf angezeigt habe, in der jüdischen Religion nicht, was mein Herz befriedigen könnte.› 3. ‹Was haltet Ihr von der Person Jesu Christi?› Antwort: ‹Ich glaube, daß er der im Gesetze Mosis und in den Propheten verheißne Messias, mein Erlöser und Seligmacher, ist.› 4. ‹Erklärt Euern Glauben noch ausführlicher durch Hersagung des christlichen apostolischen Bekenntnisses.› Antwort: ‹Ich glaube an Gott Vater …› 5. ‹Seid Ihr auch redlich entschlossen, dieses Bekenntnis Eures Mundes auch mit einem christlichen Wandel hinfort zu bekräftigen?› Antwort: ‹Ja, von Herzen.› 6. ‹Glaubt Ihr, dieses Versprechen aus eigener Kraft halten zu können?› Antwort: ‹Ich erhoffe Kraft von der Gnade Gottes und seines Heiligen Geistes.› 7. ‹Wollt Ihr Euch auch in letztgenannter Hinsicht der von Gott seiner Kirche verliehenen Gnaden- und Hülfsmittel, des öffentlichen Gottesdienstes und des heiligen Abendmahles Jesu Christi mit den andern Gläubigen be-

Am untern Heuberg. 1879. Im Hintergrund die alte Synagoge, von 1850 bis 1868 Bethaus der jüdischen Gemeinde. Vor dem Haus ‹zum schwarzen Ritter› der Gemsbergbrunnen, der erste mit einer Gußplastik bekrönte Basler Brunnen (1861). Regierung und Bürgerschaft ließen die Juden – besonders, wenn sie ihre Dienste nicht in Anspruch nehmen mußten – kaum je an christlicher Großmut teilnehmen. Im Gegenteil. Man schob ihnen bei jeder Gelegenheit Unregelmäßigkeiten in die Schuhe, ohne der Wahrheit wirklich auf den Grund zu gehen. So auch am 17. Mai 1754: ‹Ward ein Jud, so einem Bauren auf dem Kornmarckt 15 Pfund in Gelt sollte gestohlen haben, gestreckt, wollte aber nichts gestehen, weshalben Unsere gnädigen Herren erkannten, daß – fals er schon ein Zeichen – ihme beyde Ohrläplein abgeschnitten, und da sich keines fande, ward er nur ans Halseisen gestellt, alda aber durch Buben aufs greulichste mit Eyern bombardirt, wovon ihme das letste, als er das Maul, Au way zu schreyen, weit auffsperrte, hineinflog und ihne fast erstickt hätte.› Aquarell von Johann Jakob Schneider.

Buchbinder Johann Balthasar Geßler (1728–1798). Als Sigrist von St. Leonhard auf dem Gang zum Kollektieren. Aquarell von Franz Feyerabend.

dienen?› Antwort: ‹Ja, ich habe schon seit meiner Jugend im christlichen Gottesdienst vielen Segen gehabt und hoffe, denselben forthin auch durch den Genuß des heiligen Abendmahls zu empfangen.› Nach kurzer Beratung waren sich die Mitglieder des Stadtkapitels einig, Ewald zur Taufe zuzulassen. Also wurden ihm nochmals 3 Fragen gestellt: 1. ‹Durch wen wünscht Ihr getauft zu werden?› Antwort: ‹Durch Herrn Pfarrer von Brunn, meinen lieben Lehrer.› 2. ‹Welchen Namen wollt Ihr bei der heiligen Taufe annehmen?› Antwort: ‹Christian Ferdinand.› 3. ‹Welche Taufzeugen habt Ihr erwählt?› Antwort: ‹Peter Burckhardt-Im Hof, Lukas Forcart-Respinger und Diakon Johann Jacob Uebelin.›

Nun wurde Ewald mit dem Segen Gottes entlassen und gleichzeitig zur Taufe aufgeboten. Diese fand im Beisein einer riesigen Volksmenge statt und hinterließ bei allen Anwesenden einen tiefen Eindruck. Als aber Christian Ferdinand Ewald einen Antrag zur Erlangung des Basler Bürgerrechts stellte, wurde dieser, obwohl der Bürgermeister für den einzigen Optiker auf dem Platze Fürsprache eingelegt hatte, abgelehnt, was mit noch allzu kurzem Aufenthalt begründet wurde...

Ein übler Kirchendiener

Anfangs des 19. Jahrhunderts stand ein gewisser Pfuderi als Sigrist im Dienst zu St. Elisabethen. Von diesem schmutzigen Geizhals erzählte man, daß er nachts auf dem anliegenden Gottesacker frisch beerdigte Leichen wieder ausgegraben und diese ihrer Kleider beraubt habe, wie er auch das noch brauchbare Holz der Särge mit nach Hause geschleppt haben soll. Pfuderi hatte die Gewohnheit, regelmäßig am Sonntagabend nach Binningen zu Wein und Käse oder Rauchwurst zu gehen. Bei dieser Gelegenheit bemerkte er beim Verlassen des Gasthauses einst zum Wirt, er habe die Zeche unter seinen Teller gelegt. Doch als dieser das Geld holen wollte, war keines zu finden. Der Wirt verdächtigte deshalb die anwesenden Gesellen, sich den fraglichen Betrag angeeignet zu haben, was diese aber entschieden verneinten. Am nächstfolgenden Sonntag wollte Pfuderi das betrügerische Spiel wiederholen, aber die Gesellen – unter ihnen Lauer, der Vorsteher der katholischen Gemeinde – waren auf der Hut und verabreichten dem Elisabethensigristen eine gehörige Tracht Prügel. Auch Pfuderis Nachfolger war ein übel beleumdeter Mann. Als dieser dem Trunk ergebene Sigrist bei einem Leichengeleit durch die Aeschenvorstadt einen Skandal vom Zaune riß, wurde er seines Amtes enthoben.

▷ *Gräber im St.-Elisabethen-Gottesacker. Um 1835. Der mit 450 Grabstätten größte Friedhof Großbasels wurde bis zur Eröffnung des Gottesackers auf dem Wolf im Jahre 1872 benutzt. Über der Friedhofmauer grüßen Häuser und Türme zwischen dem Aeschenschwibbogen und dem St.-Alban-Tor. Aquarell von Henri Luttringhausen.*

Ein ängstlicher Professor

Als sich um 1818 durch Überschwemmungen im Bagnestal im Wallis eine schwere Katastrophe ereignet hatte, ordnete die Regierung von Basel an, es sei in allen Kirchen eine Liebessteuer zugunsten der Geschädigten zu erheben. Dieser Erlaß brachte Professor Hieronymus König fast zur Verzweiflung, weil er nicht wußte, ob sein Gotteshaus, das doch eigentlich ein Armenhaus war, auch unter dieses Gebot falle. Statt nun den Amtsbürgermeister oder seinen geistlichen Vorgesetzten, den Antistes, um Rat zu bitten, wandte er sich an den Präsidenten des Spitalpflegeamtes, Stadtrat Hans Georg Meyer-Hey. Dieser, besorgt um eventuellen Ausfall an Almosen für das Armenhaus, untersagte ihm die von der Obrigkeit befohlene Kollekte. Aber der Spitalgeistliche war seiner Sache immer noch nicht sicher und meldete sich doch noch beim Amtsbürgermeister, der ihm klarmachte, daß die angeordnete Proklamation ebenfalls in seiner Kirche buchstäblich verlesen werden müsse. Da der arme Pfarrer unmöglich beiden Herren dienen konnte, beauftragte er in seiner ausweglosen Situation Uebelin, den verhängnisvollen Sonntagsgottesdienst zu halten. Uebelin übernahm ohne Bedenken die Stellvertretung, predigte über den barmherzigen Samariter und ließ in Anwesenheit des Pflegeamtsvorstehers Gaben für

Das Innere der verwahrlosten Allerheiligenkapelle.
1881. Trotz Fürsprache zahlreicher Kunstfreunde waren die Behörden ‹aus finanziellen Überlegungen› (!) nicht bereit, das spätgotische sakrale Kleinod zu retten. Es wurde 1881 abgebrochen. Aquarell von Johann Jakob Schneider.

▷ *Das Waisenhaus und das Herrenmätteli.* Unmittelbar vor dem Bau der Wettsteinbrücke, die 1879 dem Verkehr übergeben werden konnte. Vis-à-vis der Harzgraben, der sich vom St.-Alban-Schwibbogen bis zur Rheinhalde zog. Bleistiftzeichnung von Heinrich Meyer.

die geschädigten Walliser einsammeln. Alles geschah in Ruhe und Ordnung. Professor König hatte so helle Freude daran, daß er Uebelin statt mit einem Kronentaler mit drei Dukaten honorierte.

Von den Vorrechten der Sigristen

Bis zur neuen Gottesackerordnung von 1844 war es den Sigristen erlaubt, das Gras auf den Friedhöfen zu nutzen. Deshalb soll einer von ihnen stets eine Handvoll Heublumen und Kleesamen in der Hosentasche mitgetragen haben, um bei jeder Gelegenheit den kargen Boden aufzublumen!
Ebenso war es üblich, daß die Sigristen über leere Nebenräume, ehemalige Sakristeien und kleine Schuppen verfügen durften. In den 1830er Jahren, als die St.-Theodors-Kirche restauriert werden sollte, ernannten auf Antrag des Kirchen- und Schulkollegiums die Drei Ehrengesellschaften aus ihrem Kreis eine Baugesellschaft. Diese Kommission besichtigte nun eines Tages unter Führung des Sigristen die ganze Kirche nebst allen Nebengebäulichkeiten. Dabei entdeckte einer der Herren eine verschlossene Türe neben der Treppe zum Orgellettner. Diese Tür, die der Sigrist erst nach langem Drängen öffnete, führte in die Allerheiligenkapelle mit einem schmalen, hohen gotischen Licht (Fenster) gegen Osten. In der gewölbten und daher feuerfesten Seitenkapelle standen zwei große volle Weinfässer von je rund 45 Saum (etwa 6750 Liter) Inhalt. Der Sigrist geriet ob dieser Entdeckung in große Verlegenheit und beteuerte, die Kapelle sei seit mehr als 300 Jahren nicht mehr zu gottesdienstlichen

Tafel 7

Vogel Gryff. Um 1885. Vor dem Café Spitz erwarten Vogel Gryff und Leu den Wilden Mann, der, von den Tambouren und den Bannerherren der E. Gesellschaften zur Hären und zum Greifen begleitet, mit seinem Floß zur Landung ansetzt. Rechts außen bittet der schwarzweiße Basler Ueli um milde Gaben für die Bedürftigen Kleinbasels. Auf der alten Rheinbrücke (1904 abgebrochen) applaudiert das in hellen Scharen herbeigeeilte Publikum. Ölgemälde von Rudolf Weiß. Im Besitz der Drei Ehrengesellschaften Kleinbasels.

Zwecken verwendet worden und einer seiner Vorgänger hätte sogar Ziegen darin gehalten. Die Kommissionsmitglieder ließen denn auch Milde walten. Hatte nicht auch Deputat Germann La Roche das Schiff der alten Kirche im Klingental ohne Bedenken in einen Stall und den Chor in Soldatenzimmer umgewandelt? Die ganze Weinfaßgeschichte wurde denn auch stillschweigend vertuscht, um den Sigristen vor Ungelegenheiten zu bewahren. Denn einerseits war dieser ein Duzfreund der Herren der Baugesellschaft und andererseits waren es die Kleinbasler von jeher gewohnt, wie Pech und Schwefel zusammenzuhalten.

Aus dem Waisenhaus

Bis zum Jahre 1830 war es mit unserem Waisenhaus noch nicht so gut bestellt, wie es eigentlich hätte sein sollen. Noch in den 1820er Jahren wurden einzelne Zöglinge eingesperrt und mußten dem sonntäglichen Gottesdienst der Waisen hinter Gittern beiwohnen, wie die ‹Siechen des Siechenhauses zu St. Jakob›. Auch wurden die Zöglinge vom sogenannten Meister, der Pförtner- oder Aufsichtsdienst leistete, gezüchtigt. Daher der Name Zuchthaus für Waisenhaus. Essen und Trank waren, wenn auch nicht kostbar, so doch hinreichend. Hingegen mußten Knaben und Mädchen bis nach der Revolution Sommer und Winter Kleider aus grobem wollenen Tuch tragen. Im Sommer zerflossen die Kinder in ihren schweren Anzügen, und im Winter waren sie kaum vor Kälte geschützt, da ihnen kein zusätzliches Überkleid abgegeben wurde. Die Wolle wurde von den Kindern selbst geschlumpt und am großen Rad gesponnen. An Sonn- und Festtagen besuchten sie in der Regel Frühpredigt und Kinderlehre in der Hauskapelle; am Nachmittag hatten sie in langem Zug abwechslungsweise den Gottesdienst in einer der vier Hauptkirchen zu besuchen, damit die Bevölkerung sich ihrer erinnerte!

In der Hausschule wurde nur Elementarunterricht erteilt. Ganz ausnahmsweise ließ die Inspektion außerordentlich begabte Knaben das Gymnasium oder die Zeichnungsschule der GGG besuchen. Abwechslung und Freizeit gab es selten. Im ersten Jahrzehnt des 19. Jahrhunderts erhielten die Knaben von Freunden des Waisenhauses ausgetragene Militäruniformen, Trommeln, kleinere Waffen und eine Fahne. Damit durften sie am Fasnachtsmontag und -mittwoch unter Aufsicht in der Stadt ‹Zigli› machen. Manchmal wurden sie von besonders wohltätigen Inspektoren noch zu einem einfachen Imbiß eingeladen. In den 1820er Jahren vermachte ein reicher Junggeselle dem Waisenhaus ein bedeutendes

Kapelle und Zollhaus (Wirtshaus) von St. Jakob.
1860. Die kleine Siedlung mit dem Siechenhaus an der einzigen Brücke über die Birs muß schon um das Jahr 1100 bestanden haben. Die letzte Nachricht von Aussätzigen in St. Jakob datiert aus dem Jahre 1652. 1836 gelangten Weiler und Gut (507 Jucharten) von St. Jakob mit Ausnahme der Kapelle für Fr. 300000.– in den Besitz von Christoph Merian. Aquarell.

Bürgermeister Martin Wenck (1751–1830). ‹Der durchaus rechtschaffene, aber politisch wenig bedeutsame Mann, dem man die Herkunft aus einfachen Verhältnissen wohl allzu sehr anmerkte›, (sic!) ‹blieb im Amte bis zu seinem Tode im Jahre 1830›, nachdem er 1817 als Gegenkandidat von Peter Ochs in die ‹höchste Magistratenstelle unsers Freistaats befördert› worden war. Lithographie von Fritz Meyer nach Diethelm Lavater.

Legat, damit den Waisen alljährlich zu St. Jakob ein festliches Mahl geboten werden konnte. Ein anderer Wohltäter, Johannes Frey, stiftete zwei Freiplätze für Waisenknaben, ohne Rücksicht auf Herkunft und Glaubenszugehörigkeit.

Die Beamtung der Waiseneltern blieb vornehmlich für die Versorgung einer etwas heruntergekommenen Bürgerfamilie mit großer Kinderschar reserviert. Anfangs der 1820er Jahre war Notar Daniel Mitz Waisenvater, dem der ehemalige Unterlehrer an der Knabenschule zu St. Theodor, Magister Samuel Riedtmann, folgte. Präsident der Inspektion war Martin Wenck, ein außerordentlich wohlhabender und dementsprechend auch überaus großherziger Mann, der im Haus zum Waldeck an der Rheinbrücke wohnte und dort auch sein Comptoir eingerichtet hatte. Wenck betrieb einen sogenannten geschlossenen Laden (Engrosgeschäft) mit Kolonialwaren wie Zucker, Kaffee, Pfeffer und Tee. Daneben führte er in großen Mengen kostbarste Markgräfler und Elsässer Weine, die er aber nur aus Gefälligkeit an Verwandte und an die Drei Ehrengesellschaften für ihr ‹Gryffemähli› abgab. Seine besten Sorten alten Tischweins füllte er nie mit jüngern Jahrgängen auf. Nur zur Auffrischung des Geistes schüttete er alle paar Jahre ein wenig nach. Die Schwanung in den Fässern und den Abgang beim Umziehen ersetzte er durch tadellos ausgewasche-

Oberstknecht Felix Burckhardt (1746–1802), das Zepter des Schultheißengerichts tragend. Aquarell von Franz Feyerabend.

nes und ausgekochtes gröberes Grien aus der Birs, das er persönlich von Zeit zu Zeit ins Spundloch einwarf. Brachte ein Courtier Kaffeemuster, so nahm Wenck etwa 2 Dutzend Bohnen in die Hand, verwickelte den Courtier in ein längeres Gespräch und hielt sich dazwischen unauffällig die Bohnen unter die Nase, um Aroma und Feingehalt, die sich durch Wärme in der Hand entwickelt hatten, zu beurteilen. Als gottesfürchtiger Bürger versäumte Wenck keinen Gottesdienst. Ging er an den hohen Festtagen zum Tische des Herrn, dann trug er über seiner schwarzen Kirchenbekleidung nur einen Frack oder einen leichten Überrock, mochte es noch so kalt sein. Denn alter Erfahrung gemäß bevorzugte er, zwei Hemden übereinander anzuziehen, die mehr Wärme spenden würden als der schwerste Mantel.

Die Institution des Oberstknechts

Das Amt des Oberstknechts (Oberster Ratsdiener) war bis zur 1798er Revolution sehr einträglich und einflußreich. Als vereidigter Diener hatte dieser

Vier Herren im Gespräch. ‹Daß die Basler schon längst (1833), im Auslande wie in der Schweiz, wenig beliebt sind, ist Thatsache. Möglich ist, daß diese, wenn gleich allgemeine Abneigung auf vorgefaßten Meinungen beruht und sich bei genauerer Prüfung nicht rechtfertigen läßt; immerhin aber müssen gewisse Eigenthümlichkeiten diese Ungunst veranlaßt haben.
Der Vorwurf übertriebener Sparsamkeit, den man den Baslern insgemein macht, kann höchstens die Reichen befassen; denn daß der Mittelstand sich nichts abgehen läßt, davon kann man sich leicht und besonders alle Sonntage überzeugen. Die Reichen und Reichsten leben hingegen auffallend eingezogen. Die meisten halten zwar Equipagen, und viele haben Landhäuser oder machen Bade- oder Lustreisen; allein man giebt wenig Fêtes, hält wenig Dienstboten, hat einen einfachen Tisch, geht in kein Theater und keine Spielhäuser und macht in Kleidung und Mobilien wenig Aufwand. Habsüchtig ist man in Basel vielleicht nicht mehr als in andern Handelsstädten. Daß bei Heirathen das Geld hauptsächlich in Anschlag kommt, hat fast allerwärts statt. Auch geizig sind die meisten Basler nicht zu nennen; ausgezeichnet ist vielmehr ihr Wohlthätigkeitssinn. Eine Menge Anstalten beweisen denselben.
Ungesellig kann man die Basler nicht nennen; aber ein höheres, veredeltes oder nur öffentliches geselliges Leben sucht man vergebens. Sie leben nicht mehr als anderswo in ihren Häusern, des Tages gehen fast alle ihren Geschäften nach. Am Abend aber geht Alles theils in die Lesegesellschaft, theils in die sogenannten Kämmerleins, theils in eine Tavernengesellschaft. Ebenso geht das weibliche Geschlecht fleißig in Gesellschaft, und überdieß haben häufige Vereinigungen der nähern Familienglieder statt. Von gemischten Gesellschaften weiß man wenig, und selten wird, etwa in Privathäusern, eine sogenannte Soirée veranstaltet; öffentliche giebt es keine, trotz der schönen Casinogebäude. Im Winter giebt es Concerte, welche aber nur die Reichen besuchen. Irrig ist, daß ein größerer Theil der Basler Sektirer sei; gewiß aber findet man an wenig protestantischen Orten so viel, wenigstens äußere Religiosität. Morgens und Abends sind die Sonntagskirchen beinahe gefüllt, und fast täglich werden überdieß noch Predigten oder Betstunden gehalten. Die Frömmigkeit der Basler ist nicht Frömmelei oder Heuchelei zu nennen, wohl aber den herrschenden religiösen Geist einen trübsinnigen, lebensscheuen und egoistischen. Und daß sich bei aller äußern Demuth auch eine gute Dosis geistlichen Stolzes mit einmischt, möchte ebenfalls nicht zu bezweifeln sein.›
Sepialavierte Federzeichnung von Hieronymus Heß.

Die ‹Theilung der Baselischen Hochschule durch das Eidsgenössische Schiedsgericht.› Bei der Trennung von Stadt und Land beanspruchte die Landschaft auch einen Teil des Universitätsguts, da die Hochschule seit 1818 als Staatsanstalt gelte und demnach nicht, wie die Städter erklärten, eine private Korporation mit unantastbarem Vermögen sei. Nach hartem, besonders von Professor Peter Merian überaus energisch geführtem Widerstand entschied am 6. August 1834 in letzter Instanz das zuständige eidgenössische Schiedsgericht, die Universität werde nicht geteilt, hingegen sei die Landschaft in Geld abzufinden. Dem Kanton Baselland stand schließlich gemäß Teilungsmaßstab eine Auskaufsumme von Fr. 331 451.– zu. Aquarell von Ludwig Adam Kelterborn.

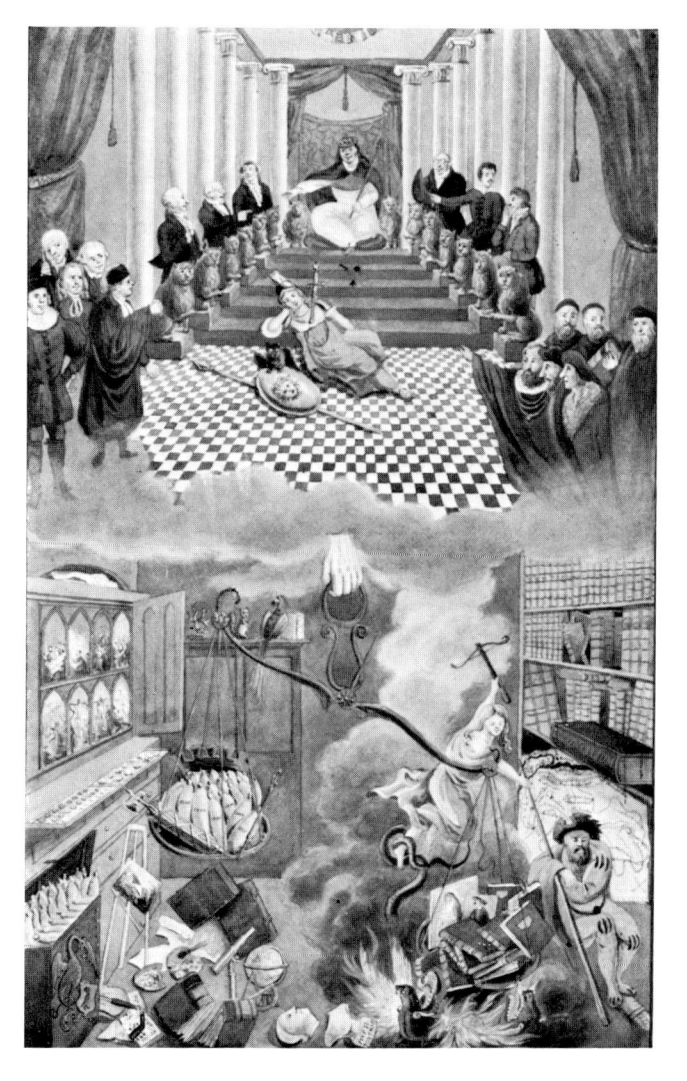

nicht nur dem Kleinen und Großen Rat und einzelnen wichtigen Ratskollegien zur Verfügung zu stehen, sondern er war auch Vorgesetzter der Ratsboten und der Kanzleidiener. Daneben war ihm auch noch die Aufsicht über die ‹Kohlenberger› (die Unehrlichen) und den Scharfrichter übertragen. Zu seiner Besoldung, die sich aus Geld und Naturalien zusammensetzte, gehörten auch die Gebühren, welche die durchreisenden Juden zu entrichten hatten. Bei feierlichen Anlässen und den Sitzungen der Räte trug der Oberstknecht eine schicke Amtskleidung. Diese bestand aus einem spanischen Krös und einem Habit wie die kirchliche Pfarrkleidung, aber mit dem Unterschied, daß es halb schwarz, halb weiß war und für den Degen hinten einen Schlitz hatte. Zur Tracht gehörte ein langer schwarzer Stab, an dem oben das Standeswappen in vergoldetem Silber angebracht war. Bei Hinrichtungen wurde der Wappenschild gegen einen kleinen Totenkopf aus Elfenbein ausgetauscht. Bei den Wahlen mußte der Oberstknecht den gesetzesmäßigen Ablauf überwachen, die Kugeln für den Losapparat verteilen und den Beutel mit den silbernen Eiern dem Bürgermeister hinhalten.

Billige Professorenwürde

Im Sommer 1828 beschloß die Kommission der GGG, 50 Exemplare ‹Baslerische Mittheilungen› zu übernehmen und diese jeweils den Landschullehrern zur Verfügung zu stellen. Damit sollte der sich immer mehr abschwächende Kontakt zwischen Stadt und Land wieder ‹gefestigt› werden. Gegen diesen Entschluß aber wehrte sich alt Stadtratspräsident Hieronymus Bernoulli ganz entschieden, weil er befürchtete, das Blatt könne zu politischen Zwecken mißbraucht werden. Diese Bedenken schienen absolut am Platz, denn schon kurz danach ging die Zeitung ‹wegen ihrer tendenziösen Haltung› ein. Dafür erschien wenig später das giftige Lokalblatt ‹Basilisk› im hiesigen Blätterwäldlein, das von Johann Jakob Eckenstein redigiert wurde. Der angriffige Redaktor nannte sich Doktor, obwohl er dazu nicht berechtigt war. Er wurde deswegen zu Staatsschreiber Dr. Georg Felber zitiert, der ihm wegen unbefugten Aneignens des Doktorgrades Vorwürfe machte. Eckenstein machte indessen geltend, daß sich in Frankreich und Deutschland jeder Literat ohne Anstand mit Professor oder Doktor bezeichne. Das sei wohl möglich, gab der Staatsschreiber zur Antwort, aber in der Universitätsstadt Basel dürfe nur derjenige den Doktortitel tragen, der mit Diplom von einer der vier Fakultäten promoviert worden sei. Aber ‹Professor›, wie jeder reisende Deklamator sich nenne, dürfe er sich ungehindert schimpfen!

Die lächerliche Titelsucht

Nichts ist im Grunde genommen lächerlicher als die Titelsucht. Unsere kleine Stadt war von jeher wegen ihres überreichen Beamtenetats beinahe berüchtigt. Da gab es bis in die 1790er Jahre ‹Unzüchter Herren›, die, wie die bernischen ‹Ehegaumer›, die Aufsicht über des Volkes Sittlichkeit führten; oder ‹Dohlenherren›, die über die Abwasser geboten. Ungemein zahlreich war die Liste der Schreiber, die über den Staats-, Stadt-, Appellations-, Kriminalgerichts-, Zivilgerichts-, Bau-, Gescheids-, Zunft- und Gesellschaftsschreiber bis zum Mehl-, Tor-, Kornhaus- und Salzschreiber reichte. Dann wimmelte es nur so von Präsidenten. Eine löbliche Ausnahme bildete einzig die GGG, die ihren Vorsitzenden mit ‹Hochgeachteter Herr Vorsteher› bezeichnete.

Beim Schülertuchverteilen

Wie gewohnt, so wurde auch am Sankt-Lukas-Tag 1804 an bedürftige Gymnasiasten Schülertuch verteilt. Unter den Bewerbern befand sich unter anderen auch Heinrich Bienz, Sohn des gleichnamigen Küfermeisters und Pintenschenks in der vorderen Elisabethen. Das Ansuchen dieses aus nicht unvermögendem Hause stammenden Schülers machte Pfarrer Daniel Krauß so nervös, daß er vor der gan-

Vier Bettelbuben beim Spielen. 1864. Kreidezeichnung von Ernst Stückelberg. Dazu ein lustiger Kinderreim aus dem alten Basel:

Es schneyelet, es beyelet,
es goht e kiehle Wind
und d Maitli leege d Händschen aa
und d Buebe laufe gschwind.

Es schneyelet, es beyelet,
es goht e kiehle Wind.
Hesch duu-n-e Schtiggli Brot im Sagg,
gib's ime-n-arme Kind.

Blick in den ehemaligen Klosterhof der Reuerinnen an den Steinen (etwa 1224–1531). Um 1830. Nach der Säkularisation wurden die Gebäulichkeiten des Maria-Magdalena-Klosters verschiedensten Zwecken nutzbar gemacht. So für die Bedürfnisse des neugegründeten Zucht- und Waisenhauses (1666–1669) und des Direktoriums der Schaffneien (Verwaltung des Kirchen- und Schulguts). ‹Das umfangreiche Areal wurde vom Steinenberg, der Theaterstraße und dem steilen Klosterberg begrenzt. Das Bubenparadies, wie es im gesamten Groß-Basel wohl kein zweites gab, umschlossen die festen, moosbewachsenen Klostermauern. Wer durch das hohe gotische Einfahrtstor in den mächtigen Hof eintrat, war mitten aus dem Tageslärm in ein ländliches Idyll versetzt. Eine weite Grasfläche dehnte sich hinter den Mauern aus; von hohen Platanen beschattet, sprudelte ein Brunnen; zur Linken zog sich in langer Flucht eine Reihe mit bizarrer Unregelmäßigkeit gebauter Behausungen hin; sie hatten vordem als städtischer Marstall gedient, als Unterkunft jener groben, starkknochigen Bauernpferde, die einst die seltsame Häupterkutsche zu ziehen hatten; später wurden die Stallungen an Private vermietet. Die wenigen von Menschen bewohnbaren Klostergebäulichkeiten waren der Sitz von bescheidenen Kleinbürgern; zu hinterst, dem Steinenberg zu, hauste z. B. ein Glied des stadtbekannten Musikergeschlechts der Gebrüder Lang, ohne deren Mitwirkung eine Basler Hochzeit ehedem undenkbar war. Stolz thronte über dieser dörflichen Welt von Bauernhäusern, Ställen, Scheunen und Misthaufen ein herrenmäßiger Bau, beschattet von einer mächtigen Schwarzpappel: das Verwaltungshaus des Kirchen- und Schulguts (links), wo sich die Magister und Pfarrherren der Stadt ihren Halbjahresgehalt in Silber oder eine Anweisung auf Korn holten.› Im Hintergrund das Tor gegen den Klosterberg. Aquarell von Jakob Christoph Weiß.

Der Gebäudekomplex um die ehemalige Klosterkirche der Reuerinnen an den Steinen, welche unter dem stadtbekannten Namen ‹Blömlikaserne› bis 1856 die Standestruppen beherbergte. ‹Zum täglichen Wachedienste unterhält die Regierung eine stehende Garnison von 200 Mann (mit einer täglichen Barbesoldung von je 33 Rappen), welche – meist aus gedienten Soldaten – durch freiwillige Anwerbung unterhalten und von beständig besoldeten Officiers, welche Bürger sein müssen, befehligt wird. Ferner ein kleines Landjägercorps von 32 Mann, das die Polizei handhaben soll.› Das kleine stehende Heer der ‹Stänzler›, vorwiegend aus handfesten, trinkfreudigen Troupiers gebildet, wurde neben dem Wachtdienst auch als Ehrenkompagnie und Feuerwehr eingesetzt und verdingte sich in der Freizeit der Bürgerschaft regelmäßig für Arbeiten in Haus und Hof. Dazwischen mußte sich die Mannschaft im Kreuzgang des Klosters auch fleißig im Exerzieren üben. Aquarell von Johann Jakob Schneider.

zen Klasse ausrief: ‹Heiri, sage Deinem Vater, ich könne Dich nicht für das Schülertuch aufschreiben. Denn wenn er nur einmal weniger in der Woche in den Schlüssel nach Binningen gehe, könne er Dir alle Jahre ein neues Sonntags- und Werktagskleid machen lassen!› Diesen Vorwurf ließ der junge Bienz nicht auf sich sitzen. Er ging nach Hause und brachte anderntags ein weißes Plakat mit, auf dem in großen Buchstaben zu lesen war: ‹Die geistliche Knackwurst, der Herr Pfarrer Krauß.› Dieses heftete er hastig über das Katheder und verschwand eilends aus dem Klassenzimmer. Wie nun Schlag 8 Uhr der kurzsichtige Lehrer in die Schulstube trat und zu seinem Pult ging, konnten sich die Mitschüler von Bienz kaum des Lachens erwehren: Krauß erblickte voller Zorn die Aufschrift und entzifferte nach kurzem Räuspern mit bebender Stimme den Text. Dann verlangte er sofort nach Rektor Johann Friedrich Miville, um ihm das unverschämte Werk des gottlosen Buben zu zeigen. Dieser aber hatte ebenso Mühe, sein Vergnügen an dem Spaß zu verbergen und wies, um den gekränkten Lehrer zu beschwichtigen, pro forma die anwesenden Schüler zurecht, weil sie das Schandblatt nicht umgehend zerrissen hätten. Der wenig begabte Heinrich Bienz trat nach der Schulentlassung in den Dienst der Stadtgarnison und brachte es bis zum Korporal. Mit 19 Jahren geriet er wegen seiner Geliebten, Catharina Breitenstein, mit einem andern Korporal in Streit und fügte diesem tödliche Verletzungen bei. Weil er unter Alkoholeinfluß stand, wurde er nur zu einigen Jahren Kettenstrafe verurteilt. Nach seiner Freilassung diente er lange Zeit in Griechenland und kehrte dann in den 1860er Jahren vollständig gebrochen nach Basel zurück, wo er noch bis zu seinem Ende im Bürgerspital dahinvegetierte.

Bei der Austeilung des Schülertuchs mußte streng gerechnet werden, damit alle dringenden Gesuche berücksichtigt werden konnten. Es war Usance, daß die Schüler in die vorjährige Gabe gekleidet zur Austeilung der neuen erschienen. Nun stellte sich einst ein Mädchen in ganz neuem Kleid vor, weil es zum alten große Sorge getragen hatte. Mit

Der Holbeinplatz. Um 1880. Rechts außen der Schützengraben mit dem Wirtshaus ‹zum Mostacker›. Der Platz beim seit 1859 bestehenden Stadtausgang an der Lys hieß ursprünglich Leimenplatz und wurde 1861 nach dem Maler Hans Holbein d.J. (1497–1543) umbenannt. Photographie von Attila Varady.

Tränen in den Augen mußte das Mädchen deshalb von Pfarrer Johann Jakob Bischoff anhören, daß es diesmal keinen Stoff erhalte, weil es ein noch so gutes Kleidchen besitze. Als es nun weinend das Schulzimmer verließ, wurde Theodor Zaeslin-Bleyenstein von Mitleid gerührt, und er steckte der Kleinen 3 Taler zu, mehr als genug, um das entgangene Schülertuch zu verschmerzen. Über den an sich gerechten und gewissenhaften Entscheid Pfarrer Bischoffs läßt sich immerhin sagen: ‹Allzuscharf macht Scharten!›

Anders handelte Bischoffs Amtsvorgänger, Pfarrer Johann Jakob Faesch. Unter den Anwärtern für Schülertuch befand sich auch ein Niclaus, welcher Sohn eines nicht gerade reichen, aber doch verhältnismäßig wohlhabenden Vaters war. Pfarrer Faesch erklärte dem Knaben, daß das Tuch nur für arme Kinder sei und nicht eine Belohnung für Fleiß und gutes Betragen darstelle, obwohl dies auch ins Gewicht falle. Wie der Schüler nun diesen Bericht seinem Vater weitergab, eilte dieser in den Tuchladen von Johann Rudolf Vest-Wenk bei der Rheinbrücke und kaufte dort 10 Ellen gutes Tuch, das er Pfarrer Faesch überbrachte mit der Bitte, die eine Hälfte seinem Sohn für dessen gutes Zeugnis und die andere einem ebenfalls fleißigen Schüler zu schenken. Allerdings herrschten unter Pfarrer Faesch auch gewisse Mißstände bei der Vergebung von Schüler-

‹dr Buggeli-Haagebach›. Der bucklige Hans Franz Hagenbach (1750–1805), letzter Obervogt auf Farnsburg, auf der Flucht. Am 17. Januar 1798 stürmten, im Zuge der Basler Revolution, Landleute von Ormalingen und Gelterkinden das Schloß Farnsburg, richteten großen Schaden an und entwendeten Bücher, 7 Tische, 14 Stühle, Leintücher, Kleider und Geschirr und tranken den Wein aus. Der gebrechliche Landvogt mußte von einem hilfsbereiten Bauern in einer aus Weiden geflochtenen Hutte auf Schleichwegen nach Ormalingen hinuntergetragen werden, wo man ihn im Pfarrhaus versteckte. Das Schloß ging in Flammen auf!
In seiner Jugend sauste Landvogt Hagenbach einst mit dem Schlitten vom Rheinsprung her in die Hubersche Apotheke an der Eisengasse, brach dabei beide Beine und zog sich sonst noch allerhand Verletzungen zu. Die Folgen dieses bösen Unfalls zwangen den fortan in seinem Wachstum gehemmten, jedoch gescheiten Hagenbach, zeitlebens Schuhe mit hohen Absätzen zu tragen, was ihm manchen Spott eintrug. Das dynamische Krüppelmännchen hatte nicht nur eine Vorliebe, mit übertriebener Strenge zu regieren und allzuhohe Strafen zu verhängen, sondern auch tüchtig dem Alkohol zuzusprechen und dabei ausgelassene ‹Späße› mit seinen Mägden zu treiben! Aquarell von Franz Feyerabend.

tuch. So wurden an die Magd des Sigristen zu ‹Santjooder› 5 Ellen für eine Winterjunte und an den Läuter, den Grabmacher und den Bettelvogt je 3 Ellen von dem für arme Schüler bestimmten Lukastuch abgegeben.

Der Holbeinplatz

Unser schöner freier Holbeinplatz beim Ausgang des ehemaligen Leimen- oder Eglofstores verdankt seinen Namen ganz unberechtigterweise dem Spaßeinfall des Staatsschreibers Dr. jur. Gottlieb Bischoff. Zur Erstellung und Korrektion der heute Steinen- bzw. Spalengraben genannten Straßenzüge mußten nicht nur die bisherigen Stadtgräben aufgefüllt werden, sondern durch Regierungsentscheid auch die Conrad Burckhardtschen Mostackerreben als verkäuflich erklärt und von der öffentlichen Hand erworben werden. Auf diesem Gut stand ein ziemlich neues Rebhäuslein. Im oberen Geschoß war ein offener Kamin eingemauert, über dem

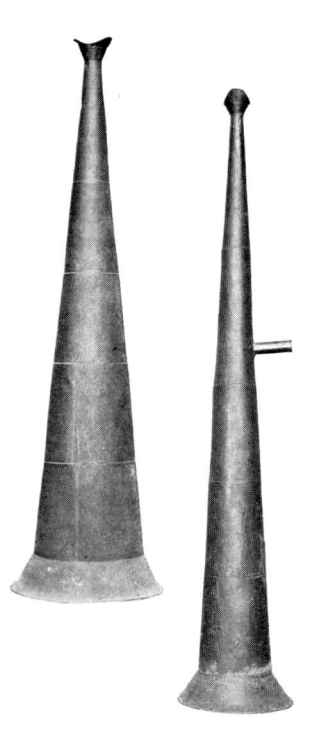

Zwei blecherne Sprachrohre für die Turmbläser.
17. Jahrhundert. Die Hochwacht zu St. Martin wurde
1880 und diejenige auf dem Münster 1894 aufgehoben.
Mit dem sogenannten Redhorn konnten die Turmwächter
wichtige Beobachtungen deutlich vernehmbar in die
Stadt hinunterrufen, oder, was mitunter auch vorkam,
ihre Frauen auffordern, das Essen bereitzustellen ...

Der Barfüßerplatz. Um 1865. Die drei mächtigen,
von der Barfüßerkirche und dem Stadtcasino flankierten
Tore des neuen Kaufhauses (1843–1875) beherrschen
die Szenerie. Links Blick in die Streitgasse und die
Barfüßergasse. Hinter dem Barfüßerplatzbrunnen, der
erst 1875 mit Samson und Delila bekrönt wurde, Baselbieter ‹Bottewääge›. Aquarell von Johann Jakob
Schneider.

Ratsherr Emanuel Burckhardt-Sarasin vom Kunstmaler Max Neustück ein einfaches Freskogemälde
anbringen ließ. Dieses zeigte den Künstler, der neben einer anderen Figur hinter einem Tisch saß und
lachend in der linken Hand einen irdenen Pfeifen-
stummel und in der rechten einen hohen knöpfligen,
mit rotem Wein gefüllten Meyel hielt. Als das Rebhäuslein abgebrochen werden mußte, brachte jemand das Gerücht auf, beim Gemälde handle es sich
um eine Arbeit von Holbein. Diese Mitteilung
lockte eine große Menge Neugieriger an, und in
der Presse wurde der Wunsch ausgesprochen, das
wertvolle Gemälde solle für das Museum sicherge-
stellt werden. Trotzdem sachverständige Kunst-
historiker auf die Haltlosigkeit dieser Behauptung
hinwiesen, taufte der Staatsschreiber dem törichten
Volk zuliebe das Areal ‹Holbeinplatz›.

Von den Turmwächtern

Für das System der Nachtwächter gab es keine Pa-
tentlösung. Immerhin war man der Ansicht, daß in

‹*Die Vorstellung der Feyrlichkeit so bey eröffnung der Schweizerischen Tagsatzung in Basel den 1. Juni 1806 ist gehalten worden.*› Zweimal (1806 und 1812) hatte Basel die Ehre, in der damaligen Post (heute Stadthaus) die eidgenössische Tagsatzung beherbergen zu dürfen. ‹Eine ansehnliche Menge Militär war zur Eröffnung aufgeboten worden. Um halb neun Uhr begab sich der Landammann mit einem zahlreichen Gefolge von Offizieren aller Waffen in das Rathaus; dort fanden sich nach und nach auch die eidgenössischen Abgeordneten ein. Um halb zehn Uhr bewegte sich ein feierlicher Zug unter dem Geläute aller Glocken vom Rathause zur Kirche. Voran schritten drei Eidgenossen in alter Schweizer Tracht; zwei derselben trugen auf samtenen Kissen die Mediationsverfassung und die Insiegel. Hierauf folgten der Staatskanzler und die Staatsschreiber, hinter ihnen ein Weibel in den Farben des Kantons Basel, alsdann der Landammann, begleitet von seinen beiden Legationsräten und den Offizieren. Diesen schlossen sich die Gesandten der achtzehn andern Kantone mit ihren Sekretären an.› Aquarell von Johann Jakob Schwarz.

den Dörfern und den beiden kleinen Städtchen sich patrouillierende Nachtwächter besser eigneten als Turmwächter, die zweckmäßiger in größeren Städten eingesetzt wurden. In Basel versahen demnach Turmbläser die Nachtwache. Sie mußten sich stündlich mit wachsamem Auge auf einen Kontrollgang begeben, durch das sogenannte Redhorn die Stunde ansagen und bei Brandgefahr Feueralarm blasen. Aber unter den Hochwächtern gab's oft genug liederliche, verantwortungslose Gesellen, die ihre wichtige Aufgabe mehr schlecht als recht erfüllten. Einer von diesen rühmte sich gar, er könne im Bett mit geschlossenen Augen durch das offene Fenster hinausblasen.

Um der gefährlichen Unzuverlässigkeit der Nachtwächter auf dem Münster- und Martinskirchturm wirkungsvoll entgegenzusteuern, entwickelten die Behörden eigens Chronometer. Diese mit Papier-

Die Aeschenvorstadt. Um 1855. An Hausschilden sind erkennbar das Haus ‹zum kleinen Löwen› des Schlossers Leonhard Müller, der Gasthof ‹zum schwarzen Bären› des Wirts Joseph Walter, der Gasthof ‹zum goldenen Stern› des Wirts Samuel Breiting und das Haus ‹zum Hirschen› des Kaufmanns Ludwig Burckhardt. Im Hintergrund das Aeschentor (1861 abgebrochen). ‹Vom schlanken Torturm beherrscht, besaß die Aeschenvorstadt den Reiz der architektonischen Geschlossenheit, deren hoher künstlerischer Wirkung die Schöpfer moderner Stadtanlagen leider so wenig mehr Rechnung zu tragen pflegen. Welch eigenartigen, fast persönlichen Charakter verlieh einer solchen Basler Gasse nicht schon die winklige Front der Häuserreihen, und wie fröhlich wurde diese Linie durch die capriziös gestalteten, zum Teil keck in die Straße hineinragenden Dächer belebt.› — Heute liegt ‹d'Aesche› leider ‹im Schtäärbe›. — Aquarell von Johann Jakob Schneider.

streifen versehenen Stechuhren mußten die Stadtbläser abends auf der Staatskanzlei abholen und morgens zur Kontrolle wieder abliefern. Während der Nachtwache hatten die Uhren außerhalb der Bläserstüblein zu hängen; so waren die Turmbläser gezwungen, jeweils zur festgesetzten Zeit aufzustehen und mindestens zu ‹stupfen›.

Am Samstag konnten die Turmwächter am sogenannten ‹Brätt› ihren bescheidenen Barlohn sowie einige Kerzen beziehen. Das ‹Brätt› (Staatskasse) wurde von einem Kleinrat im Rathaus verwaltet, der jedes Wochenende die unteren Beamten, wie Bläser, Boten und Torzähler, entlöhnte. Wurden die Bläser vom Stadtboten mit lauter Stimme zum ‹Brätt› gerufen, dann konnte immer ein Jux erwartet werden. Besonders als Remigius Christ vom Eptingerhof an der Rittergasse 12 dieses Amt verwaltete. Als Christ, der einen schlechten Schlaf hatte und daher jedes Bläsersignal vernahm, einst dem Nachtwächter Sebastian Scherb vorwarf, er höre ihn nur äußerst selten die Stunde blasen, gab ihm der leichtsinnige Vogel in seiner Seelenangst zur Antwort, der Magistrat höre ihn wohl nicht, weil er in der Regel ‹hindenuuse bloosi›...

Amtsmißbrauch

Zwischen dem Steinentor und dem Aeschentor besaß der vermögende Ratsherr Hieronymus Thurneysen einige Güter. Das Verbindungsweglein war aber so eng, daß er mit dem Heuwagen kaum durchkommen konnte und erst noch viel Heu an den Hägen hängenblieb. Dies erzürnte ihn so, daß er ohne obrigkeitliche Genehmigung einen Bannwart anwies, die Marksteine um einige Zoll zurückzusetzen. Wegen dieser Rechtsverletzung wurde der eigenmächtige Ratsherr vor Gericht gezogen und, wie der Bannwart, zur Türmung verfällt. Auch ging Thurneysen seines Ratsherrenamtes verlustig, was vom Volk mit geteilter Meinung aufgenommen wurde. Die harte Strafe wirkte äußerst demütigend auf den christlichen Metzger, der bei seinem Tode ein Vermögen von rund 80000 Franken hinterließ.

▷ *Der Käppisturm vom 4. August 1845.* Im März 1844 hatte die Regierung verfügt, der schwerfällige Tschako der Infanterie sei durch eine leichtere Kopfbedeckung in der Art des sogenannten französischen Käppis zu ersetzen. Bald erhielten auch die Standestruppen und die Landjäger ein solches Käppi; für die Ausrüstung der Artilleristen aber reichten die Finanzen offenbar nicht mehr aus. Und dies erboste die von besonderem Waffenstolz geprägten Kanoniere so, daß Artilleriewachtmeister und Redaktor Dr. Karl Brenner sich in der ‹National-Zeitung› über die ungerechtfertigte Zurücksetzung beklagte. Weil dieser an sich harmlose Artikel in den Augen der Behörden Anlaß zu ‹Aufreizung von Unordnung und Ungehorsam› gab, wurde Brenner auf den Lohnhof befohlen und dort in Gewahrsam genommen. ‹Bald verbreitete sich in der Stadt die Kunde von Brenners Verhaftung und erregte Erstaunen, Mißbilligung und helle Wut. In den gefüllten Wirtshäusern sprach man von nichts anderem. Es hieß sogar, die Schergen der Gewalt hätten Brenner auf offener Straße vom Arme

Ein warmes Herz fürs Vaterland

Als nach der Reorganisation unseres Staatswesens im Jahre 1804 die Polizeiaufsichtskommission die Kontrolle über die Pintenwirtschaften übernahm, wurden diese verpflichtet, abends vom Einbruch der Dämmerung bis um 11 Uhr über den äußeren Eingang zur Gaststätte eine brennende Laterne zu halten. Johannes Wegner-Miville am Barfüßerplatz-Eck (Nummer 712 alt) kam dieser Pflicht jedoch nicht nach, was sogleich den Stadtrat und Vorstadtmeister Theodor Mieg auf den Plan rief. Er ließ Wegner ausrichten, wenn er morgen abend bei seinem Gang ins Kämmerlein zu Gartnern gehe und bei ihm kein Licht brenne, dann würde eine Verzeigung erfolgen. Der humorvolle Wirt hängte hierauf eine Tafel mit der Inschrift ‹Ein warmes Herz fürs Vaterland ist besser als viel Öl verbrannt› auf und beleuchtete sie mit einer Nachtlampe.

seiner Braut weggerissen, und diese sei dabei in Ohnmacht gesunken.› Da alle Bemühungen, Brenner zur Freiheit zu verhelfen, ohne Erfolg blieben, entschlossen sich die Artilleristen zur gewaltsamen Befreiung ihres Waffenbruders. Mit klingendem Spiel marschierten sie am 4. August 1845 von der Klingentalkaserne zum Lohnhof, begleitet von ‹Bürgern und Einwohnern, fremden Arbeitern, vielen Weibern und Kindern, Gesinnungsgenossen, Lärmmachern und unzähligen Neugierigen.› Noch versuchte Bürgermeister Carl Burckhardt, die Menge zu beschwichtigen, ‹aber ein wildes Geschrei unterbrach ihn, und von hinten her kamen kleine Steine geflogen. Bald krachte das äußere Tor unter Hammerschlägen und Axthieben zusammen, und die Menge drang in den Hof ein: Artilleristen, junge Handwerker und Handelslehrlinge, Seidenfärber und Bahnarbeiter; einige trugen Äxte. Ein wegen seines gewalttätigen Wesens berüchtigter junger Schlosser schwang einen mächtigen Zuschlaghammer.› Schließlich stellte ein junger, mutiger Artillerist eine Leiter an die Mauer, die ‹ich (Georg Kiefer) im raschesten Tempo bestieg. Mit raschem Druck und Stoß wurde das obere Fenster geöffnet, vier oder fünf Freunde folgten mir. Wir forderten die Diener der Gerechtigkeit auf, uns das Gefängnis Brenners zu zeigen. Anfangs weigerten sie sich, aber bei der Drohung, alle Thüren einzuschlagen, öffneten sie die Zelle von Dr. Brenner. Dieser war bei unserem Eintritt sehr betroffen und weigerte sich, mit uns zu gehen. Nichtsdestoweniger gab er nach, und wir stiegen die Treppe hinab. Unten war begreiflich großer Jubel und Juchhe. Zwei Burschen nahmen Brenner auf ihre Achseln, der Zug formierte sich, und zurück ging es, dem Klingenthal zu.› – Was war nun die Folge dieses Putsches, der die Regierenden mit allem Nachdruck auffordern sollte, die Geschlechterherrschaft in Basel doch endlich aufzulösen ‹und den demokratischen Prinzipien mehr Rechnung zu tragen›? Überhaupt nichts: ‹Des andern Tages hieß es, wir seien amnestiert, eine Nachricht, die uns nur angenehm sein konnte.› Ölgemälde von Rudolf Weiß. 1884.

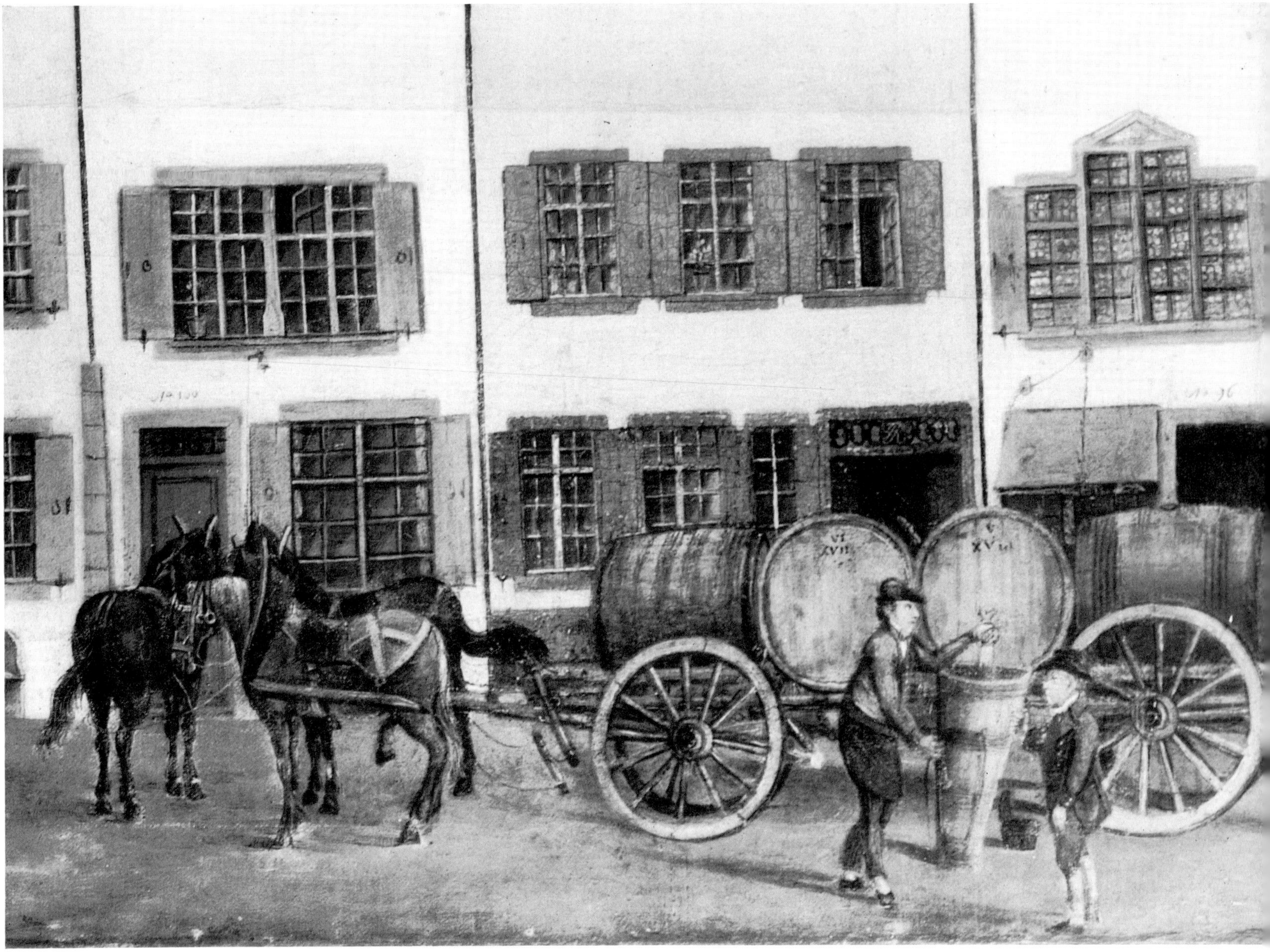

Verständliches
Mißverständliches

Weinfuhr am Blumenrain. Um 1810. Durch den St.-Johanns-Schwibbogen ein Blick gegen die Predigerkirche. Supraporte von Johann Rudolf Feyerabend.

Auf dem Rasierstuhl

Christof Heinrich Siber-Bischoff erzählte unter Freunden, zur Warnung vor unvorsichtigem Herumliegenlassen von Geld und Wertsachen an fremden Orten und vor unbekannten Leuten, folgendes Erlebnis: Als Geschäftsreisender seiner Firma (Daniel Burckhardt-Wildt) hatte er einst auf der Leipziger Messe von Handelsleuten größere Summen Geld erhalten. Ehe der Handelsmann dann einer Einladung bei einem angesehenen Geschäftsmann Folge leistete, bestellte er einen Barbier auf sein Gasthofzimmer. Da er in Eile war, hatte Siber gegen 30000 Taler in Gold und Silber auf seinem Tisch offen aufgestapelt. Gleichwohl setzte er sich arglos hin und ließ sich vom Barbier einseifen. Plötzlich bemerkte er, wie der Kerl beim Abziehen des Messers heftig zu zittern begann. Siber stand, Böses ahnend, schnell auf, trat hinter seinen Stuhl und fragte den etwas verblüfften Bartkünstler, wie teuer sein Messer sei. ‹Es hat mich 2 Taler Reichswährung gekostet›, lautete die Antwort. ‹Her damit!› befahl der Basler Kaufmann und warf ihm dafür einen Chemnitzer Dukaten hin mit der Weisung, das Messer hier zu lassen und zu verschwinden. So hatte sich Siber sein Leben mit einem Chemnitzer nicht zu teuer erkauft.

Auf dem Thron der Götter

Das Alumnat starb allgemach aus. Allein mit der Errichtung des Pädagogiums, dessen Schüler nun auf der Linie der ehemaligen Studenten und Laureaten standen, wurden die Vorlesungen nun auch noch im ehemaligen Augustinerkloster gehalten, wofür das Hinterhaus entsprechend umgebaut wurde. So ließ man beispielsweise für die Lehrer eine Treppe hoch einen eigenen Abtritt einrichten, während derjenige für die Schüler unten im Kreuzgang installiert wurde. Aus unbekannten Gründen zog dann Gymnasialdirektor Rudolf Hanhart den unteren Abtritt dennoch vor, was den Schülern aber gar nicht paßte, weil sie, wenn der Rektor auf dem Throne saß, jeweils mit unbesorgter Sache wieder abziehen mußten. Dies veranlaßte den damaligen Pädagogisten und später in den 1830er Wirren so ‹berüchtigt› gewordenen Johann Jacob Hug, eine Parodie aus Blumauers Ode an den Leibstuhl mit Kreide an die Abtrittüre zu schreiben, die nicht ohne Wirkung blieb:

‹Erhaben setzt, wie auf den Thron der Götter,
der Rektor sich auf dich.
Sieht stolz herab und läßt das Donnerwetter
laut krachen unter sich!›

Der läutende Windstoß

In seiner Jugend war Uebelin mit dem Organistensohn Johann Jakob Pfannenschmidt befreundet, der in den 1860er Jahren als berühmter Vergolder unter Hinterlassung eines für seine Verhältnisse nicht unbedeutenden Vermögens das Zeitliche gesegnet hatte. Von 1848 bis 1849, also bis zur Ernennung zum Bauschreiber, die mit der Amtswohnung neben dem Kornhaus verbunden war, wohnte Uebelin mit seiner kleinen Familie bei Pfannenschmidt. Der mitunter sonderbare Vergolder war ein ausgesprochener Bäscheler, was Uebelin, der ebensolche Neigungen besaß, zu vielen Besuchen im Haus an der Weißen Gasse antrieb.

Bei Pfannenschmidts Eltern wohnte eine 94jährige Refugiantin, Mademoiselle de Fère, die mit Frau Pfannenschmidt, einer geborenen Französin, verwandt war. Und vor dieser alten, dürren und langen Jungfer fürchtete sich Uebelin so lange, bis er deren sanften, liebhabenden und wohl auch frommen Charakter etwas näher kennengelernt hatte. Aber dennoch blieb die vornehme Dame für ihn eine schauerliche Stangenfigur mit glotzigen Augen, ein nur mit Haut überzogenes Skelett. Eines Samstagnachmittags kam Vater Pfannenschmidt wie gewohnt von der St.-Clara-Kirche auf 4 Uhr zum Abendkaffee nach Hause. In der Stube zog er dann mit solchem Temperament seinen schweren Winterüberrock aus, daß ein heftiger Windstoß durch das Wohnzimmer brauste. Dies veranlaßte die alte,

Die St.-Clara-Kirche. Um 1850. Links der 1817 errichtete Sinnbrunnen mit der Sinnvorrichtung für das Eichen der Fässer. Rechts im ehemaligen Klostergarten der Clarahof. Die 1529 in den Besitz der Stadt übergegangene Kirche, die seit 1853 wieder ausschließlich dem katholischen Kultus dient, wurde in den Jahren 1858–1861 durch einen Neubau ersetzt. Um den Gläubigen den Besuch der Gottesdienste ohne Umtriebe zu ermöglichen, mußte sich 1806 der Besitzer des Clarahofs verpflichten, den Weg von der Rebgasse durch den Garten offen zu halten. Die Ummauerung von St. Clara wurde bei der Anlage der Clarastraße (1852) bzw. beim Neubau der Kirche abgetragen. Aquarell von Johann Jakob Schneider.

Der früh verstorbene Apotheker Samuel Benedikt Uebelin (1826–1858) mit seiner Gemahlin, Mathilde Staehelin; von 8 Kindern der einzige männliche Nachkomme Pfarrer Uebelins aus erster Ehe. Federzeichnung von Samuel Barth.

übelhörende Mademoiselle, die sehnlichst auf ihren Kaffee wartete, zu seufzen: ‹N'a-t-il pas sonné quatre heures et demi en cet instant?›

Die Meinung gesagt

In der Nähe Pfannenschmidts, am Platzgäßlein beim Spalentor, wohnte die Witwe Charlotte Holzmüller, ein wegen seiner Zudringlichkeit und Schwatzhaftigkeit gefährliches Weib. Als diese wie gewohnt eines Tages einen Besuch bei Pfannenschmidts machen wollte, löste der Vergolder das Kettchen zum Drehknopf an der Haustüre, so daß die Holzmüllerin läuten mußte. Auf die Frage, zu wem sie wolle, kam die Antwort: ‹Zu Ihnen, Herr Pfannenschmidt.› Hierauf erwiderte der Angesprochene: ‹Ich bin nicht daheim für Sie›, was die Holzmüllerin zum bissigen Ausruf veranlaßte, er sei ein wüster Mann. Pfannenschmidt ließ sich jedoch nicht aus der Ruhe bringen und sagte gelassen: ‹Und Sie sind eine wüste Frau, daß Sie es wissen. Jetzt können Sie wieder gehen. Hoffentlich haben Sie nun genug und lassen sich nie mehr blicken!›

Laussalbe

Als Uebelin einst in der Apotheke seines Sohnes Samuel am Fischmarkt stand, betrat ein französischer Maréchaussée-Reiter den Laden und verlangte für 5 Sous ein Mittel. In Abwesenheit des Apothekers oblag Provisor Johann König, einem ehrlichen alten Schwaben aus Wurzach nächst dem Bodensee, die Bedienung. Dieser aber verstand kein Wort Französisch, und deshalb wußte er das gewünschte ‹onguent gris› nicht zu deuten. Uebelin bat nun den Franzosen, das Wort nochmals ganz langsam und deutlich auszusprechen, worauf er den Provisor anwies, dem Fremden eine Dose Laussalbe auszuhändigen, was dieser hoch erfreut mit ‹c'est ça, c'est ça› quittierte.

Behalt's der Herr

Die Besoldung der städtischen Sigriste war sehr unterschiedlich, und es konnte vorkommen, daß ein Sigrist mehr verdiente als sein Pfarrer. Um die zweite Hälfte des 17. Jahrhunderts wollte der Diakon zu St. Peter am Jahreswechsel wie gewohnt seinem Sigristen ein Geschenk machen. Doch dieser wehrte dankend ab und sagte: ‹B'halt's der Herr. Ich habe mehr als er.›

▷ *Das Platzgäßlein am Petersplatz. Um 1865. 1871 wurde das idyllische Sträßchen nach der ihm besser zustehenden Bezeichnung ‹Spalengraben› umbenannt. Rechts das Stachelschützenhaus mit dem anschließenden Spritzenhaus von hinten. Aquarell von Johann Jakob Schneider.*

Eine unverbindliche Entschuldigung

Einen unangenehmen Injurienprozeß mußte einst Garnisonshauptmann Conrad Burckhardt-Durand bestehen. Er hatte bei einem Glase Wein geprahlt, mit einer hiesigen Bürgersfrau sehr vertraulich bekannt zu sein. Der beleidigte Ehemann klagte auf Beschimpfung, und Burckhardt wurde verfällt, vor dem Richter diese Aussage zurückzunehmen und dem Kläger Abbitte zu leisten. Der Hauptmann fügte sich dieser Aufforderung mit den Worten: ‹Es ist mir leid, daß ich das gesagt habe. Es ist mir herzlich leid, und ich bitte um Verzeihung.› Mit einer solchen Entschuldigung aber war der erboste Gatte nicht einverstanden. Aber Burckhardt war zu keinem Widerruf bereit, und so ließ es der Richter mit dieser zweideutigen ‹Abbitte› bewenden.

Pfarrherrliche Metzgete

In Rued hatte Pfarrer Eglinger einst einige Freunde zu einer Metzgete eingeladen. Beim Eintreffen der Gäste war das Schlachten in vollem Gange. Zum Ausweiden wurde das Tier mit den Hinterbeinen an eine starke Stange gehängt, die von zwei Bauern gehalten wurde. Was es denn mit diesem lebendigen Hängeapparat für eine Bewandtnis habe, fragten scherzend die Freunde, hänge man ein geschlachtetes Schwein doch für sonst an einen Schragenrechen oder an einen Pflock. Man mache es eben hier so, gab ausweichend der Pfarrer zur Antwort und bat die Geladenen zu Tisch.

Den Stiel umgekehrt

Im Hause Pfannenschmidts logierte auch die Familie eines Buchdruckers. Dieser, durch Heirat zum Neffen des Witwers Pfannenschmidt aufgestiegene Mieter nahm sich alle Rechte, als ob er der Herr im Hause wäre. Darüber war Pfannenschmidt sehr unglücklich und er sann, wie er diesen ohne Streit loswerden könne. Der einfachste Weg war, so schien es ihm, wieder eine Frau zu suchen. Gedacht, getan: Pfannenschmidt verheiratete sich bald wieder und hatte so guten Grund, die lästigen Verwandten wegen Eigenbedarfs vor die Tür zu setzen.

Quellenstudium

Als das Stadtbauamt sich gegen Ende der 1850er Jahre um zusätzliches gesundes Quellwasser bemühen mußte, erlaubte sich ein Witzbold auf der Lesegesellschaft das Wort, der Stadtrat sei wirklich eine sehr gelehrte Versammlung, denn sie stütze sich durch den Ausschuß des Bauamtes auf Quellenstudium.

Zweierlei Karden

Einst gab Pfarrer Niklaus Eglinger auf St. Romai eine Einladung. Um bei diesem festlichen Anlaß in tadelloser Kleidung erscheinen zu können, gab der

Der Bau des Grellingerwasser-Reservoirs auf dem Bruderholz. 1865. Das 4000000 Liter Wasser fassende Hochwasserreservoir, gespiesen von 9 Quellen im Pelzmühletal und 2 Quellen im Kaltbrunnental, konnte am 14. April 1866 in Betrieb genommen werden. Die Röhren für die Zuleitung wurden in Schottland hergestellt und von Engländern verlegt. Bei der Einweihung des bedeutungsvollen Werks, das privater Initiative entsprungen war, ‹gruppirten sich die Festtheilnehmer in tadelloser Toilette und wohl gesteiften Hemdkragen um die provisorische Fontaine auf dem Aeschenplatz inmitten einer gaffenden Menge. Das Musikcorps spielte ein herrlich Stück, der Wasserstrahl erhob sich majestätisch zu nie geahnter Höhe, und als er diese vollständig erreichte (47 Meter über dem Aeschenplatz), blies ein tückischer Kobold denselben gegen die Festgäste; eine prachtvolle Douche über die ganze gewichste und geschniegelte Menge war das Ende vom Liede, und daß alle davon liefen, war selbstverständlich!› Aquarell von Johann Jakob Schneider.

Blick in eine Wachtstube der Freikompagnie. 1804. Bevor die Wache aufgezogen wurde, hatte im alten Basel die Mannschaft das ‹Abendgebätt so man auff der Wacht zeucht› zu beten: ‹Ewiger, Allmechtiger, Barmhertziger Gott und Vatter, dieweil wir jetzt nach deinem Willen die Nachtwacht antretten sollen, und aber alles wachen der Wächteren umbsonst ist, wo du nicht wachest und die Statt bewahrest. So bitten wir, du wöllest selber mit uns auffziehen und deine heiligen Engel senden, daß sie ein Wagenburg wider allen feindtlichen Gewalt umb uns herschlagen. Weil auch nirgend durch mehr deine lieben Engel abgetrieben und dem Feind die Stadt geöffnet wirdt, dann durch Fressen, Saufen, Spielen, Fluchen, Schwören, Hader, Zanck und andre dergleichen Laster, so verleyhe, daß wir in Vermeidung derselbigen auch geistlicher Weis wider den Teufel wachen, damit nicht allein die Statt sammt unsern Heusern, Weib und Kindern, sondern auch unsere Seelen für allem Übel und Jammer bewahret werden, durch unsern Herren Jesum Christum, in dessen Namen wir dich ferners also anrufen.› Aquarellierte Federzeichnung von Friedrich Meyer.

Pfarrer seinen etwas abgetragenen Frack dem Lauwiler Schneider zum Umkehren und Aufkratzen. Dazu waren sogenannte Weberkarden nötig, die sich von der wilden, an allen Bachrändern und Straßengruben wachsenden wilden Karde dadurch unterscheidet, daß dieser Distelkopf an jeder Kelchschuppe starke, zum Kratzen verwendbare Widerhaken hat, jener aber nur aufstehende Spitzen. Dessen war sich Eglinger jedoch nicht bewußt. Und deshalb bemühte er sich umsonst, mit den von einem Bauernjungen gegen gutes Geld gesuchten Karden die zertrennten Rockteile selbst aufzurauhen.

Schleiermachers Hochdeutsch

Während seiner Schweizer Reise machte der Theologe Friedrich Ernst Daniel Schleiermacher auch in Basel Station, um hier seinen ehemaligen Kollegen Wilhelm Martin Leberecht De Wette zu besuchen. Beim Aussteigen aus dem Eilwagen übergab der berühmte Berliner seinen Reisesack einem Lohnbedienten mit der Weisung, ihn vorerst in einen ‹juten Jasthof› zu begleiten. Der Dienstmann verstand ‹Juden-Gasthof› und führte den Gelehrten folglich in die Herberge ‹zur Kanne› in der Spalenvorstadt. Dort klärte sich das Mißverständnis sofort auf, und Schleiermacher verfügte sich in einen anderen Gasthof.

Fremde Sprache, schwere Sprache

Wenn man nicht eine ordentliche klassische Bildung eingefangen oder wenigstens das Notdürftigste davon behalten hat, so sollte man sich vor unvorsichtigem Gebrauch ungewöhnlicher Fremdwörter hüten, weil man sich leicht lächerlich macht. Es ist allenfalls einem untergeordneten älteren Beamten, dessen höchste Schule seinerzeit die ‹deutsche Sechste› (1801 errichtete Realklasse im Gymnasium) war, und der außer Kalenderblättern wohl keine andere Lektüre gelesen hatte, dagegen hie und da ein Fremdwort aufschnappte, zu verzeihen, wenn er erzählte, er habe bei einer unlängst durchgeführten Quellenvermessung alle öffentlichen und Partikularbrunnen wieder ‹regaliert› (richtig: regulieren) und mit einem angesehenen Herrn ‹privatim› (mit Betonung der letzten Silbe, richtig: privatim) gesprochen. Oder wenn der gleiche seine Unterschrift bei amtlichen Eingaben auf folgende Art gab: ‹Bescheunt Brunnmeister Müller›, so war das verzeihlich. Wenn sich ein anderer Beamter äußerte, seine Ansicht sei mit derjenigen seines Kollegen ‹diskrepuant› (richtig: diskrepant), oder wenn ein sonst sehr ehrenwerter Baumeister als Schatzungsherr das Wort Expropriation, expropriieren und improppriieren nie herausbrachte und immer ‹Expopperieren› usw. sagte, so ließ sich über solche Verstöße höchstens etwas lächeln. Weniger verzeihlich war es, wenn eine Hauptlehrerin am Totengäßlein gelehrt sprechen wollte und von ‹perikopisch› (richtig: periskopisch) geschliffenen Brillengläsern redete. Vollends nicht zum Aushalten war es, als man einen Gerichtsherrn sagen hörte: ‹My Vooti goht doo hi› (richtig: Votum), oder wenn bei der Diskussion eines Gesetzesvorschlags als Vergleich die ‹Büchse der Pandura› (richtig: Pandora) herangezogen wurde.

Hierher gehört noch folgende Verquickung eines Fremdworts: In der Sitzung des Armen-Collegiums wollte einmal ein sonst sehr liebens- und ehrwürdiger Greis, Herr Johann Ludwig Wenk (Kaufmann und Bauherr bei St. Theodor), einen armen, sehr vernachlässigten Knaben zur Aufnahme in die Armenschule im Klingental (vor Jahren in das Haus zum Silberberg an der Utengasse 13 verlegt, 1869 aufgehoben) empfehlen. Er tat dies mit solcher Wärme, daß er darüber selbst in Rührung geriet und mit Tränen in den Augen ausrief: ‹Es ist eben ein Spirius› (richtig: Spurius = uneheliches Kind). Es gab ein allgemeines Gelächter. Die gar so weinerlich vorgetragene Empfehlung jedoch wurde im gewünschten Sinne honoriert.

Auf einem Spaziergang, den Uebelin als zehnjähriger Knabe mit seinem Vater unternahm, trafen die beiden einen gewissen Gipsermeister Tschopp. Dieser hatte seinerzeit mit Vater Uebelin im Schweizer

Blick auf den Altar und den Lettner im Münster.
Um 1851. Kurz bevor der Lettner als Orgeltribüne ans andere Ende des Langhauses versetzt wurde. ‹Vornen an der mit Holze gefütterten Chor-Treppe steht ein auf 12 Säulen ruhender, von Rhätischem Marmor verfertigter, schöner Altar.› Aquarell von Johann Jakob Neustück.

Ein braver Gärtner lag mit hitzigem Fieber und Verdacht auf Lungenentzündung darnieder. Seine Frau weinte bittere Tränen und klagte einem Geistlichen, der ihr Trost spenden wollte, ihr Mann habe das ‹Triumlirum›. Die Gute meinte wohl ‹delirium tremens›, den – Säuferwahnsinn.

Der kleine Napoleon

Noch in den ersten Jahrzehnten des 19. Jahrhunderts lebte in der Steinen die hochbetagte Jungfrau Rosina Fatio, die ihrem ebenso betagten und vermögenden Bruder den Haushalt besorgte. Die alte Dame war zeit ihres Lebens kaum aus der Stadt gekommen und war so in ihrem Wesen sehr weltfremd. Als einmal vom gefährlichen Emporkömmling General Bonaparte die Rede war, der im Hotel Drei Könige zu Mittag gegessen habe, bemerkte Jungfrau Fatio mißbilligend, die Herren Häupter hätten kein Herz mehr, sonst hätten sie den kleinen Napoleon verhaftet und zum Verhör in die Bärenhuet (Gefängnis im St.-Alban-Schwibbogen) gebracht.

Großrazier Paßwan-Oglu

In einem Kämmerlein unterhielten sich einige Herren über den seinerzeit großes Aufsehen erregenden türkischen Großrazier Paßwan-Oglu. Der uralte Jakob Keller ‹zum roten Fahnen› (Freie Straße 43), der ohne besondere Aufmerksamkeit der Diskussion ‹folgte›, erzählte später einem Freund, man habe von einem Passavant-Oglu gesprochen. Er hätte allerdings bis jetzt noch nie gehört, ‹daß e Bassewang mit ere Ogluene verhyrootet gsi sygi.›

Eine peinliche Predigt

Pfarrer Theodor Falkeysen muß schon kindisch gewesen sein, als er in der Betstunde der Müstergemeinde, die seit den 1790er Jahren bis zum Einmarsch der ersten Franzosen Anno 1798 zu Barfüßern abgehalten wurde, während eines Kapitels

Pfarrer Karl Rudolf Wolleb (1789–1866), der sich im April 1822 im Garten des Pfarrhauses am Steinenberg mit seiner Frau, Rosine Maria Linder, vergnügte:

> Wolleb Pastor war eines Morgens
> mit seinem Fraueli Rosina
> am Steinenberg in seinem Garten,
> gelegen an der schönen (Blömli-)Caserna.
>
> Sie jagten einander durch alle Wege,
> bis daß die Glocke zur Kirche klang.
> ‹Ach liebes Mannli, hör' auf und studiere,
> eh' man nur anfängt den Gesang.›
>
> ‹Herzlichstes Fraueli, mir ist nicht bange.
> Schau nur in meinen Schreibtisch:
> da hab' ich eine Predigt, neun Finger lange,
> die noch vom Herrn Pfarrer aus Frankfurt ist!›

Aquarell von Wilhelm Oser.

der Ostergeschichte die Erklärung abgab: ‹R. a. b. gleich Rab. b. u. gleich bu. n. i. gleich ni gleich Rabbuni, das heißt Meister!› Die Wahrheit dieses Lapsus rationis bestätigte der ehrwürdige, wegen seiner frommen kindlichen Herzenseinfalt allgemein geachtete Johann Ludwig Wenck-Bauler, Bauherr zu St. Theodor.

Ein zweideutiger Auftrag

Zum Abschluß der theologischen Kandidatenexamen hatte Antistes Hieronymus Burckhardt den angehenden Pfarrherren jeweils den Text für eine Probepredigt vorzuschreiben. Von einem etwas einfältigen Sohn eines Bäckers forderte Burckhardt die Interpretation des Verses ‹Mein Vater wirket bis hieher, und ich wirke auch›, was den Kandidaten sichtlich in Unwillen versetzte.

Schwer von Begriff

Nach Schluß einer Stadtratssitzung traf Samuel Früh seinen Nachbarn Johann Jakob Flick zu einem kleinen Schwatz. Was denn Wichtiges verhandelt worden sei, wollte Flick wissen. Eigentlich nichts, meinte Früh, es seien am Schluß nur Bettagsbüchlein und Wandkalender verteilt worden. Er habe zwei Kalender erhalten, wenn er davon einen haben wolle, dann könne er gut einen haben; was dann auch geschah. Ende Juni des folgenden Jahres kam Früh zu Flick mit der Anfrage, ob sein Kalender auch schon zu Ende sei. ‹Nein, nein›, antwortete Spaßvogel Flick, ‹meiner fängt justament dort an, wo der Eurige aufhört!›

Ein Wink mit dem Zaunpfahl

Als einst die Lehrerinnen am Totengäßlein sich zur Erholung in den Singsaal begaben, lag wie absichtlich das Basler Gesangbuch aufgeschlagen mit dem Bärenfelsischen Bußlied auf dem Tisch: ‹Ach, wann wird kommen jene Zeit, da ich der schnöden Eitelkeit und dieser Welt Lust, Gut und Pracht von Herzen sage gute Nacht?› Die Lehrerinnen vermuteten, ihr Kollege Franz Hörler habe ihnen diesen Spaß zugedacht und schlugen ihm dafür das Lied Nr. 287 auf: ‹Mein Gott, ach lehre mich erkennen, den Selbstbetrug und Heuchelschein, nach Christi Namen mich zu nennen und doch nicht Christi Glied zu sein!›

Ohne Regimentsbüchlein

Als Pfarrer von St. Martin hatte Theodor Falkeysen jeweils bei der Feier des heiligen Abendmahls im Münster neben dem Hauptpfarrer oder Antistes das Brot auszuteilen. Da kam einst der körperlich unansehnliche und als Literatus höchst unbedeutende Provisor der Münsterknabenschule, Johannes Ernst, der es nicht einmal zum Magister brachte, was damals weiß Gott nicht so schwer war, auf Falkeysens Seite zum Altar. Wie dieser nun sah, daß hinter Ernst Bürgermeister Bernhard Sarasin in Mantel und umgehängtem Degen mit seinem Diener folgte, schob Falkeysen den ahnungslosen Ernst beiseite, um zuerst dem hohen Herrn das Abendmahl zu reichen. Doch der Bürgermeister nahm den Provisor bei der Hand und sagte deutlich vernehmbar: ‹Heer Pfaarer, vor Gottes Disch gitt's kai Regimäntsbiechli. Es isch am Heer Ärnscht!›

Die Festigkeit Vests

Im Jahre 1837 bekam Uebelin als Sekretär der hiesigen Bibelgesellschaft vom erkrankten Präsidenten, Antistes Hieronymus Falkeysen, den Auftrag, die zwar sehr tätigen, aber über ihre etwas allzu untergeordnete Stellung unzufriedenen Mitglieder des Hilfsvereins im Kapitelsaal zu versammeln und ihnen im Namen des Komitees einige beschwichti-

Der äußere Hof des Lohnhofs. Ehemaliges Augustinerkloster zu St. Leonhard. 18. Jahrhundert. 1668 wurde der ganze Gebäudekomplex dem Lohnherrn zugewiesen, der über das städtische Bauwesen gebot und die Handwerker zu entlöhnen hatte. Daher der Name ‹Lohnhof›. 1821 ließen die Behörden die auch ‹Schloß Wildeck› genannte Liegenschaft für die Bedürfnisse der Polizei umbauen: Die alten Klosterzellen wurden zu Haft-räumen für Untersuchungsgefangene hergerichtet, die ‹durch ihre Gläubiger zur Leibhaft gebracht sind›. Aber auch das Strafgericht, die Polizeidirektion, die Strafanstalt und die Niederlassungskommission (Kontrollbüro) fanden vorübergehend Wohnrecht im Lohnhof. Der spätgotische Kreuzgang wurde 1897 abgetragen.
In engstem Zusammenhang mit dem Lohnhof stand ‹s Nachtreggli ze Santlienert›. Die Sage über dieses ‹Gespenst› erzählt, der letzte Sprößling der Schloßherren auf Wildeck habe eine Nonne in seine Gemächer gelockt und sie dann auf ‹unsittliche› Weise belästigt. Das bedrängte Klosterfräulein habe sich jedoch den Armen des Unholds entwinden können, sei dabei aber aus dem Fenster gestürzt und habe auf dem Pflaster des Kohlenbergs den Tod gefunden. Der tragische Ausgang seines Abenteuers habe den unglücklichen Schloßherrn zutiefst bedrückt und ihm keine Ruhe gelassen, weshalb er zur nächtlichen Stunde im Schlafrock im Lohnhof herumwandle. Aquarell.

Die Eisengasse. Von der Brodlaube an der Stadthausgasse her gesehen. Um 1838. Im März 1839 wurde sie, da sie ‹so bucklig und schmal war, daß zwei Fuhrwerke einander nicht ausweichen konnten›, abgerissen und durch eine ‹imposante Reihe von Neubauten› ersetzt. Links außen die Seidenwarenhandlung von Johann Georg Von der Mühll, anschließend die Häuser von Schneider Heinrich Schaffner und Hutmacher Wilhelm Krug. Rechts außen das Haus ‹zum Pilger› mit der Spezerei- und Tabakwarenhandlung von Jacob Riber. Aquarell von Johann Jakob Schneider nach Johann Jakob Neustück.

gende Vorstellungen zu machen. Bei dieser Sitzung führte der damalige Zuchthausprediger, Pfarrer Christoph Staehelin, die Feder. Die große Mehrzahl der Anwesenden sprach sich mit Befriedigung über die abgegebenen Zusicherungen aus. Einer aber, Kriminalgerichtsschreiber Hieronymus Vest, wollte den ganzen bisherigen Organismus umkehren und auf den Kopf stellen: Der erst seit zwei Jahren bestehende Hilfsverein sollte, gleichsam wie der Große Rat, die gesetzgebende Behörde, das Komitee aber die ausführende Behörde werden. Sein mit Gewandtheit und Energie gestellter Vorschlag fand aber bei der Umfrage nur noch von einem Anwesenden schwache Unterstützung und kam nicht durch. Während der Debatte kritzelte Schriftführer Staehelin die folgenden poetischen, seine bekannte Witzader ganz charakterisierenden Zeilen auf einen Zettel:

> Der Geist der Widersetzlichkeit
> Fährt in den Hilfsverein
> Und äußert sich mit *V*estigkeit,
> Nicht untertan zu sein!

Teure Judenseelen

Der frühere stud. med. und nachmalige Judenmissionar J. J. Banga (der Bruder des späteren Landschäftler Regierungsrates Benedikt Banga) war einst in Gesellschaft früherer Studiengenossen aus dem Collegium Alumnorum, dessen Senior damals der spätere Gymnasiarcha Dr. Rudolf Burckhardt war. Banga wurde ersucht, Einzelnes aus seinen Erfahrungen zu erzählen, worauf er gefragt wurde, welches Gehalt er denn von seinem Comité bezöge. ‹100 Pfund Sterling per Jahr›, gab der Missionar zur Antwort. Wie viele Juden er durchschnittlich im Jahr zum christlichen Glauben bekehre, lautete die nächste Frage. ‹Zwei›, erwiderte Banga. ‹Das sind aber teuer erkaufte Judenseelen›, meinte hierauf schlagfertig der nachmalige Professor Dr. theol. Georg Müller. Folgenden Tags hatte der Senior wie gewöhnlich den im Refektorium versammelten Alumnen das lateinische Morgengebet zu halten.

Das ‹Neue Haus›. Um 1790. ‹Dises Haus hält eine Wirthschaft, welche in Kriegszeiten schon Anlas zu Verdrießlichkeiten gegeben, daher dise Wirthschaft, wenn es der Stand nöthig erachtet, wie in den Jahren 1744 beschehen, aufgehoben und für einige Zeit eingestellt wird. Im Jahre 1633, den 25. Jäners, haben die Schweden das Neu Haus ausgeplündert und denn verbrannt.› Der oft und gerne von den Städtern besuchte Gutsbetrieb mit Gaststube außerhalb der Tore lag beim Otterbach am rechten Ufer der Wiese (via Neuhausstraße). Aquarell von Franz Feyerabend.

Bei einer diesbezüglichen Stelle angelangt, mußte er plötzlich laut herausplatzen, als ihm die teuer erkauften Judenseelen in den Sinn kamen.

Äußere Genüsse

Bei Anlaß eines Essens, das der Verein der theologischen Lesegesellschaft im Neuen Haus hielt, kam auch die Rede auf die von einzelnen Predigern beliebte Schriftauslegung. Beiläufig wurde erzählt, daß gegen Ende der 1820er Jahre Rektor Rudolf Hanhart über Lukas X, 38–42 (Martha und Maria), gepredigt und von dem Wort Jesu ‹eins aber ist not› die übrigens nicht neue, aber von den Neuerern beliebte Erklärung gegeben habe: ‹Martha, du solltest mich doch kennen und wissen, wie wenigen Wert ich auf solche äußeren Genüsse lege. Du hast dir mit Rüsten vieler überflüssiger Gerichte solche Mühe und Sorge gemacht, während es an einer Schüssel vollkommen hingereicht haben würde. Es ist ja nur eines nötig!› ‹Was! Hat er *das* gesagt?›, rief in großer Erregung einer der anwesenden Theologen. – ‹Verdammte Kuh! Wenn «Eines ist not» nur die eine erste beste Platte bedeutet, was ist dann der gute Teil, den Maria erwählt hatte?›

Das theologische Kränzlein

Das sogenannte theologische Kränzlein, dem Professoren der Theologie, Pfarrherren und Lehrer geistlichen Standes angehörten, hatte die Gewohnheit, von Zeit zu Zeit einen Ausflug ins Neue Haus bei Kleinhüningen zu unternehmen. Dort wurden bei Wein und Bier einige gemütliche Stunden verbracht und dabei lustige Anekdoten zum besten gegeben.

Einst, als die meisten Schriftgelehrten sich bei ‹einem› Glas Bier vergnügten, bestellte der bejahrte Professor Dr. Johann Jakob Staehelin eine Flasche Roten, worauf Professor Johann Georg Müller wie aus dem Rohr geschossen dazwischenrief: ‹Im Matthäus, Kapitel IX, Vers 17, steht geschrieben: «Man fasset auch nicht Most in alte Schläuche!»›

Ein beleidigter Namensvetter

Die Erweiterung der Eisengasse um das Jahr 1840 brachte allerhand Probleme mit sich, denn für die Zurücksetzung der Bergseite, die vom Haus ‹zur goldenen Münze› (Sporengasse 1) an abgebrochen wurde, mußte Realersatz geboten werden. Begreiflicherweise setzte jeder Liegenschaftsbesitzer sein Haus möglichst hoch in Rechnung, was zu manchem Strauß führte. Unter den Eigentümern war keiner ungefügiger und in seinen Forderungen überspannter als der Eisenhändler Niklaus Iselin im Haus ‹zur Linde› neben dem Haus ‹zum Pilgerstab› (Nummer 25). Darüber ereiferte sich Stadtrat Johann Jakob Heimlicher in einer Sitzung des Bauamts derart, daß er mit erregter Stimme ausrief, keiner der Hausbesitzer sei unverschämter und unträtabler als ‹dr Donnerwätter-Yseli›. In diesem Moment betrat Kommissionsmitglied Johann Lukas Iselin-Forcart das Sitzungszimmer und bekam den Rest der lebhaften Unterhaltung eben noch zu hören. Dies erboste ihn so, daß er umgehend wieder rechtsumkehrt machen wollte, denn er war der Meinung, man habe sich über ihn ausgelassen. Erst als ihm Stadtrat Heimlicher plausibel machen konnte, daß die Schimpferei sich auf einen Namensvetter bezogen habe, beruhigte sich Iselin wieder.

Zwei Hundezeichen

Einst kam ein ehemaliger Bezirksbeamter des Gesamtkantons Basel auf die Staatskanzlei, um ein Zeichen für seinen Jagdhund zu lösen. Weil Stadtschreiber Wierz, der die Hundekontrolle führte, einen Augenblick abwesend war, nahm Uebelin die notwendigen Eintragungen vor, und Stadtbote Niklaus Steiger händigte sodann dem Petenten die Plakette gegen die entsprechende Gebühr aus. Dann entfernte sich der großartige Mann, der schon früher Untergeordnete durch sein hochtrabendes Wesen vielfach beleidigt hatte und gewiß auch zur Aufregung der Gemüter beim Ausbruch der 1830er Wirren beitrug, mit stolzem Kopfnicken. Kaum war die Türe ins Schloß gefallen, bemerkten die beiden Beamten, der hätte besser zwei Hundezeichen gelöst und eines davon ins Knopfloch gehängt. Das anschließende Gekicher war noch nicht verstummt, als Wierz, der dem Mann auf der Treppe begegnete, ins Büro gestürzt kam und die Frage stellte: ‹Wie viele Zeichen hat denn der da gelöst?›

Seelenmassage

Wie viele interessante Worte und Handlungen ließen sich doch vom seligen Professor Dr. Gustav Jung erzählen, der als gefühlvoller, mitleidiger Arzt so bekannt und beliebt war. Mitunter war sein Hu-

Die Ochsengasse 1 bis 7. Um 1860. Von links nach rechts die Häuser ‹Eckbehausung›, ‹zum Lerchenberg›, ‹zum roten Vogel› und ‹zum Steinbock›. Aquarell.

Der Chor der 1857–1864 erbauten St.-Elisabethen-Kirche. Von der Klostergasse aus gesehen. 1870. Das von Christoph Merian (1800–1858) und seiner Frau, Margaretha Burckhardt, gestiftete, ‹der Gottseligkeit dienende Werk zum Wohle der Mitmenschen und zur Ehre Gottes› wurde am 1. Juni 1864 feierlich eingesegnet. Die neugotische, dreischiffige Hallenkirche mit 1400 Sitzplätzen, ‹eine der schönsten Zierden unserer Vaterstadt›, erforderte einen Aufwand von nahezu 3 Millionen Franken. Aquarell von Ludwig Adam Kelterborn.

mor auch etwas derb. Einst kam Pfarrer Eduard Bernoulli zu ihm, um ihn wegen eines kranken Sohnes zu konsultieren. Indessen war Bernoulli nicht ganz sicher, ob ihn Jung persönlich kenne. Auf die entsprechende Frage antwortete der bekannte Mediziner warmherzig: ‹Wie sollte ich Sie nicht kennen, Herr Pfarrer. Sie haben mir doch schon des öfteren die Kappe gewaschen!›

Der ewige Jüngling

Nach einem Festmahl seiner Universitätszunft kehrte Professor Jung noch im Zunfthaus zum Bären (Hausgenossenzunft) ein. Er war besonders heiter

Blick vom Haus ‹zum alten Rebstock› an der Sattelgasse 11 zur Schneidergasse und in das Imbergäßlein. 1878. In dieser Gegend saßen im Mittelalter die Krämer, die auch das damals sehr begehrte Gewürz Ingwer (Imber) in ihrem Sortiment führten. Aquarell von Johann Jakob Schneider.

und den Alten und Jungen der liebenswürdige Jung und machte seinem Spitznamen ‹ewiger Jüngling› alle Ehre. Uebelin, der in seiner Nähe sitzen durfte, benutzte die Gelegenheit, den verehrten Gelehrten mit einem spontan hingeschriebenen dichterischen Erguß unter dem Beifall der Anwesenden hochleben zu lassen:

Sub vexillo adsumus,
    Wir sind versammelt unter dem Banner
Almae nostrae matris
    Der nährenden Mutter (Universität),
Omnes, patres, juvenes,
    Wir alle, alt und jung,
Nemo vero gratis.
    Niemand aber umsonst.
Vivat, crescat, floreat
    Es lebe, wachse und blühe
Mater; vivant omnes,
    Unsere Mutter, hoch leben alle,
Vivat sed prae omnibus
    Hoch lebe vor allem
‹Juvenis aeternus›!
    Der ‹ewige Jüngling›!

In den letzten Monaten seines Lebens nahm Jung auffallend an Leibesumfang zu. Dies spornte Uebelin zur beiläufig abgegebenen Bemerkung an, er hätte sich einen ordentlichen ‹cumulus› beigelegt. ‹Ja – einen tumulus› (Grabhügel), gab Jung nachdenklich zur Antwort. Es war dies ein ‹begründetes praesagium› (Vorahnung). Der zu St. Elisabethen wohnhafte Jung hatte an der herrlichen, vor seinen Augen entstehenden neuen Kirche zu St. Elisabethen große Freude und wohnte deshalb auch der festlichen Einweihung bei. Während der Feier erlitt er dann einen Anfall, dem er zwei Tage später erlag.

Ein weiser Rat

Pfarrer Johann Jakob Bischoff war bei seiner gründlichen Gelehrsamkeit ein durchaus mathematisch konsequenter und bedachtsamer Mann, was folgendes Beispiel illustrieren möge. Einst eröffnete Uebelin Bischoff, er habe die aus einzelnen Bogen bestehenden Protokolle einer langen Bibelkonferenz nur einseitig beschrieben, um nicht irre zu werden. Nach Abschrift des Textes habe er jeweils die Blätter zerrissen und in den Papierkorb geworfen. Nun sei es ihm aber passiert, daß er ein Blatt beidseitig beschrieben habe, dies jedoch erst bemerkte, als er das Papier in tausend Stücke zerrissen habe. ‹Ja›, sagte Bischoff, indem er nach seiner Gewohnheit bedächtig die Hände rieb, ‹man muß kein beschriebenes Papier zerreißen, ohne vorher auf beiden Seiten nachzusehen, was die Schrift besagt!›

Freß-Termiten

Der Anno 1802 verstorbene Pfarrer Johann Heinrich Eglinger zu St. Theodor hinterließ nebst einer Tochter drei Söhne: Simon, den liebenswürdigen, verehrten Seelsorger von Benken, Wernhard, den gebrechlichen, gelehrten Hausdiener, und Niklaus, den sonderbaren Pfarrer von Leerau und Rued. Alle drei aber hatten eine mehr oder weniger tüchtige Witzader:

Als Anno 1818 ein Vikar zur Aushilfe bei Simon in Benken weilte, wurde ihm beim Mittagstisch eine Serviette mit dem Bibelspruch ‹Danksagung› neben den Teller gelegt, worüber der Kandidat sich anerkennend äußerte. ‹Ja, ja, ich kann eben die gewöhnlichen Freß-Termiten nicht leiden›, rechtfertigte sich lachend Pfarrer Eglinger und wünschte guten Appetit.

Ungereimte Berichte

Registrator Matthäus Merian, ein geistreicher und witziger Beamter, hatte kurz vor dem Ausbruch der Französischen Revolution der Land- und Waldinspektion das Konzept eines Berichtes vorzulegen. Er tat dies aber durch Vorlesen in Versform in derart respektloser Weise, daß ihm der Vorsitzende einen zünftigen Rüffel erteilte mit der Weisung, inskünftig seine Aufgaben so zu erledigen, wie es Brauch sei. Etwas mokiert erwiderte hierauf Merian: ‹Gut, gnädige und weise Herren, ich werde mich danach richten. Ich sehe, meine gnädigen Herren haben die Berichte lieber ungereimt!›

Tierisches Wortspiel

Als Anno 1820 Peter Ochs in Vertretung der Staatsbehörde bei der Einsegnung des Bennwiler Pfarrers Eduard Bernoulli funktionierte und anschließend dem Festmahl in Hölstein beiwohnte, erheiterte er mit manchem Witzwort die Tischgesellschaft. So erzählte er auch, daß ihm kurz zuvor Bürgermeister Stierlin in Schaffhausen einen Studenten namens Oechslin zur Aufnahme ins hiesige Collegium Alumnorum empfohlen habe.

Die überflüssige Aufzugbrücke

Seitdem 1803 wieder Ordnung in unser durch die 1798er Revolution zerrüttetes Gemeinwesen kam, führte Herr Oberst Johann Georg Stehlin vielfach das große Wort, und begreiflicherweise immer zugunsten der Landschaft, auch wenn das Interesse der Hauptstadt darunter leiden sollte. Nun war die hölzerne Brücke über dem Graben beim St.-Alban-Tor sehr schadhaft und sollte ersetzt werden. Oberst Stehlin aber sprach im Rat das Bedenken aus, diese große, immer wiederkehrende Ausgabe könnte durch das Auffüllen des Grabens und den Bau einer Straße zur Ein- und Ausfahrt erspart werden. Basel sei in fortifikatorischer Hinsicht ohnehin nicht haltbar, und deshalb brauche es keine neue Aufzugbrücke. Da bemerkte Bürgermeister Hans Bernhard Sarasin: ‹Ganz recht, Herr Oberst! Wenn der Graben aufgefüllt und die Aufzugbrücke entfernt wird, so können die Liestaler ungehindert und ebenen Fußes in die Stadt ziehen. Wer weiß, was noch alles geschieht!›

Freie Schweizer

Vor dem Ehegericht erschien einst ein Posamenter mit umgehängtem Säcklein. Auf die Frage des Richters, wem er arbeite, antwortete dieser: ‹Ich bin dem Bachofen untertan.› ‹Was untertan?› herrschte ihn der Gerichtshalter an. ‹Wißt Ihr nicht, daß wir alle freie Schweizer sind, der Reichste wie der Ärmste, und daß wir niemand untertan sein sollen als Gott und dem Gesetz, das wir uns selber gegeben haben!› Der Bauer blieb stumm und kraulte sich verlegen hinter dem Ohr.

Seidenfärberkrankheit

Einst wurde Jung an das Krankenbett eines Seidenfärbers gerufen. Nach erfolgter Untersuchung bemerkte der berühmte Arzt: ‹So, so, Ihr habt also die Seidenfärberkrankheit. Die kommt aber nicht vom Fernambukholz, sondern vom Saufen!›

Allergisch gegen Blitzableiter

Unter den Lehrern Uebelins war Diakon Daniel Krauß einer der beliebtesten. Der kleine, schmächtige und halbblinde Mann mit den steifen Gliedern hatte eine offene Abneigung gegen Blitzableiter, weil solche Einrichtungen, seiner Meinung nach, gegen den Glauben an die göttliche Allmacht verstoßen. Denn, so belehrte der Pfarrer seine Schüler, der Blitz fahre nur dahin, wo Gott wolle und könne deshalb nicht von des Menschen Hand abgewendet werden. Diesen Vortrag wiederholte der possierliche Mann einst, als ein schreckliches Gewitter über der Stadt niederging. Und da es auch gegen Schulschluß nicht zu regnen aufhörte, schickte er

In der Hard. 1812. ‹Die Hardt, ein beträchtlicher, 1268 Jucharten großer Eichwald, ist Eigentum der Stadt Basel. Zur Sicherheit der Landstraße ist in der Mitte ein Landjägerposten erbaut worden.› Federumrissene Sepialavierung von Peter Birmann.

Martin Schneider nach Hause, um für ihn einen Regenschirm zu holen. Doch bevor der nachmalige Zivilgerichtsschreiber den Auftrag ausführte, gab er dem Lehrer schlagfertig zu bedenken, ob ein Schirm wirklich nötig sei, denn wenn der liebe Herrgott nicht wolle, daß er naß werde, dann falle sicher kein Tropfen Regen auf ihn ...

Amen

Während der 1820er Jahre hielt anläßlich des Missionsfestes in der gedrängt angefüllten Kirche ein gerade auf Besuch in Basel weilender Missionar einen an sich erbaulichen Vortrag. Als er diesen jedoch über alle Gebühr ausdehnte und dabei in seinem Eifer übersah, daß noch weitere Redner zum Wort kommen sollten, rief ihm der unverbesserliche Pfarrer Niclaus von Brunn zu St. Martin in seiner kindlichen Treuherzigkeit und Herzenseinfalt von seinem Sitz aus zu: ‹Liebä Brueder, sag jetz ändlig emool Ameen!›

> Ihr Herren, Jungfern und Frauen
> Kombt Widmers Thal beschauen,
> Wie auch Matten und Garten,
> Mit Bouteillen wird man aufwarten,
> Ich bin täglich früh und spoth,
> Man wird nicht vergessen Käs und Brod.
> Mein Stündlein will auslaufen,
> Drum will ich solches verkaufen;
> Ich iß gern ein Huhn im Reis,
> Tausent Duccaten ist der Preis,
> Dieses muß ich dabey sagen:
> Sein Interesse thut es tragen;
> Damit wir etwas haben zu lachen,
> Die mich nimbt, deren will ichs vermachen!
> Wär yne will, dä lauf! Isaac Widmer.
>
> Anzeige des 91jährigen Chirurgen
> Isaac Widmer im Gotterbarmgut
> vor dem Riehentor. 1764

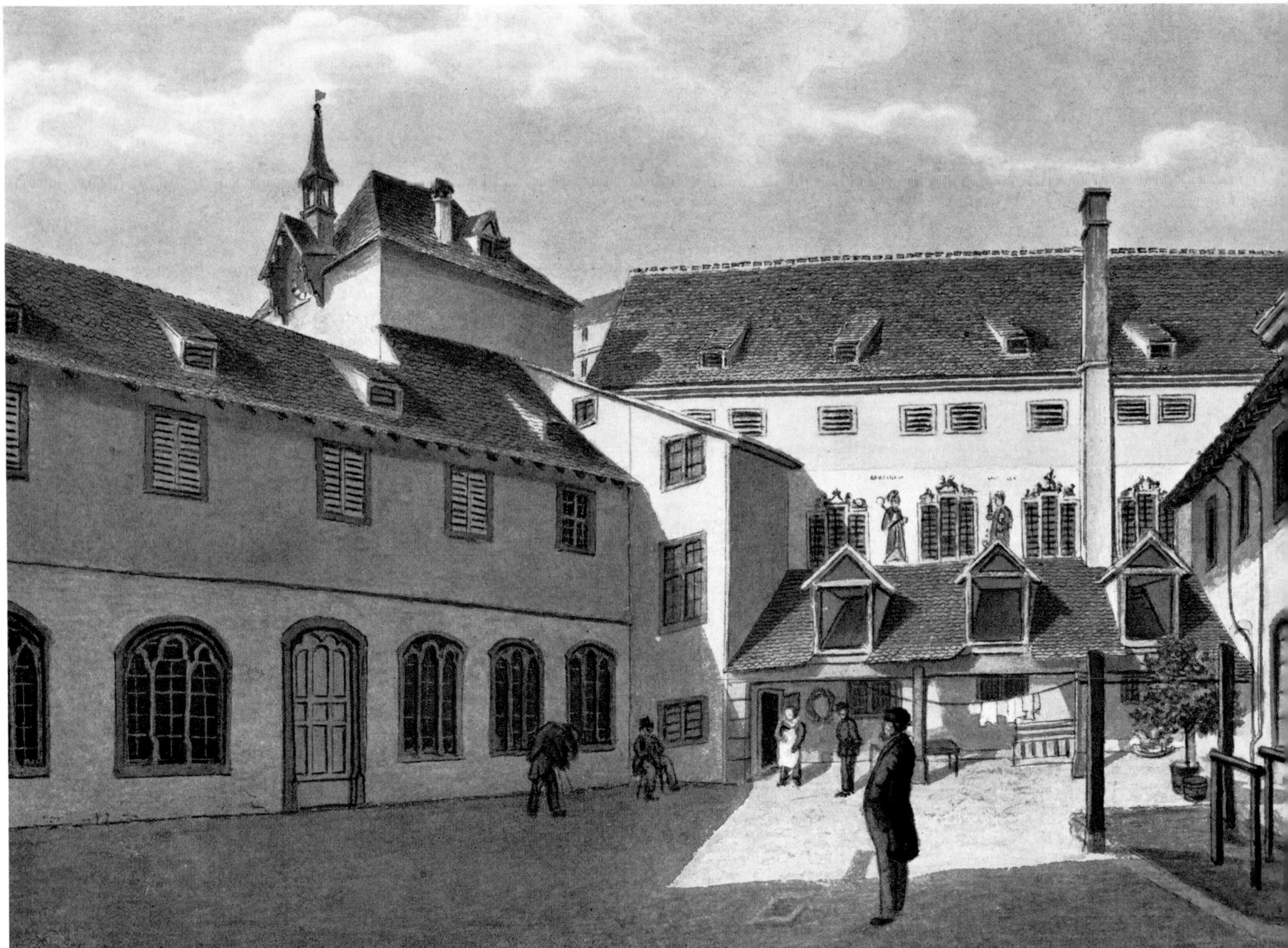

Makabre Geschichten

Unter diesem Stein
ruhen die Gebeine eines Sterblichen,
gleich andern.
Er hat nichts in die Welt gebracht
und hat auch nichts mitgenommen
gleich andern.
Er muß erscheinen am Tage des Gerichts
um Rechenschaft zu geben.
gleich andern.
Das Urtheil, so er zu erwarten hat,
wird mit Gerechtigkeit über ihn ausgesprochen,
gleich andern.
dessen Kraft aber ohne Wiederruf
ewig bleiben wird
R Z S
1821

Der innere Hof des ehemaligen Klosters zu St. Leonhard (Lohnhof). 1876. Früher Gottesacker und Kreuzganghof. Aquarell von Johann Jakob Schneider.

Ein Ehegerichtsweibel führt eine unehelich in Umstände geratene Tochter zum Käppelijoch. 1790. – Am ‹13. Februar 1754 wurde ein lödig Weibsbild von 33 Jahren alt von Aerlischbach aus dem Bernerbieth, wegen weilen sie ihr neugebohren unehlich Kind bey der Geburth verdruckt und ums Leben gebracht, mit dem Schwerd zwar unglicklich und spectaclisch vom Leben zum Tod mit 7 Hieben hingericht. Der Henkersknecht hat ihren den Kopf noch mit Gewalt müesen herunder reißen!› – Aquarell von Franz Feyerabend.

Leichen für das anatomische Theater

Da weder Spital noch Strafanstalt dem ‹anatomischen Theater› (Pathologisches Institut) hinreichende Mengen Kadaver liefern konnten, wurden, bis zur Trennung von Stadt und Land, auch Leichen aus dem Liestaler Spital und dem Landarmenhaus nach Basel geschickt. Allein nicht immer in genügender Anzahl, und dann meistens Leichen alter, abgelebter Leute. Daher gelangten in den 1820er Jahren, als mit der Universität auch die medizinische Fakultät einen Aufschwung erlebte, mitunter Leichen auf nicht gerade ehrlichstem Weg ins anatomische Theater. So starb anfangs der 1820er Jahre in Nummer 89 (diesseits der alten Spitalschmitte an der Freien Straße) die Witwe des Schuhmachers Franz Ulrich Boulanger, die Mutter des Hausbesitzers. Weil das Häuschen eng und schmal war und es wegen der zahlreichen Bewohner an Platz mangelte, ersuchte der Sohn die Behörden um die Vergünstigung, die Verstorbene bis zum Begräbnis in der Leichenkammer des gegenüberliegenden Bürgerspitals unterbringen zu dürfen. Dies wurde ohne Anstand bewilligt. Einer der Krankenwärter, der Hafner Johann Georg Salathe, verkaufte hierauf die Leiche um einen Kronentaler (Fr. 5.72 neue Währung) an die Anatomie und füllte den Sarg mit Sand und Steinen im ungefähren Gewicht der Leiche auf. Am Tag der Beerdigung holten Träger, die vom Inhaltwechsel keine Ahnung hatten, den Sarg ab, um ihn zum Gottesacker zu St. Alban zu tragen. Am steilen Mühleberg schossen plötzlich, unter großem Gepolter, Sand und Steine ins Fußende des Sarges, was die Leichenträger nicht wenig verwirrte. Die allgemeine Unruhe übertrug sich auch auf den leidtragenden Sohn, der den seltsamen Vorfall auf dem Friedhof Pfarrer Emanuel Raillard zur Kenntnis brachte. Die unmittelbar angeordnete Untersuchung brachte den Betrug ans Licht, den der unredliche Spitalkrankenwärter mit Entlassung zu büßen hatte. Der anatomische Prosektor log sich mit Hilfe seines Herrn Vorgesetzten heraus.

Etliche Jahre später erfuhren die hiesigen Anatomen, daß im benachbarten Grenzach eine junge Frau im fünften Monat ihrer Schwangerschaft gestorben und bereits begraben sei. Da der Tod schwangerer Weibspersonen zu den seltensten Fällen gehört,

Der Mühleberg zu St. Alban. 1878. Links, neben der hohen Stützmauer, das aus zwei Häusern bestehende Pfarrhaus zu St. Alban (Mühleberg 12). Die auch ‹hohes Haus› genannte Liegenschaft vor dem ‹Froidentor›, die seit 1407 als Pfarrhaus dient, wurde 1721 mit gläsernen Vorfenstern versehen. Rechts an das Pfarrhaus anschließend das schon 1350 erwähnte Haus ‹zum Eych› am ‹St.-Albans-Berg› 10. Rechts der mit Schöpfen belegte Hang des Mühlebergs, wo es von Mardern wimmelte. Bei Hochwasser trat der Rhein hier oft über das flache Ufer und zwang die Arbeiter, mit Weidlingen zu den Mühlen und Fabriken am St.-Alban-Teich zu fahren. Der von schönen gotischen Bürgerhäusern gesäumte Mühleberg war im alten Basel eine vielbefahrene Verbindungsstraße zwischen den wichtigen Mühlebetrieben im ‹Dalbeloch› und der Stadt. ‹Die Mühlen hatten regen Geschäftsverkehr mit denen in Dijon. Dieser Verkehr wurde per Achse aufrechterhalten. In Reihen von drei und vier, eines vor das andere gespannt, zogen die großen Percheronpferde ihre schweren Wagen. Die Fuhrleute mit ihren langen burgundischen Blusen leiteten die hochgebauten Gäule mit ihren dachsfellüberzogenen Kummeten mit fremdartigem Zuruf und Peitschenschwingen um die Ecke.› Bleistiftzeichnung von Heinrich Meyer.

war es für die zergliedernde Heilkunde jeweils sehr schwer, solche Leichen für Untersuchungen zu erhalten. Um zu einer solchen Leiche zu kommen, ließen sich in einer finsteren, regnerischen Nacht einige Barbiergesellen durch einen jungen Mann, angeblich Johann Wanner (alias ‹Baryggeli›, wegen seiner schönen braunen Lockenhaare), der sich bei den hiesigen Fischern und Schiffleuten als Gehilfe nützlich machte und einen eigenen Nachen besaß, bis zu den Fischerhütten von Grenzach stacheln. Während Wanner als Schiffswache zurückblieb, zogen die andern ins Dorf, überstiegen die Kirchhofmauer, buddelten die Leiche aus, steckten sie in einen Kornsack, schaufelten das Grab zu und strebten dann mit ihrem Schatz dem Rhein zu. Auf den vereinbarten Pfiff tauchte Wanner auf und nahm den Sack auf den Rücken, um ihn auf den Kahn zu tragen. Der schrille Pfiff weckte aber auch den am Rheinufer wohnhaften Fischer aus dem Schlaf, der sogleich das Fenster öffnete und den vorbeischleichenden Schiffer nach dem Inhalt seiner Last fragte. Dieser jedoch überließ die Antwort den Barbiergesellen, die ihn mit ‹Kartoffeln› deklarierten. Und so gelangte der makabre Transport unbehelligt nach Basel in die Anatomie, wofür ‹Baryggeli› gebührend entlöhnt wurde.

In Grenzach dagegen erregten der frisch aufgeworfene Grabhügel und die beschädigte Kirchhofmauer die Neugierde des Sigristen. Die vom Bürgermeisteramt angeordnete Graböffnung bestätigte den vermuteten Leichendiebstahl. Auf Hinweis des Fischers wurde schließlich in Basel Wanner festgenommen, der zwar einen der Beteiligten nennen konnte, im übrigen aber energisch bestritt, von der Sache gewußt zu haben. Als dann der gebürtige Aargauer von unehelicher Geburt unter Eid hätte aussagen sollen, stellte sich heraus, daß er nicht konfirmiert worden war, weil ihn seinerzeit der Pfarrer zu St. Theodor für einen Katholiken und der Pfarrer zu St. Clara für einen Protestanten gehalten hatte, da er die Kirche nie besuchte. Auf Drängen des Richters verfügte deshalb die Regierung, daß Wanner, der sich in leichter Untersuchungshaft befand, zu

Spottbild auf den umstrittenen Staatsmann Peter Ochs (1725–1821), der mit einem Ochsenkopf am Schreibtisch sitzt: ‹Sie seyn fürwahr ein kluger Mann, Der uns zur Freyheit helffen kan. Ochs: O Freünd hät ich es doch recht bedacht, Ich wäre jetzt nicht so veracht.› *Der fleißige Geschichtsschreiber, der* ‹sich aus Idealismus und Optimismus den französischen Machthabern zur Verfügung stellte und dadurch, äußerlich betrachtet, zum Führer der helvetischen Revolution wurde›, *hatte sich durch seinen unglücklichen Einsatz den Haß vieler seiner Mitbürger zugezogen, die ihn zum Verräter stempelten und ihrer Meinung in giftigen Schmähgedichten Ausdruck verliehen, wie etwa:*

‹Wär der Ochs als Kalb krepiert,
Wär die Schweiz nicht ruiniert.
Wär der Ochs als Kalb krepiert,
Wär die Schweiz doch ruiniert,
Denn es giebt der Kälber mehr,
Die sich wünschten Ochsens Ehr.›

Aquarell von Johann Jakob Schwarz.

konfirmieren sei. Die Vorbereitung dazu erhielt der vorerst des Lesens unkundige Wanner bei Strafanstaltspfarrer Theophil Passavant. Nach der Konfirmation wurde ‹Baryggeli› endlich unter Eid genommen, doch er blieb bei seiner Aussage, nur den einen, inzwischen nach Amerika geflohenen Barbier gekannt und nicht gewußt zu haben, was er in jener Nacht auf das Schiff getragen habe. Während Wanner unter Anrechnung der mehrmonatigen Haft entlassen wurde, verzichteten die Behörden offenbar, gegen die höheren Medizinalpersonen strafrechtlich vorzugehen. Die sezierte Leiche wurde hier bestattet.

Orismüller Johann Jakob Schäfer (1749–1823) *und Salome Mohler*. 1792. Der initiative Seltisberger, der sich couragiert für die Gleichstellung von Stadt und Land einsetzte, erreichte als Landkommissär für die Landschaft die Regulierung von Ergolz und Birs. Aquarell von Joseph Reinhardt.

‹Wäär im Heujed nit gaabled
und in der Äärn nit zaabled
und im Herbscht nit früeh uufschtoht,
dää cha luege, wie's em im Winter goht.›
Altes Baselbieter Sprichwort

Wenn es zum Grabe geht

Der bekannte Quellensammler Peter Ochs, Staatsrat und Deputat, hatte als Präsident des Deputatenkollegiums bei Feierlichkeiten den Vortritt vor seinen Kollegen. Bei der Beerdigung einer angesehenen Person, zu welcher fast alle Regierungsmitglieder erschienen waren, hatte sich auch Deputat Daniel Schorndorff eingefunden. Als nun der Kondolierer die Leichenbegleiter nach ihrer Rangordnung einstellen wollte, kam der sonst angesehene und wohldenkende, aber vielleicht etwas beschränkte Schorndorff unabsichtlich vor seinen Präsidenten zu stehen. Und als er dies mit Schrecken gewahrte, wollte er untertänigst Ochs den Vorrang lassen. Dieser aber sagte laut mit witziger Betonung: ‹Wenn's zum Grabe geht, mein hochgeachteter Herr Deputat, lasse ich Ihnen gerne den Vortritt!›

Selbstherrlicher Entscheid

Während seines Präsidiums über Kirchen und Schulen hatte es Peter Ochs durchgesetzt, daß, entgegen der früheren Observanz, die Leichen von Selbstmördern zu Stadt und Land nicht abseits, sondern in der Reihe beerdigt werden mußten.
Im Januar 1823 starb in der Orismühle bei Liestal der berüchtigte Orismüller Johann Jakob Schäfer, genannt ‹Oorislimmel›. Während der Revolutions-

wirren wie ein Pilz auf dem feuchtwarmen Mist aufgeschossen, wußte der verschmitzte Bauer beispielsweise nichts anderes zu tun, als jeden Baselstab, den er auf der Landschaft zu Gesicht bekam, zu zerstören, wobei er auch wertvolle Kunstwerke blindlings kaputtmachte. Sein Wandalismus wurde jedoch nach seinem Tod auf schicksalshafte Weise gerächt. In Liestal, zu dessen Pfarrei auch Seltisberg und das Oristal gehörten, herrschten so beschränkte Platzverhältnisse auf dem Friedhof, daß jedes Grab mit zwei Leichen belegt werden mußte. Zudem war es auf der Landschaft nicht üblich, Selbstmörder abseits zu beerdigen. Es begab sich nun, daß kurz nach dem Tod des Orismüllers der Gerber Gysin sich mit einem Strick das Leben nahm. Des Gerbers Leiche wurde demnach auf diejenige des Müllers gebettet, was die Schäfersche Familie zu einer Klage vor dem Rat veranlaßte. Diese aber wurde abgewiesen, indem Ochs lakonisch verfügte: ‹Bleibt bei der Ordnung!› Daraufhin stellte man mancherorts mit etwelcher Schadenfreude fest: gleich und gleich gesellt sich gern, ein Gehängter und ein Ungehängter seien zusammengekommen. In eigener Sache aber legte Ochs einen andern Maßstab an. Als sich sein Sohn Albert, Sekretär auf der Staatskanzlei, mit einem Pistolenschuß das Leben nahm, konnte man's dem unglücklichen Vater nicht verargen, daß er die Leiche im Münsterkreuzgang in sein Familiengrab legen ließ. Das war in Ordnung. Aber daß es unter ansehnlicher Begleitung und am hellen Tage geschah, das war wenigstens unschicklich gegenüber der bisherigen Gewohnheit, die bei einem solchen Unglücksfall alles Gepränge zu vermeiden suchte. Als aber im Jahre 1816 der hochgeachtete und von seiner Kirchgemeinde Riehen allgemein geliebte und schmerzlich betrauerte Pfarrer Johann Rudolf Rapp den Tod im Brunnentrog des Pfarrhofs fand und von seinen Verwandten und angesehenen Mitgliedern der Gemeinde nach der Ordnung in die Reihe auf dem damals noch rings um die Kirche angelegten Begräbnisplatz bestattet werden wollte, verweigerte Ochs beharrlich die Bewilligung; der Tote mußte außerhalb der Kirchhofmauern unter einem Holunderstrauch vergraben werden. Diese Hartherzigkeit war besonders bedauerlich, weil der tragische Hinschied Pfarrer Rapps, der an schmerzhaften Flechten litt, auch durch einen Herzschlag beim Waschen mit kaltem Wasser hätte erfolgt sein können. Auf jeden Fall ging die Sage um, die Gemeindebeamten hätten einige Wochen später die pfarrherrliche Leiche in einer stürmischen Nacht exhumiert und sie auf dem eigentlichen Gottesacker beigesetzt. Wenn die Sage Grund hatte, so drückte wenigstens der Rat das Auge darüber zu.

Hexenerscheinungen im Astloch

Samuel Früh hatte Sigristenblut in sich, war beim Kirchhof geboren und aufgewachsen und deshalb wundert's nicht, daß er in manchen Stücken dem Aberglauben huldigte. So behauptete er ernsthaft, wer von verborgener Stelle aus während eines Gottesdienstes durch das Astloch eines Sargbrettes aus einem geöffneten Grab in die Kirche schaue, der könne sehen, wie viele Hexen unter den Weibern anwesend seien; diese würden mit verdrehtem Kopf und das Gesicht im Nacken im Astloch erscheinen. Auch beteuerte Früh weiter, sein Großvater habe ein zweites Gesicht gehabt und hätte auf der Straße gewissen Personen angesehen, daß sie bald sterben würden. Sein Vater aber habe dieses zweite Gesicht nicht mehr besessen, hingegen habe er, wenn das Grabmachergeschirr sich im Hausgang der Sigristenwohnung ohne sichtlichen Grund bewegte, voraussagen können, daß jemand dem Tode nahe sei.

Das Gespensterhaus zu Bubendorf

Seit Jahrhunderten stand das Pfarrhaus in Bubendorf im Ruf, ein Gespensterhaus zu sein. Im Konferenzsaal, der ab und zu auch als Fremdenzimmer diente, konnte man keinen Schlaf finden, weil mit Knistern, Sesselrücken und Fußtritten eine dauernde Unruhe über dem Raum schwebte. Urheber dieser unheimlichen Geräusche soll, um das Jahr 1640,

Hexensabbat. Hexen und Teufel in Tiergestalten vergnügen sich bei ausgelassenen Tänzen und Exzessen. Solchen ‹satanischen Ouvertüren› folgten meist Schlemmereien mit Fleisch von geraubten neugeborenen Kindern und widerlichen Getränken und die Belehrung der Hexen im teuflischen Gebrauch von Kräutern, Giften, Wachsbildern, Leichenteilen, Hexensalben und Zauberpulvern zur Erzeugung von Schlagwetter, Hagel und Nebel und zur Behexung von Mensch und Tier. ‹Im Augst 1744 hatte sich hinter dem Münster beym Todten Gatter ein curioser Casus ereignet. Man hörte bey 4 Wochen lang alle Nacht hinder dem Münster ein von einem Menschen natürliches Schnaufen. Solches veruhrsachte, daß alle Nacht über 100 Persohnen hingegangen und diesem Schnaufen zugehört haben, woriber vieles unglickliches Raisonirn ergangen, welches recht lächerlich zu hören war; etliche sagdten, es seye ein Mensch, welcher aus einem Grab ächtzgete, wiedrum, es bedeuthe ein Sterbet. Endtlich verwandtlete sich dieses vermeinte Gespengst in 2 große Vögel, welches eine Gattung zwar außerordentliche saubere Steyn-Eulen waren, welche zu Basel noch niemals sind gesehen worden.› Aquarell von Daniel Burckhardt. 1792.

Geistererscheinungen. Vermutlich im Offenburgerhof, Petersgasse 42, mit dem Apparat von Abel Socin (1729–1808), Doktor der Medizin und Professor der Physik. Der geistreiche Gesellschafter, im Ruf eines Wundertäters oder Hexenmeisters stehend, versetzte mit einer einfachen Glasscheiben-Elektrisiermaschine seine Mitbürger in Staunen, besonders wenn sein mit Elektrizität geladener Körper seine Haare zum Sträuben brachte und Funken aus seinen Fingerspitzen sprühten. Aber auch seine Fähigkeit, mittels Spiegelglasplatten und raffinierter Beleuchtungseffekte Geistererscheinungen zu produzieren, erregte größte Aufmerksamkeit in der Stadt. Tuschzeichnung von Daniel Burckhardt. 1788.

der Tier- und Menschenquäler Pfarrer Heinrich Strübin gewesen sein (die Strübin hatten bei der Besetzung dieser Pfarrstelle bis Anno 1798 immer den Vorrang). Im Strübinschen Stall eingestellte Pferde sollen die ganze Nacht hindurch fürchterlich getobt und ausgeschlagen haben. Beim Nachsehen, so erzählten ältere Bauern, hätte man zuweilen den Pfarrer im Stallkittel gesehen, wie er mit der Peitsche auf die Pferde eingeschlagen habe. Im Jahre 1822 übernahm Jakob von Brunn die Pfarrei Bubendorf. Dieser geschätzte Geistliche war mit hellseherischen Fähigkeiten ausgestattet, die er besonders an hohen Festtagen zur praktischen Anwendung brachte. Von einer unwiderstehlichen inneren Aufforderung getrieben, begab er sich, wie er selbst im Freundeskreis erzählte, zur mitternächtlichen Stunde in die Kirche, um bei Mondlicht von der Kanzel aus den Abgeschiedenen das Evangelium zu verkünden. Dabei begegneten ihm deutlich 3 Sorten von Geistern, die alle noch nicht dem Urteil des göttlichen Richters verfallen waren: weiße, graue und schwarze. Und zwar in so großer Zahl, daß Kirche und Empore gleichermaßen bis auf den letzten Platz gefüllt waren. Die weißen Geister hörten jeweils mit Ruhe, Zufriedenheit und spürbarer Andacht das Evangelium von der Erlösung an, die grauen dagegen mit unruhiger Sehnsucht und mit Zweifel ausdrückenden Gebärden. Die schwarzen Geister jedoch kehrten der Kanzel beständig den Rücken zu und unterstrichen ihre ablehnende Haltung mit heftigem Gestikulieren, was den Pfarrer oft veranlaßte, im Namen Jesu Christi Ruhe zu gebieten oder mit Wegweisung zu drohen. Mit der Zeit verschwanden einige weiße Geister, und graue und schwarze wurden heller, indessen andere eine dunklere Farbe erhielten. Dieser Vorgang mochte im zunehmenden bzw. im schwindenden Glauben an das Evangelium eine plausible Erklärung finden. Pfarrer von Brunn, dem kein einziger Geist bekannt vorkam, hatte später solche Erscheinungen von Geistern auch in Basel, die er aber alle durch inständiges ‹Bätten› zu ihrer ewigen Ruhe gebracht haben wollte.

Kirche und Pfarrhaus von Bubendorf. Um 1840. ‹Bubendorf, am Eingange des Zyfner- und Reigoldswylerthals, ein schönes großes Pfarrdorf mit 182 Haushaltungen. Seine Gemarkung ist groß, fruchtbar und wohl angebauet. Dem Dorfe rechts entsteigen an der Sonnenseite Weinberge bis an die waldbekränzten Höhen, und links demselben schmückt das Berggelände theils das bunte Grün der Wiesen, auf welchen Obstbäume aller Art mit einander wechseln, oder es wird von trefflichen Kornfeldern bedeckt. Diesen Vorzügen ihrer Gemarkung, und dem ansehnlichen Gewinnste, den sie von ihren Seiden-Beschäftigungen ziehen, verdanken viele Einwohner zu Bubendorf ihren Wohlstand.› Im Jahre 1574 bekam die im 15. Jahrhundert gotisierte Kirche Bubendorfs, zu der auch ein Beinhaus gehörte, eine neue Uhr, und 1629 ließen die Behörden auf das Kreuz des Helms einen Stern setzen. 1880 wurde das Gotteshaus, statt ‹ungeschickten Flickens der an ungeschicktem Orthe placierten Kirche›, abgebrochen und durch einen Neubau ersetzt. Aquarell.

Ein abscheulicher Irrtum

Im Frühjahr 1869 hatte sich ein wegen seiner Liederlichkeit berüchtigter Gärtner im Gellertgut, das im Besitz von Ratsherrn Eduard Burckhardt-Schrickel im Domhof war, erschossen. Die Leiche wurde alter Übung gemäß in die Anatomie geliefert. Dort beauftragte Professor Dr. Carl Liebermeister, Oberarzt am Spital und Mitglied der Medizinalbehörde, den Anatomiediener, ihm die Leber des Selbstmörders für Untersuchungszwecke nach Hause zu bringen. Liebermeister war im Johanniterhaus an der St.-Johanns-Vorstadt bei Zimmermeister Wilhelm Hübscher-Lichtenhahn in Miete. Das sogenannte neue Wohnhaus Nr. 88 war noch anfangs des 19. Jahrhunderts ein umgebautes Ökonomiegebäude mit Magazinen im Parterre und den Räumlichkeiten der Freimaurerloge im oberen Stock. Der Zufall wollte es, daß Frau Liebermeister für diesen Tag beim Metzger Leber bestellt hatte. Es erregte daher nicht den geringsten Verdacht, als der Anatomiediener sein Paket an der Haustüre abgab. Das Fleisch wurde sogleich zubereitet und zum Mittagessen serviert. Wie nun die Familie mit großem Behagen die Mahlzeit verzehrte, läutete es, und ein Metzgersknecht brachte die bestellte Leber. Der schreckliche Irrtum klärte sich erst auf, als Professor Liebermeister nach Hause kam und gab, wie man sich denken kann, zu abscheulichem Entsetzen Anlaß.

In Todesgefahr

Als im Herbst 1818 Uebelin am Vorabend der Verena-Kommunion zur Aushilfe zu Dekan Simon Eglinger nach Benken pilgerte, begegnete ihm, etwa 100 Schritte vom Wäldchen zwischen Biel und Benken entfernt, ein ihm nicht ganz unbekannter Mann. Dieser ging Uebelin um ein Almosen an, da er vollkommen mittellos sei. Weil es anfing zu nachten, mochte der einsame Wanderer nicht den Geldbeutel ziehen, sondern übergab dem Bettler einen für das Trinkgeld im Pfarrhaus bereitgehaltenen Fünfbätzner, ohne zu wissen, daß er in unmittelbarer Todesgefahr geschwebt hatte. Der Wegelagerer war nämlich niemand anders als der damals schon gefährliche Räuber Jakob Feller von Sondernach. Als im Sommer 1819 jene vier Raubmörder im Spalenschwibbogen auf den Tod warteten, hatte Uebelin den einzigen Protestanten, J. Feller, zu besuchen und auf das Ende vorzubereiten. Dabei gestand ihm dieser, daß er an jenem Abend vorgehabt habe, über ihn herzufallen, ihn zu berauben und nötigenfalls niederzuschlagen. Doch hätten ihn dann zwei Bedenken davon abgehalten: Erstens, daß er ihm ein ungewöhnlich großes Almosen gereicht habe, und zweitens in Erinnerung an seine Zeit als Garnisönler in den Jahren 1814 und 1815. Damals hatte Feller auch bei Uebelins Freund Balthasar Staehelin an der Streitgasse als Kutscher gedient und bei Ausfahrten der beiden Herren großzügige Trinkgelder empfangen. Weiter bekannte Feller, er sei vor Gott und den Menschen ein entsetzlicher Mensch und als Raubmörder ein todeswürdiger Verbrecher, aber so schlecht sei er vor einem halben Jahr doch nicht gewesen, einen ehemaligen Wohltäter kaltblütig niederzumachen und auszurauben.

Mit Gold oder Blut

Einst warf ein übermütiger französischer Staatsmann einem hohen Schweizer Offizier in französischen Diensten vor, mit all dem Gold, das Frankreich schon für die Schweizer aufgewendet habe, könne man die Straße von Paris nach Basel pflastern. ‹Dies mag sein›, gab der Schweizer dezidiert zur Antwort, ‹aber mit dem Blut, das die Schweizer für die Franzosen vergossen haben, könnte man einen Kanal von Basel nach Paris schiffbar machen!›

Der letzte Gang

Ein Kriminalverbrecher, dem das Leben abgesprochen worden war, wurde der Reihe nach von allen Diakonen und den Filialpfarrherren zu St. Jakob, am Waisenhaus, am Spital und am Zuchthaus besucht.

Das St.-Johanns-Tor und der Gottesacker zu St. Johann. Um 1840. Der hochragende Torturm trägt auf dem Zinnenkranz ein demontables Zeltdach, das 1874 einem mißglückten Dachaufbau weichen mußte. Der 1787 ummauerte Friedhof auf dem ehemaligen Reb- und Kohlacker beim St.-Johanns-Tor war für die Toten der Petersgemeinde bestimmt. Daneben durfte der Hirt der St.-Johanns-Vorstadt das fruchtbare Land zwischen den Gräbern mit Kartoffeln bepflanzen. Infolge der Inbetriebnahme des 25 Jucharten umfassenden Kannenfeldgottesackers wurde 1868 der Begräbnisplatz beim St.-Johanns-Tor aufgehoben. Aquarell von Achilles Bentz.

> Steh Wandrer still bei diesem Stein,
> Ein edler Mensch ruht hier.
> Sein Geist war hell, sein Wandel rein;
> Ihr Edeln weint mit mir.
>
> Grabinschrift
> von Gottlieb Konrad Pfeffel. 1800

Bei der Exekution hatten neben den Filialisten auch die Pfarrhelfer abwechslungsweise dem zum Tode Verurteilten Beistand zu leisten. Der dazu bestimmte Geistliche begleitete in Anwesenheit eines Amtsbruders den Delinquenten auf dem Weg vom Rathaus zum Richtplatz, während die große Papstglocke im Münster schwer und langatmig die Hinrichtung einläutete und erst nach dem Vollzug der Strafe wieder verstummte. Auf dem Richtplatz hielt der Geistliche eine Standrede, dann hatte der Scharfrichter seines blutigen Amtes zu walten.

Gottes Mühlen

Um die Mitte der 1830er Jahre war der Schaffhauser Antistes Dr. Spleiß bei den alljährlichen Bibel- und Missionsfesten ein oft und gern gesehener Gast. Mit seinem liebenswürdigen Charakter und seiner gründlichen Gelehrsamkeit (er kannte beispielsweise das Neue Testament in seiner Grundsprache auswendig) erweckte er überall Zuneigung. Er zeichnete sich aber auch durch verschiedene andere Eigenheiten aus. Eine von diesen bestand im Bilden von Schachtelsätzen, die er ellenlang ausdehnen konnte, ohne je den Faden zu verlieren. Mit einigen Missionsfreunden besuchte Spleiß einst nach einem Festanlaß das Kämmerlein von Pfarrer Theophil Passavant im Seidenhof. In angeregter Gesellschaft entwickelten sich dort hochgelehrte Gespräche, von denen eines über Abstammung und Gesetzlichkeit handelte. Dr. Spleiß wies darauf hin, daß die feste Ordnung Gottes oft auch von wunderbaren Dingen durchbrochen werde. So habe um das Jahr 1710 in Schaffhausen nach jahrelangem ergebnislosen Nachforschen durch merkwürdige Umstände plötzlich ein Verbrecher seiner Tat überführt werden können. Am Tage der Exekution hätten sich die Angehörigen einer vornehmen Familie getroffen, die sich dann ausführlich über die göttliche Gerechtigkeit unterhielten. Die Gesprächsteilnehmer seien allgemein der Ansicht gewesen, kein Verbrecher entgehe jemals der irdischen Strafe. Da ergriff eine 70jährige Dame das Wort und bekannte, sie habe in ihrem 19. Lebensjahr heimlich ein Kind geboren und es dann auf höchst verwerfliche Weise aus der Welt geschafft; kein Mensch habe je davon erfahren. Dieses seltsame Selbstbekenntnis habe wie ein Donnerschlag auf die Anwesenden gewirkt, und Gottes Mühlen seien noch nach so langer Zeit auf obrigkeitlichen Antrieb hin in Bewegung geraten.

Horrible ‹Mediziner›

Bis um das Jahr 1813 lebte am Rheinsprung 10 (alt 1503) ein deutscher Perückenmacher namens Anton Vetter. Der große Mann mit auswärtsgekrümmten Beinen und ziemlich flacher Stirne lebte in kinderloser, friedlicher Ehe, hatte aber mit zunehmendem Alter das Unglück, kindisch, ja geradezu blödsinnig zu werden. Sein Hausarzt, Professor Dr. Melchior Huber bei der Rheinbrücke, wollte nach dem erfolgten Hinschied des Perückenmachers dessen Kopf anatomisch untersuchen. Da jedoch Vetters Witwe nichts von diesem Vorhaben erfahren durfte, mußte Stillschweigen gewahrt werden. Die Leiche wurde deshalb auf Geheiß Professor Hubers bis zur Beerdigung im unteren Collegium untergebracht. Zu nächtlicher Stunde beugten sich nun Professor Huber und Dr. Johann Georg Stückelberger-Stückelberger im Beisein einiger Chirurgen über den Kopf des Verblichenen und ließen ihrem Wissensdrang freien Lauf. Wie die versierten Mediziner erwartet hatten, war das Gehirn unverhältnismäßig stark eingeschrumpft, die vordere Wand des Schädels dagegen stark porös und nach innen ausgewachsen. Die beiden Ärzte brachen das Cranium bei der Sutura auseinander, damit jeder eine Hälfte in seinen Besitz nehmen konnte. Dann verschlossen sie die Öffnung mit einer ausgehöhlten Rübe, zogen die mit Kreuzschnitten versehene Kopfhaut darüber, vernähten diese und setzten dem toten Vetter wieder die Nachtmütze mit dem schwarzen Band aufs Haupt, als wäre nichts geschehen. Hierauf verfügte sich die ganze Gesellschaft in Hubers Apotheke zu einem köstlichen Punsch ...

Tragisches Geschehen mit bedenklichem Nachspiel

Ein schreckliches Unglück ereignete sich am 24. Juni 1872 am Aeschengraben Nummer 10: Der Gärtner Johann Scheidegger war mit dem Schneiden der Reben von Professor Christoph Staehelin-Bührlen beschäftigt. Als er von einer hohen, etwas schadhaften Leiter aus das Laub abzwackte, brach diese plötzlich zusammen. Scheidegger stürzte unglücklicherweise auf zwei eiserne Spieße, die ihm mitten durch den Bauch schossen. Unter grauenhaften Schmerzen wurde der bedauernswerte Gärtner von den spitzen Pfeilen, die wie Widerhaken wirkten, sogleich losgelöst und eiligst ins Spital verbracht. Doch kam jede Hilfe zu spät. Scheidegger starb eines fürchterlichen Todes.
Doch damit nicht genug! Denn dem Unglücksfall sollte noch ein betrübliches Nachspiel folgen. Scheidegger war katholisch, ließ aber seine vielen Kinder im protestantischen Glauben seiner Frau erziehen. Pfarrer Burkart Jurt, der katholische Seelsorger der Stadt, geißelte vor den vielen Trauergästen beim Totenamt in schroffer Tirade diese Lebenshaltung des Verstorbenen. Dabei soll er gedonnert haben: ‹Dieses Unglück ist nicht von ungefähr, sondern es geschah, weil der Verunglückte wenig in die Kirche ging und seine Kinder protestantisch erziehen ließ!› Darob entstand nun so große Unruhe unter den Gläubigen, daß sich der streitbare Geistliche zurückziehen mußte. Der auch in der Presse heftig diskutierte Vorfall nahm schließlich ein solches Ausmaß an, daß die Regierung den Pfarrer zu St. Clara an seinen Amtseid erinnern mußte. Nämlich: ‹... nichts zu tun, was den Frieden unter den Konfessionen stören könnte.›

In der Birs ertrunken

Mitte Juni des Jahres 1872 ging die Birs so hoch, daß die Brücke in Münchenstein derart bös beschädigt wurde, daß sie eigentlich nicht mehr hätte befahren werden dürfen. Weil aber ein entsprechendes Verbot unterblieb, sahen drei junge Basler, die von

Die alte Treu und Redlichkeit
Gilt wenig mehr zu dieser Zeit,
Man lügt und triegt mit Vorbedacht,
Wer's redlich meint wird ausgelacht.

Basler Sinnspruch. 1758.

Am Großbasler Brückenkopf. Um 1845. Links das Zollhaus, wo die Gebühren für den Güterverkehr auf Strom und Brücke zu entrichten waren. Gemäß der Zollordnung von 1775 mußten beispielsweise für ‹Ein Wagen mit Käß oder Zigeren 2 Schilling, für Hundert Rebstecken 8 Pfennig und für ein Schwein, so zu Schiff den Rhein hinab oder über die Rheinbruck geführet›, 2 Pfennige bezahlt werden. An der Ecke Rheinsprung/Eisengasse ist das Zunfthaus zu Spinnwettern zu sehen und an der Ecke zur Schifflände die Hubersche Apotheke. Kolorierte Lithographie.

Ein Steinbrückchen bei einer Schwelle des St.-Alban-Teichs, des von der Birs gespiesenen Gewerbekanals. 1820. ‹So bald die Birs von Arlesheim hinab das Baselische Gebiet erreichet, fließet sie schlangenweise in einem breiten Bette, darein sie öfters neue Inseln leget.› Aquarell von Peter Birmann.

einem Ausflug zurückkehrten, keine Notwendigkeit, mit ihrer Chaise eine andere Route zu wählen. Vor der Brücke stiegen zwei der Burschen vom Gefährt, während Rudolf Sprüngli sitzenblieb und Pferd und Wagen über die Birs kutschieren wollte. Doch die Brücke hielt der Belastung nicht stand, und das ganze Fuhrwerk stürzte in die hochgehende Birs. Das Roß konnte gerettet werden, Sprüngli aber versank lautlos in den Fluten und fand in dem wilden Element den Tod.

In letzter Sekunde gerettet

Um das Jahr 1814 war Uebelin mit dem Studenten Jacquet befreundet, der bei einer einfachen Familie in der St.-Johanns-Vorstadt Kost und Logis hatte. Die beiden verstanden sich gut und büffelten gemeinsam auf die Examina. Nach einiger Zeit schloß sich der Ostschweizer Schweizer, ebenfalls Theologiestudent, dem Duo an, um bei den Prüfungen den Anschluß nicht zu verpassen. Denn er hatte seines unsteten Charakters wegen Mühe, sich zu behaupten. Auch bereitete ihm das Erlernen der alten Sprachen Mühe, weshalb er sich lieber der Jura oder Chirurgie zuwenden wollte. Durch Zureden seiner Freunde aber, die ihm ein besseres Auskommen in der Theologie in Aussicht stellten, nahm er einen neuen Anlauf, das griechische Kränzchen fleißig zu besuchen. Ein solches war einst auf einen Winterabend angesetzt, aber Schweizer erschien nicht zur festgesetzten Zeit. Wie nun nach einigem Warten Uebelin bat, trotzdem mit der Arbeit zu beginnen, fuhr Jacquet plötzlich auf und versicherte seinem Freund, er verspüre eine unabwendbare Regung, für den armen Schweizer zu beten, da er in diesen Minuten eine lebensgefährliche Situation zu meistern habe. Die beiden Kandidaten der Theologie ließen sogleich ein flehendes Gebet zum Himmel aufsteigen, der barmherzige Hirte möge dem Schwergeprüften in seiner Gefahr beistehen. Dann stürmten sie eilenden Schrittes zur Armenherberge, wo ihr Studienkollege wohnte, und konnten im allerletzten Augenblick verhindern, daß Schweizer sich in völliger Verzweiflung mit einem Pistolenschuß das Leben nahm. Der Gerettete brach in Tränen aus, dankte Gott für die gnädige Bewahrung vor dem Tod und brachte seine Studien, moralisch und finanziell von seinen Freunden unterstützt, zu einem guten Abschluß. Hernach trat er als Feldprediger in ein holländisches Schweizerregiment.

Eine rätselvolle Erscheinung

Im alten Basel war es üblich, daß vor der Amtswohnung des regierenden Bürgermeisters auf dem Münsterplatz Tag und Nacht eine Schildwache patrouillierte. Um die Mitternachtsstunde vom 31. Dezember 1829 auf den 1. Januar 1830 tauchte vor den Augen des Wache stehenden Garnisönlers

Die ‹Vorstellung der ehemaligen Bürger Nacht-Wache, wie solche von der Parade an ihre Posten gezogen›. Während tagsüber die Stadtgarnison den Sicherheitsdienst in der Stadt auszuüben hatte, war die Nachtwache bis zum Untergang des Ancien Régime quartierweise der Bürgerschaft übertragen. Obwohl ‹von dem Herrn Bürgermeister an bis auf den Bettelvogt und von dem Herrn Oberstpfarrer bis zum Siegrist› jeder Bürger diese Aufgabe hätte erfüllen sollen, leisteten nur ‹teils gute Bürger, teils Lohnwächter, zum größten Teil aber Hintersässen, alt, gepresthaft und untauglich› diesen Dienst. Jedes der 7 Quartiere hatte 12 Rotten zu stellen; die Kleinbasler deren 27. Die Wachtpflichtigen mußten des Abends dem Ruf der Spielleute folgen und sich mit Ober- und Untergewehr und mit ‹Kraut und Lot› zu 6 Schuß ausgerüstet auf ihrem Paradeplatz einfinden. Dort wurden durch das Los die einzelnen Wachposten ermittelt und das neue vom Stadtmajor befohlene Paßwort bekanntgegeben. Trotzdem die Nachtwache bis zur Ablösung durch die Tagwache dauerte, sind ‹ohngeachtet aller obrigkeitlichen Anstalten die Bürgerwachten nicht dazu zu bringen gewesen, daß sie des Morgens die ankommenden Soldaten erwartet, sondern allwegen vor deren Ankunft abgezogen›. Die Darstellung zeigt eine Wachtablösung, die von einem Offizier der Landmiliz abgenommen wird. Aquarell von Johann Jakob Schwarz.

plötzlich eine weißgekleidete weibliche Figur mit einem Schwert in der Hand auf, die vor dem Münster gespensterhaft dahinwandelte und in Richtung Rittergasse lautlos verschwand. Halbtot vor Schreck gab der Planton seinen Unteroffizieren Kenntnis vom rätselvollen Ereignis, das die ganze Stadt während Tagen in Atem hielt.

Drei Selbstmorde

Innerhalb weniger Wochen trugen sich 1823 in Basel drei schauderhafte Selbstmorde zu. Anfangs September nahm sich der 84jährige Meister Johann Jakob Schlosser, Zöllner unter dem Riehentor, das Leben. Er steckte einen Hirschfänger in die Tischschublade und bohrte seinen Körper hinein. Der Unglückliche starb erst nach einigen Stunden grauenhaftester Qualen. Seine Frau soll mit ihren ständigen Nörgeleien wesentliche Schuld am Freitod gehabt haben. Ihre Bemerkung, der Tropf hätte sich besser erschossen, als sich auf so schmerzliche Weise umzubringen, dürfte Beweis genug dafür gewesen sein ...
Wenig später stürzte sich die melancholische Witwe Salome Heusler-Socin aus dem zweiten Stock ihres Hauses und war sogleich tot. Bei der Beerdigung, die nur im engsten Kreis erfolgte, trug Archidiakon Jacob Burckhardt entgegen dem Bitten von Amtsbürgermeister und Kapitel den Ornat, was allgemeine Empörung erregte.
Schließlich wurde auch noch der trübsinnige Johann Jakob Vischer-Forcart in seinem Garten schwerverwundet aufgefunden. Er hatte sich mit einem scharfen Federmesser 8 Stich- und Schneidwunden beigebracht, die nach einigen Stunden zu seinem Tode führten. Bei seiner Beerdigung, die in der Dunkelheit stattfand, erschien der Archidiakon wiederum in pontificalibus. Dies veranlaßte den Bürgermeister, nochmals darauf hinzuweisen, daß bei einem solchen Anlaß das Tragen des geistlichen Ornats nicht erlaubt sei, weil jeder kirchliche Anstrich vermieden werden müsse. Hingegen sei es gestattet, dem Begräbnis im schwarzen Rock beizuwohnen und nach Bedürfnis im Leidhause ein Gebet für die Hinterlassenen zu sprechen.

Beim Schlittschuhlaufen ertrunken

Ein höchst bedauerlicher Unglücksfall ereignete sich am 23. Januar 1825. Beim Eislaufen auf dem Allschwiler Weiher brachen drei junge Männer im Eis ein. Während zwei der Eisläufer sich ohne große Mühe retten konnten, vermochte sich Jakob Christoph Bischoff nicht mehr auf die Eisfläche zu schwingen. Er konnte sich mit Ach und Krach nur einige Minuten über Wasser halten. Während dieser Zeit versuchte Bauverwalter Franz Faesch, dem Verunglückten mit einem Baumast Hilfe zu bringen, während ihm andere zusammengebundene Schlittschuhriemchen zuwarfen. Doch alle Hilfeleistung war vergeblich. Nach 8minütigem Kampf gegen den Tod, bei dem er seinem Retter die Hälfte seines Vermögens verheißen hatte, versank Bischoff im Wasser. Stunden später konnte seine Leiche aus dem tiefen Weiher gezogen werden. Der bedauerliche Hinschied des 31jährigen erfolgreichen Handelsmannes und begabten Landschaftsmalers erregte allgemeine Teilnahme.

Unrühmliches aus Riehen

Eine dumme Hänselei mit tödlichem Ausgang fand im Jahre 1826 in Riehen statt. Der junge Samuel Weißenberger, ein armer, aber auch liederlicher Tropf, wurde von andern Knaben dauernd gefoppt. Er klagte seinen Ärger dem Pfarrer und dem ersten Beamten des Dorfs, doch vermochten oder wollten diese keine Abhilfe schaffen. Auch dann nicht, als der verspottete Bursche drohte, es gebe ein Unglück, wenn man ihn nicht in Ruhe lasse.
Eines Abends zogen einige Nachtbuben zur Weißenbergerschen Liegenschaft und bespritzten durch eine zerbrochene Fensterscheibe den Jüngling des Hauses, der eben zu Bette gehen wollte, mit Jauche! Darob wurde der junge Weißenberger so zornig, daß er einen rostigen Hirschfänger ergriff, auf die

Die Herre vo Rieche,
Sie esse gern Chrieche.
Die Herre vo Wyl
Hen ebe so viel.

Die Herre vo Stette
Sie wette sie hätte
Der Chrieche so viel
Als Rieche und Wyl.

        Alter Volksreim
        aus Riehen

Riehen im Jahre 1780. Wahrscheinlich von einem der Ecktürme des Weiherschlosses am Erlensträßchen aus gesehen. In der Mitte der Ochsenbrunnen, der seit 1522 zum Andenken an die Zugehörigkeit zur Stadt mit dem Basler ‹venlin› geschmückt ist. – ‹Riehen ist ein großes Dorf an der badischen Heerstraße, im Wiesenthal, eine Stunde von Basel, mit 210 Häusern und 1380 Einwohnern. Dieses Dorf hat bei den letzten Durchzügen der Alliirten viel gelitten, ist jezt (1838) aber wieder sehr wohlhabend und blühend. Sein Bann hat einen Flächeninhalt von 3230 Juchart mit vorzüglich schönen Wiesen, herrlichem Obstwachs und vortrefflichen Weinbergen. Das Dorf zieren mehrere schöne Landsize reicher Städter. Es besizt ein eigenes Gericht und Gescheid, mehrere Schulen und einen Landjägerposten.› – Aquarell von Daniel Burckhardt.

Die Salmenwaage beim Grenzacher Horn. ‹Der Lachs und der Salmen wird für den gleichen Fisch gehalten. Salmen wird er genannt, so lang der Tag zunimmt, Lachs, so bald der Tag abnimmt. Der Salmen aber ist, wie bekannt, weit sätter am Fleisch, schmackhafter und fetter. Man vermeynt, daß der Salmen, welcher aus einem natürlichen Triebe das süße Wasser liebet, zu Anfange des Frühjahrs die See verlasse und in verschiedene Flüsse einlaufe. In dem April findet er sich in unserer Gegend ein, und je höher er den Rheinfluß hinauf steigt, um so viel schmackhafter wird sein Fleisch. Übrigens ist bekannt, daß in dem Rheinflusse mit den großen Garnen sehr viele Lächse gefangen, auch viele sogenannte Lachsstühle aufgestellet werden, an welche ein Lockfisch, um die vorbeystreichenden herbey zu bringen, angebunden ist.› Aquarell von Johannes Schnäbelin im Stammbuch des Johann Rudolf Brandmüller (1751–1812).

Straße stürmte und damit wütend auf den jungen Johannes Stump einschlug, worauf dieser tödlich verwundet niedersank. Diese unbeherrschte Tat hatte der reumütige Weißenberger mit Pranger und 20jähriger (!) Kettenstrafe zu sühnen.

Der bedauerliche Vorfall stellte das Dorf Riehen auch noch in anderer Hinsicht in ein ungünstiges Licht. Acht Tage zuvor war nämlich erkannt worden, daß die nächsten Toten ohne Ansehen der Person auf dem sogenannten Schänzlein zwischen der äußeren und inneren Ringmauer zu beerdigen seien, weil auf dem Gottesacker kein freier Platz mehr vorhanden war. Nun aber weigerte sich der Vater des Erschlagenen, seinen Sohn auf dem Schänzlein bestatten zu lassen, und er versprach, der Gemeinde für ein Entgegenkommen eine Jucharte Land für einen neuen Friedhof zu überlassen. Die Behörden griffen mit beiden Händen nach dem willkommenen Geschenk und ließen, wie gewünscht, den jungen Stump noch auf dem alten Friedhof zur ewigen Ruhe betten. Als nun der ‹Krösus› sein Versprechen einlösen sollte, wollte er plötzlich nichts mehr davon wissen, weil ihm ein Nachbar, der keinen Friedhof in seiner Nähe haben wollte, den Acker um Fr. 1000.– abzukaufen gewillt war. Es bedurfte schließlich harter Verhandlungen, bis Stump wenigstens Fr. 500.– zum Kauf einer halben Jucharte in einer anderen Gegend anbot. Dies wiederum führte zu ‹wieschtem Gschyss› unter den Dorfvorgesetzten, da jeder einen Acker feilzubieten hatte und diese Summe verdienen wollte.

Mit Alkohol in den Tod

Am Ostermontag des Jahres 1826 bemächtigten sich ein Bäckerjunge und ein Kostbube, statt die Abendkirche zu besuchen, des Weidlings von Schiffmann Johann Jakob Hindenlang, mit welchem sie nach Grenzach hinaufstachelten. Dort suchten sie nach Fahrgästen, um sich einige Batzen zu verdienen. Gegen sieben Uhr abends hatten sie denn auch richtig ihren Kahn voll. Alle Passagiere hatten ausgiebig dem Alkohol zugesprochen, und so stieß die Gesellschaft mit Gesang und Lärm vom Lande ab. Bei der Salmenwaage am Hörnli wollte einer aus Angst wieder aussteigen. Dies aber führte zu einem Streit, wobei dem Weidlingfahrer das Ruder entglitt, so daß er das Schiff nicht mehr zu steuern vermochte. Schon nach kurzer Zeit geriet der Kahn in eine Untiefe und schlug um. Drei der berauschten Passagiere konnten das rettende Ufer nicht errei-

Traiteur Johann Jakob Bachofen (1772–1849). Der beliebte Stubenverwalter zu Hausgenossen war stadtbekannt für seine exquisiten Hochzeitsessen, die er im schönen Zunftsaal ‹zum Bären› an der Freien Straße 34 mit großer Kunst aufzutragen verstand. Aquarell von Friedrich Meyer, 1809.

Nichts von köstlichen Leckereien wissen wollte Pfarrer Hieronymus d'Annone (1697–1770), der im Friesel, einer an sich harmlosen Hautkrankheit, die Strafe Gottes für Maßlosigkeit in der Lebensführung erblickte:

‹Wie geht's mit Fressen und mit Saufen!
Gemeine Tracht schmeckt nimmer wohl,
Man läßt, was niedlich, ferne kaufen,
Und spickt es mit Gewürze voll,
So kommet Fleisch und Blut und Jast,
Und draus erwächst der Friesel-Gast.

Wer prasset nicht mit Leckereien?
O Chocolade, Kaffee, Thee!
Man sollte drüber Zetter schreien,
Ihr seid der Born von manchem Weh,
Ihr habt den Friesel hergebracht,
Und dieser bringt die Todes-Nacht.

Man schwärmt in Faulheit wie die Fische,
Und wie die Sau in Güllen hockt,
Man sitzt beim Spiel- und Plauder-Tische,
Bis jeder Saft im Leibe stockt.
Die Hölle folgt auf solche Ruh!
So rufet uns der Friesel zu.

Bei Tänzen, Gutsch- und Schlittenfahrten,
Zu heiß- und kalter Winters-Zeit
Und tausend andern Luder-Arten
Der menschlichen Unsinnigkeit,
Entsteht bald Frost, bald Schweiß und Hitz
Des Friesels-Same Tür und Sitz.

Man wacht des Nachts, man schlaft bei Tage,
Des Lebens Ordnung leidet Not,
Und also braucht es keine Frage:
Woher kommt Friesel und der Tod?
Wo Einfalt, Ordnung, Zucht gebricht,
Da blüht der weiße Scheitel nicht.›

chen und ertranken. Das schwere Unglück hatte, nebst der Bestrafung der Verantwortlichen, insofern ein Nachspiel, als die Behörden das Verbot, an Feiertagen zu wirten, lockerten, damit die Eß- und Trinklustigen an diesen Tagen nicht mehr über die Grenze laufen mußten und sich dadurch einer gewissen Gefahr aussetzten. Trotz der nun milderen Handhabung dieses Gesetzes verfügten sich am Bettag einige Handwerksgesellen nach Weil. Dort wurde tüchtig gefestet und ausgiebig geistigen Getränken zugesprochen. Völlig betrunken fuhren die Burschen dann abends in einem großen Leiterwagen in die Stadt zurück. Und wie es kommen mußte, wurde unterwegs eine wilde Rauferei vom Zaun gerissen, die schließlich mit dem Tod eines der übermütigen Zechbrüder ein überaus tragisches Ende nahm.

220

Die Trennung von Stadt und Land

Scharmützel bei der Hülftenschanze am 3. August 1833.
Lavierte Federzeichnung von Jakob Senn.

Ein böses Omen

Zu Ende des Jahres 1830 ereignete sich in Basel ein empfindliches Erdbeben, das in der Stadtsäge im Kleinbasel einen sonderbaren Schaden anrichtete: Der in einem eichenen Stützpfosten eingehauene Baselstab wurde durch einen tiefen Riß gespalten, ‹so daß das Köpflein und das darunterliegende Schwänzlein (die Stadt mit den Gemeinden Riehen, Bettingen und Kleinhüningen symbolisierend)› (!) losgetrennt wurden. Sägermeister Johannes Meyer von Itingen deutete dies, wie viele seiner Mitbürger, als ein böses Omen, was sich auch bald bewahrheiten sollte.

Einen Bären aufgebunden

Trotzdem im Januar 1831 der erste Akt des Baselbieter Aufstandes beigelegt werden konnte, lag ein ausgesprochenes Mißtrauen über dem Burgfrieden. Während die Anstifter, Stephan Gutzwiller und Konsorten, im stillen über weitere Umtriebe brüteten, wurden in der Stadt die Schanzen ausgebessert und die groben Geschütze wie auch die Handfeuerwaffen ergänzt. Über die letzteren Vorgänge wollte sich ‹die Liestaler Clique› (!) wenn immer möglich ins Bild setzen und schickte zu diesem Zweck als ‹unverdächtige› Landleute verkleidete Spione ins Zeughaus. Zeugwart Carl Pfannenschmidt aber, ein Bruder des Vergolders, war ein gar aufmerksamer und dazu schalkhafter Hüter des Waffenarsenals. So erklärte er einem Liestaler Söldling, die Regierung erwarte aus einer berühmten belgischen Gießerei 6 neue Zwölfpfünder-Kanonen, die nach einem bisher unbekannten, überaus sinn- und kunstreichen System gegossen würden. Interessiert wollte nun der Bauer wissen, welche Vorzüge sich daraus ergäben. Mit todernstem Gesicht erwiderte Pfannenschmidt, man könne mit diesen Zwölfpfündern um die Ecke schießen. Feuere man also die Kanonen Richtung unteres Liestaler Tor ab, dann jage das Geschoß um die Kurve in die Rathausgasse und zerstöre alles an Haus und Mannschaft.

Politische Karikatur auf den selbständigen Kanton Baselland: Der Schweizer Braunbär mit überstülpter schwarzweißer Basler Uelikappe spielt auf seinem jüngsten Instrument den Bernermarsch! Aquarell von Hieronymus Heß.

‹Ätti, chumm vor's Dorf, sy drummle!
d Baslerböbbi rucke-n-aa!
Chumm, mer wei-n-is zämme dummle
Und se goh zum Beschte haa!
Niemer söll deheime blybe!
z'Basel müese d'Wyber gryne;
d Zopfberüggler müese goh!
Me darf kei Maa deheime loo.›

Baselbieter Spottvers
aus den 1830er Jahren

Liestal, von der Ergolz aus gesehen. Um 1820.
In der Mitte die Brücke über den Orisbach, der um 1862, ‹im kühlen Grunde unzählige Forellen nährt und die immergrünen Matten bewässert. Doch gibt er auch einen Kanal ab, der die Wollenfabrik der Gebrüder Spinnler in der sogenannten Pulverstampfe die Stadtmühle und zuletzt mehrere kleine Werke im unteren Gestadeck in Bewegung setzt›. Im Hintergrund (von links nach rechts) Straße nach Seltisberg, Oristal, Sichtern, Röseren, Schauenburgerfluh und Bienenberg. Aquarell.

‹Dieser Ausmarsch ist unser Unglück!›

Daß der Überfall auf die stadtgetreuen Gemeinden im Reigoldswiler- und Diepflingertal von der radikalen Baselbieter Regierung vorbereitet, für die ersten Augusttage 1833 vorgesehen und von maßgebenden Tagsatzungsmitgliedern in Wort und Tat begrüßt worden war, ist Uebelin hernach ‹durch schlagende Beweise integrer Persönlichkeiten bezeugt› worden. So erzählte Pfarrer Simon La Roche zu St. Peter, als er am 1. August mit dem Dampfschiff in Rolle gelandet sei, hätte sich ‹in großer Aufregung viel Militär zum Abmarsch contre Bâle› vorbereitet. Und Heinrich Riggenbach

Ein Soldat der ‹Executions-Truppe›. Am 11. August 1833 marschierten eidgenössische Truppen in Basel ein, damit die Schweiz ‹nicht länger stumme Zuschauerin eines Zustandes sei, in welchem die innere Sicherheit des Vaterlandes fortwährend gefährdet› werde. Kolorierte Lithographie von Nikolaus Weiß nach einer Karikatur von Hieronymus Heß.

berichtete, von Rorschach aus habe sich ein Auszügerbataillon ‹go Basel abe› bewegt. In Basel selbst ging erst am Nachmittag des 2. August die Nachricht durch, daß auf der Landschaft am folgenden Tag ‹Unruhen› ausbrechen würden. Die Frage eines allfälligen Auszugs wurde lebhaft diskutiert, und viele waren, wie Bürgermeister Johann Rudolf Frey, dagegen. Ratsherr Emanuel Hübscher hingegen, der Präsident des Kriegsrates war, schmetterte sein Seitengewehr auf den Tisch und drohte, auf der Stelle zu demissionieren, wenn man nicht ins Feld ziehe. Der Wille der Bürgerschaft, den bedrängten treuen Gemeinden zu Hilfe zu eilen, veranlaßte denn auch die Regierung, die sich aufdrängende militärische Aktion zu vollziehen. In der Stadt zirkulierten Gerüchte, den Landschäftlern seien durch ‹verräterische Milchmänner› bereits ‹Judasberichte› über die geplanten Maßnahmen der Regierung zugespielt worden. Als sich unter Trommelschlag die Mannschaft beim Stadtcasino kampfmutig zum Auszug rüstete, rief Bürgermeister Frey mit erhobener Stimme aus: ‹Dieser Ausmarsch ist unser Unglück!› Und er sollte recht bekommen!

Mangelnde Vorbereitung

In der Stadt war man so verblendet und siegesgewiß, daß an eine mögliche Niederlage überhaupt nicht gedacht wurde. In dieser Beziehung wurden denn auch keinerlei Vorkehrungen getroffen. Als am 2. August der Berner alt Schultheiß Emanuel Friedrich von Fischer mit der Postkutsche über den Hauenstein fuhr, um andern Tags zu einer Kur nach Wiesbaden weiterzureisen, hielt man es in Basel nicht für nötig, ihn über die militärische Situation im Baselbiet zu befragen. Und als der tüchtige Artilleriechef, Oberst Benedict Vischer, sich geweigert hatte, den Auszug zu kommandieren, weil er ‹kein Stratege, sondern nur ein Theoretiker› sei, wurde ihm trotzdem die Befehlsgewalt übertragen.

Die Ermordung Oberstleutnant Franz Lukas Landerers. Also geschehen am 3. August 1833 in der Hard durch den nachmaligen eidgenössischen Obersten Jakob von Blarer, der die Landschäftler Truppen zu ‹geradezu kannibalischen Abschlachtungsszenen› aufgefordert haben soll, getreu seinem eigenen Schwur: ‹Wer mir einen Gefangenen bringt, und wäre es mein eigener Bruder, den würde ich mit dem Säbel niederhauen!› Lithographie von Gottlieb Hasler.

Ein Massengrab in Muttenz

Unter den von ‹meist besoffenen› Landschäftlern in der Hard heimtückisch ermordeten Städtern befand sich auch der junge Dietrich Wettstein, letzter männlicher Sproß des verehrten Bürgermeisters Johann Rudolf Wettstein. Der fähige Offizier des Reservebataillons erhielt am Abend des 2. August in Karlsruhe Kunde von den bevorstehenden kriegerischen Ereignissen in seiner Vaterstadt. Er fuhr sofort mit einer Extrapost nach Basel, stürzte sich in die Uniform und machte sich auf den Weg zur Kampfstätte. Aber auch ihn ereilte in der Hard das Schicksal. Er wurde schwer verwundet, ‹ergriffen und an einem Baume aufgehängt›. Die Leiche wurde auf den Kirchhof von Muttenz gebracht und dort, wie die 32 andern, ‹völlig entkleidet in ein Massengrab geworfen›; für das Gesuch der Hinterlassenen, die Toten gegen Kostenerstattung freizugeben, hatte man kein Verständnis! ‹Ein rühriger Einsasse von Muttenz, der Krämer Tschopp aus Ziefen, der diesem Wandalismus mit Abscheu begegnete›, soll für jede der 33 Leichen ein Hemd besorgt haben. Diese seien jedoch sogleich konfisziert worden. Tschopp aber habe man fortgejagt...

Das Schicksal des Rittmeisters Landerer

Einem sonderbaren Schicksal erlag Rittmeister Franz Lukas Landerer, der auf der Flucht in der Hard ergriffen, mit Kolbenstößen niedergeschlagen und aufgehängt wurde. Man könnte dieses tragische Ereignis fast als Vergeltungsrecht von höherer Hand ansehen. Landerer besaß in den 1820er Jahren den Lützelhof in der Spalenvorstadt 9. Einst übte er sich im Hof im Scheibenschießen, befestigte aber das Zielbrett, statt an der schützenden Hofmauer, gedankenlos an einer morschen Türe gegen den Rondenweg. Im selben Augenblick, als Landerer die Feuerwaffe in Funktion setzte, spazierte ahnungslos ein Zimmermannslehrling aus Straßburg an der Türe vorbei. Die abgefeuerte Kugel durchbohrte Scheibe und Türe, traf den Jüngling ins Herz und führte dessen sofortigen Tod herbei. Der unglückliche und untröstliche Schütze wurde für einige Jahre wehrlos erklärt und starb dann, wie gesagt, in Erfüllung seiner Bürgerpflicht.

Rätselvolle Todesfälle

Rätselvoll war der Tod einiger Garnisönler, die aus einem Zuber bei der Hülftenschanze Wasser getrunken hatten. Da man vermutete, der Tod dieser Soldaten sei durch vergiftetes Wasser herbeigeführt worden, wurde eine chemische Analyse angeordnet. Dr. Beni Siegmund eilte deshalb mit einem ‹Gütterli Maagesaft› von einem Verstorbenen in die Miegsche Apotheke an der Gerbergasse 44, damit eine genaue Untersuchung vorgenommen werde. Das Ergebnis der von Dr. Ludwig Mieg in Gegenwart von Provisor Adam Fischer persönlich vorgenommenen chemischen ‹Prozedur› zeitigte zwar einen schwachen milchweißen Niederschlag, doch war damit natürlich nichts erwiesen.

Gottesstrafe für ruchlosen Mörder

Auch die Zöglinge des Missionshauses zeigten große Wehrbereitschaft, indem sie unter Begleitung von Pfarrer Theophil Passavant als Ambulanzgehilfen manchen Verwundeten und Gefallenen aus dem Kugelregen holten. Diese wurden dann, wenn immer möglich, mit Fuhrwerken und Kutschen, die reiche Bürger zur Verfügung gestellt hatten, in die Stadt gefahren. Einer der Konvois hatte glücklich den Hardwald passiert, als er unten beim Hardhübeli von einem eingefleischten, mit einem doppelläufigen Stutzer bewaffneten ‹Rampaß› aus Pratteln aufgehalten wurde. Nach kurzem Wortwechsel erschoß der erbarmungslose Haudegen in satanischer Wut Pferd und Insassen und zog dann vergnügt nach Pratteln. Dort rühmte er sich seiner Heldentaten im Wirtshaus und demonstrierte großartig ein schmetterndes Gewehrbeifuß. Dabei krachte ein Doppelschuß los und zerschmetterte dem ruchlosen Mörder die rechte Hand.

Großmut im Sterben

Benedikt Sarasin, ein liebenswerter Bursche in den zwanziger Jahren, schön und rotmündig von Angesicht, galt als einer der besten Schützen der Stadt. Auch ihn überraschte der Tod in der Hard. Von einem Schuß getroffen, sank der Scharfschütze zu Boden, wo er schwerverletzt liegenblieb. Sein in der Nähe postierter älterer Bruder, Sensal Lucas Sarasin-Heusler, wollte ihn trotz drohender Gefahr in Sicherheit bringen. Doch der Verwundete lehnte die Hilfe mannhaft ab und seufzte: ‹Lege mich, lieber Bruder, hin. Meine Leiden werden mit Gottes Hilfe bald zu Ende sein. Du aber, der Du Frau und Kinder hast, rette Dich so schnell, wie du kannst.› Was denn auch geschah. ‹Benedikt aber wurde erschlagen und verlocht.› (sic!)

Im Schlafrock auf der Flucht

Antistes Hieronymus Falkeysen hielt sich zur Zeit der Unruhen zusammen mit Pfarrer Hans Franz Bleyenstein von Langenbruck und seinem verwachsenen Neffen Franz Zaeslin, der eine grüne Schützenuniform trug, auf seinem Landgut Falkenrain oberhalb von Bubendorf auf. Die gefährliche Situation zwang auch ihn und seine Gäste zu unvorbereiteter Flucht. In Schlafrock und Pantoffeln bissen sie sich über Zwingen, Blauen, Hagental und Burgfelden nach Basel durch.

Heckenschützen in der Hard

Unglücklicherweise wurde der Chef des Vordertreffens, Oberst Johannes Burckhardt, vor der Hülftenschanze schwer verletzt, was offensichtlich Unruhe unter die Mannschaft brachte, die ohnehin durch das Geschützfeuer der ‹Polagge›, die mit Fünfpfünderkanonen aus dem Luzerner Zeughaus ausgerüstet waren, schwer angeschlagen war. Der von Oberst Vischer angeordnete und von Oberst Johann Jakob Stehlin, dem nachmaligen Bürgermeister, überwachte Rückzug artete denn auch zu

Überfall auf flüchtende Basler in der Hard am 3. August 1833. ‹Es begann das eigentliche Gemetzel. Die Basler wurden durch die südwestlich der Landstraße auf sie lauernden Unterbaselbieter wie auch durch die südöstlich nachrückenden Oberbaselbieter Truppen großenteils zusammengeschossen. Gefangene machten wir, soviel ich weiß, keine, und Pardon wurde auch nicht erteilt. Was auf Schußweite kam, traf unausweichlich die Kugel. Verwundete wurden bald durch einen neuen Schuß, bald durch Bajonettstiche, bald durch Kolbenstöße getötet (Bürgermeister Dr. Johann Rudolf Frey).› Lithographie.

Episode aus den Trennungswirren. Ein der Stadt wohlgesinnter Baselbieter in Bauerntracht, ein gewisser Madörin aus Itingen, grüßt skeptisch einen von Gelterkinden daherziehenden Landmann, einen gewissen Weibel aus Lausen, der, mit gestohlenem Hausrat vollbepackt, vergnügt nach Hause strebt. Im Hintergrund die Kirche von Gelterkinden. Das Spottbild persifliert die Folge des Einmarsches der 600 Mann und 3 Kanonen starken Truppe Leutnant Johann Martins in das stadttreue ‹rebellische› Dorf am 11. Januar 1831. Die unter dem Kommando von Major Samuel Pümpin stehenden 120 Landstürmler, von denen 75 mit Flinten, der Rest mit Spießen, Mistgabeln, Hellebarden und Sensen ausgerüstet waren, hatten das Feld vorzeitig geräumt, da sie in keinem Moment in der Lage waren, den geplanten Gegenaufstand durchzusetzen. Kolorierte Lithographie von Adolphe Doudiet.

einer panischen Flucht aus. Der Verlust an Toten und Verletzten wäre indessen um ein Vielfaches höher gewesen, wenn Oberst Stehlin die Hauptmacht der Landschäftler nicht bis zum Birsufer einigermaßen in Schach gehalten hätte. Die meisten Toten und Verletzten wurden nicht im offenen Kampf getroffen, sondern durch die Unterbaselbieter Truppen unter dem Obersten von Blarer, die sich in der Hard versteckt hielten und wie Wilde in die Vorbeifliehenden hineinschossen.

Plündernde Nachzügler

Unter den ‹Helden› des 3. August befanden sich auch zahlreiche Schwarzbuben aus dem solothurnischen Oberamt Thierstein. Diese zeichneten sich meist als zügellose, unnachgiebige Marodeurs aus und sollen u. a. auch das schöne Landgut der friedliebenden und wohltätigen Geschwister Huber aus Basel nächst dem Städtchen Liestal ausgeraubt ha-

ben. Dabei sei ihnen eine wertvolle Büchersammlung mit den viele Bände kolorierter Kupfer umfassenden ‹Naturgeschichtlichen Unterhaltungen› Wilhelm von Augsburgs in die Hände gefallen, die brüderlich geteilt worden sei, um den Kindern zu Hause ein Helgenbuch ‹z'groome›.

Ähnlich erging es Johann Jakob Merian-Wieland, der das an der Landstraße liegende Rebgut zur Trotte bewohnte. Eine aufrührerische Bande belagerte das Haus und bedrohte Merian mit Gebrüll, Lärm und Steinwürfen. Als dann gar der Schlachtruf ‹Drotte-Joggi chumm aabe!› ertönte, ergriff er schleunigst die Flucht und gelangte über Schauenburg wohlbehalten nach Arlesheim.

Oberst Laufheim

Als schützende Nachhut wurde ein starkes Bataillon Landwehr ans linke Birsufer zwischen St. Jakob und Ruchfeld befohlen. Diese Abteilung stand unter dem Kommando von Oberstleutnant Joachim Weitnauer und lagerte gemütlich auf der Anhöhe von Brüglingen. Wie nun das gegnerische Geschützfeuer immer näher rückte und einzelne Landschäftler Schützen auf dem rechten Birsufer auftauchten, soll Weitnauer, der sich mit seinem Bataillon inzwischen in einem Kartoffelacker in Deckung gelegt hatte, ausgerufen haben: ‹Kemmet, kemmet, sy schieße!›, worauf männiglich das Weite suchte.

Wochen später wählte der Große Rat die Regierung, und Kanzlist Johann Faesch zählte mit mechanischer Ruhe die Stimmen aus. Da hielt er plötzlich inne und verkündete dann einen bisher unbekann-

Die Teilung des Kantons Basel. Städter (links): ‹Herjeemerli! Herjeemerli! s blybt nur e ganz glai Bitzeli!› Bauer: ‹Hesch mer's doch nit übelgnoo! Mer wäärde chuum meh zämmechoo.› Lithographie.

‹Seht, wie geht's am frühen Morgen
In der Schlacht bei Liestal zu,
Wo die Basler wollten drucken
Den Bauern ganz die Augen zu.

Auf, Patriotten! Stutzer knallen!
Ist gar mancher Basler g'fallen,
Mußten ziehen in den Rhein,
Daß sie siegten nach Istein.›
             Kampflied der Baselbieter

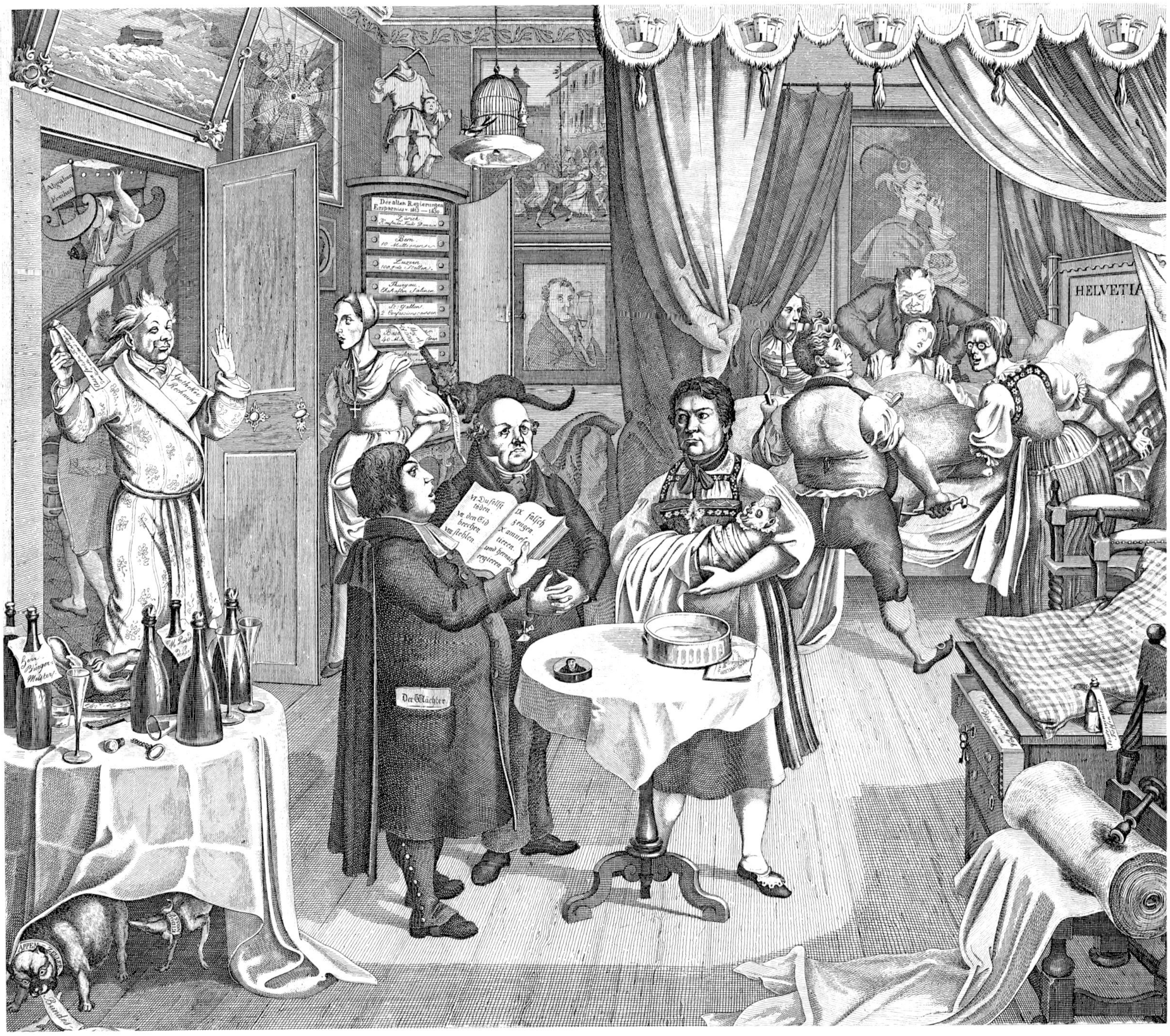

◁   *Die ‹Not-Thaufe›.* Karikatur auf die Versuche einer eidgenössischen Verfassungsrevision in den 1830er Jahren. Im Zimmer der in Kindsnöten liegenden Helvetia, die eben eine Mißgeburt zur Welt gebracht hatte und nun vor einer weiteren Niederkunft steht, sind anwesend (von links nach rechts): der ‹Apotheker› Johann Jakob Debary, ein Stadtbasler, der auf der Seite der Landschäftler stand; die ‹Hudelmagd› Stephan Gutzwiller, Anführer der Baselbieter; der ‹vollmondswangige Pastor› Thomas Bornhauser, ein politisierender Thurgauer Pfarrer; der ‹Taufpate› Niklaus Singeisen, Wirt zum ‹Wilden Mann› in Basel; die ‹Taufpatin› Heinrich Zschokke, prominenter Aargauer Redaktor; die ‹Geburtshelferin› Georg Josef Sidler, Landammann von Zug; der ‹Geburtshelfer› Ignaz Paul Vitalis Troxler, Philosoph aus Beromünster; der ‹Papa› Johann Jakob Buser, Baselbieter ‹General› und Gastwirt zum ‹Engel› in Liestal; und die ‹Hebamme› Dr. Kasimir Pfyffer, Luzerner Staatsmann. Kupferstich nach Hieronymus Heß.

ten Kandidaten: Oberst Lauf-haim! Die Gefühle sowohl in der Mitte der Ratsherren als auch auf der prallvollen Galerie teilten sich zwischen Gelächter und Empörung. Der sonst wackere Oberst Weitnauer aber, der trotzdem in die Regierung gewählt wurde, verließ, ob der bubenmäßigen Bezeichnung gekränkt, sogleich den Saal.

Die Konsequenzen gezogen

Die Trennung von Stadt und Land hat viele persönliche und sachliche Interessen tief verletzt. So ist es nicht verwunderlich, daß Jahre hindurch hiesige Bürger es ernstlich vermieden, landschaftlichen Boden zu betreten. Zu den überzeugtesten Städtern waren in den 1830er Jahren die beiden Pfarrherren Daniel Kraus zu St. Leonhard und Johann Jakob Bischoff zu St. Theodor zu zählen. Letzterer mußte um 1835 in Familienangelegenheiten nach Diesbach reisen, um an der Beerdigung seines Schwiegervaters teilzunehmen. Nach seiner Rückkehr fragte ihn Uebelin, wie er denn sein Quasi-Gelübde habe halten können, den landschaftlichen Boden nicht mehr zu betreten. Ganz gut, gab Pfarrer Bischoff zur Antwort. Er habe sich darauf eingerichtet, die Postkutsche auf basellandschaftlichem Gebiet nicht verlassen zu müssen, und durch Liestal habe er sogar seine Augen fest verschlossen gehalten!

Am falschen Ort gespart

Beim unglücklichen Auszug der Stadtbasler war die Artillerie bestrebt, durch pausenlosen Einsatz ihre Pflicht zu erfüllen. Ein Stabsoffizier aber versuchte, das Schießen mit dem groben Geschütz möglichst einzuschränken, da jeder Schuß mindestens einen ganzen Dukaten koste. – Er sollte postum ins Baselbieter Ehrenbürgerrecht aufgenommen werden – meint – der Lektor.

Ein mutiger Pfarrer

Dekan Johannes Linder hatte es bis zum 3. August in seiner Pfarrei Ziefen ausgehalten, weil das treue Reigoldswilertal unter dem Schutze einer Kompanie Standestruppen und einiger Basler Offiziere und Soldaten stand. Als aber die Aufständischen über Bubendorf talaufwärts stürmten, flüchtete Pfarrer Linder in Begleitung eines Knechts, der sein kleines Mädchen auf dem Arme trug. Auf der Höhe des Gempen geriet der Knecht unter Beschuß, blieb aber glücklicherweise unverletzt. Der furchtlose Dekan schickte hierauf seinen Diener nach Hause zurück, nahm das Kind in seine Arme und erreichte schließlich auf Umwegen ohne Schaden Basel.

‹*Elegie auf die Jammertage des Januar 1831*›
Auch du sollst wachsen und erblühn,
O Liestal! freundlich-schön gelegen,
Da ist die Hand zur treuen Sühn!
Es krön' auch dich ein neuer Segen!
Gott wende von uns jederzeit
Verdacht und bösen Haß und Streit,
Ein Eifer soll uns nur beleben,
Nach dem, was Tugend heißt, zu streben.

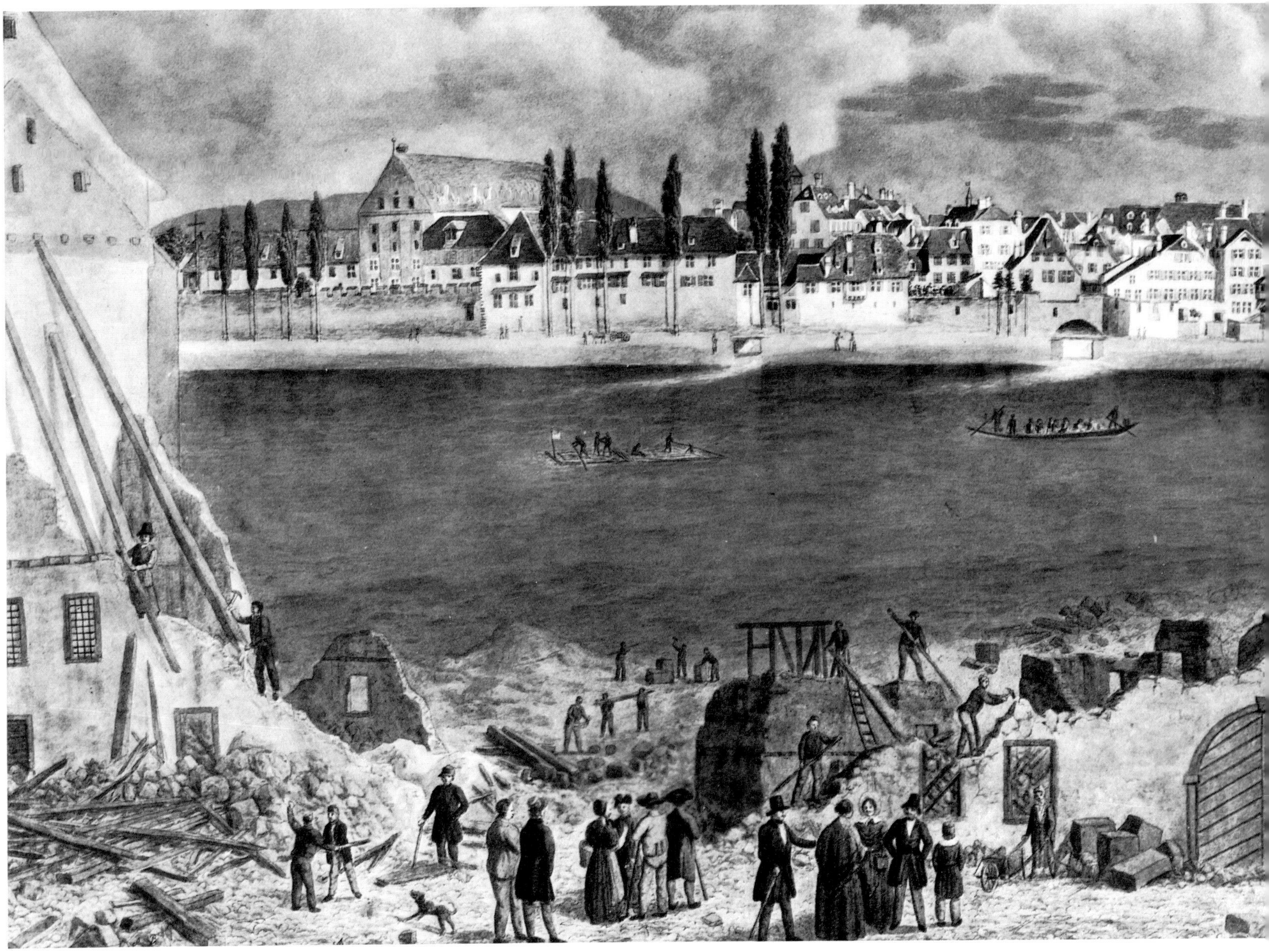

Lausbubenstreiche

Der Abbruch des alten Gasthofs zu den Drei Königen.
Herbst 1842. Mit freier Sicht auf die stilvolle Kleinbasler
Rheinfassade. Aquarell von Achilles Bentz.

Nehme der Herr die Türe mit

Als das Collegium Alumnorum, das sogenannte ‹Colajum›, unter der Leitung eines Praepositus noch im ehemaligen Augustinerkloster (wo jetzt das Naturhistorische Museum steht) untergebracht war, konnte der Fall eintreten, daß alle 12 heizbaren Zimmerchen von hiesigen Bürgersöhnen besetzt waren. Die andern Schüler hatten mit einer nicht heizbaren Stube vorliebzunehmen. Die Begünstigten aber waren – mit Ausnahme des Seniors – verpflichtet, einen sogenannten ‹Unheizbaren› tagsüber zum Arbeiten aufzunehmen. Dies führte nicht selten zu Reibereien, aber auch zu manchem Scherz. Anfangs der 1790er Jahre hospitierte Magister Johann Rudolf Euler, nachmaliger Praeceptor der Knabenschule zu St. Peter, im geheizten Zimmer von Magister Johann Rudolf Rapp, dem späteren Pfarrer von Riehen. Euler, etwas flüchtiger Art, hatte die Gewohnheit, nicht immer die knarrige Stubentür zu schließen. Als er nun eines Abends spät im Dezember sein Tagwerk beendet hatte und gute Nacht wünschend Rapps Zimmer verlassen wollte, sagte dieser, ohne von seiner Schreibarbeit aufzublicken: ‹Gute Nacht. Nehme der Herr die Türe mit.› Und siehe da: Euler hob leise die Türe aus den Angeln und schleppte sie die Treppe hinunter in den alten Klostergang. Dort hatte sie Rapp wieder zu holen, wollte er die Nacht nicht schlotternd in seinem Zimmer verbringen.

Das mußte zurückbezahlt werden! Gelegenheit dazu bot sich schon einige Tage darauf, als Praepositus Magister Johann Jakob Hug, nachwärtiger Ehegerichtsschreiber, seinen Schlachttag hatte und Rapp anstandslos ein Sauschwänzchen zur Verfügung stellte. In jener Zeit trugen nämlich die jungen Akademiker bis zum bestandenen Examen, pro ministerio, wie alle Welt Haarzöpfe, welche die Alumnen – meist Freunde unter sich – sich gegenseitig zu knüpfen pflegten. Rapp, den Schalk im Nacken, flocht nun seinem Freund Euler das Sauschwänzchen mit dem Borstenende in den Zopf, den derselbe – ohne es zu wissen – so lange spazieren führte,

Blick in den Hof des theologischen Alumneums.
Hebelstraße 17. Um 1890. Mit dem Bezug dieser Liegenschaft im Jahre 1853 war es dem ehemaligen ‹Collegium Erasmianum› (1533–1835) wieder vermehrt möglich, seine ursprüngliche Aufgabe, ‹einige geschickte Knaben in allen Fakultäten studieren zu lassen, damit man sie mit der Zeit in kirchlichen und bürgerlichen Sachen gebrauchen› kann, zu erfüllen. Damit sich die Studenten ‹gründlich herausessen› konnten, durften sie sich dann und wann an den Tisch eines aufgeschlossenen Bürgers setzen. Die Erinnerung an eine feudale Einladung des Landarztes Uebelin zu einer solennen achtstündigen Mahlzeit mit Specksuppe, Würsten, Schweinefleisch, Braten, Eiern, Salmengallerte und Kuchen ließ den Alumnen noch nach Jahren das Wasser im Munde zusammenlaufen. Photographie von Attila Varady.

«s Sinneli schynt, s Veegeli grynt,
 s bebberlet am Laade,
 d Mueter isch go baade,
 dr Vatter isch im Wirtshuus,
 tringgt alli Gleesli uus,
 schtellt si hinder d Dire,
 nimmt si wider fire,
 schtellt si uff dr Brunne,
 s fliege-n-alli Veegeli drumm umme.›
  Frühlingsliedchen aus dem alten Basel

Hof des Oberen Kollegiums. Um 1830. Zwischen gotischem Kreuzgang und Gemüsegarten grüßen zwei Studenten ehrerbietig ihre Professoren. Links die umgebaute ‹Kirche› des einstigen Augustinerklosters, im Hintergrund der alte Klostertrakt an der Augustinergasse und rechts das Erasmianum mit den Stübchen für die Alumnen. Am 12. November 1844 wurde an der ehemaligen Stätte der ruhmvollen Augustiner-Eremiten der Grundstein zu Melchior Berris Museum gelegt. Aquarell von Constantin Guise.

Das Schloß Birseck und Arlesheim. 1836. Die Birseckburgen (obere und untere Burg), 1239 aus dem Besitz des elsässischen Klosters St. Odilia in denjenigen des Bischofs von Basel übergegangen, dienten ursprünglich als Grenzschutz gegen die Froburger auf Wartenberg. Während die Feste Birseck bis 1792 in der Hand des Bischofs verblieb, ging Reichenstein, die obere Burg, an die Dienstmannen Reich von Reichenstein. Auf der nach dem großen Erdbeben von 1356 von den Edelknechten von Ramstein wieder aufgebauten Burg Birseck residierten dann bis weit ins 18. Jahrhundert hinein die bischöflichen Obervögte und wachten über ihren Amtsbezirk, der die Dörfer Arlesheim, Reinach, Ettingen, Therwil, Oberwil, Allschwil, Schönenbuch und zeitweilig auch Binzen, Huttingen, Istein, Schliengen, Steinenstadt und Mauchen umfaßte. 1792, als die Franzosen das Fürstbistum besetzten und der Bischof von Pruntrut nach Biel flüchtete, löste sich das Domkapitel in Arlesheim auf. Ein Jahr später wurde die verlassene Burganlage von einer Horde betrunkener Bauern in Brand gesteckt. Das mit Ausnahme der Kapelle völlig ausgebrannte Schloß Birseck, das nicht wieder aufgebaut wurde, gelangte schließlich 1808 als Nationalgut in Privatbesitz. Aquarell von Peter Toussaint.

bis ein Mitschüler ihn spöttisch fragte: ‹Euler, seit wann trägst du Schweinsborsten im Zopf?›

Ein pfiffiger Kuhhirte

In seinen jungen Jahren kam Johann Jakob Pfannenschmidt zum alten Vergolder Marfort nach Arlesheim in die Lehre, wo er jedoch zu seinem großen Verdruß meist zu ländlichen und häuslichen Arbeiten statt zur Erlernung seines Berufes angehalten wurde. Besonders lästig war es ihm, wenn des Meisters Frau ihn mit zwei Kühen auf eine 25 Minuten entfernte Bergweide schickte. Um sich die Zeit zu vertreiben, imitierte er an einem schönen Sommertag das Summen der Hornissen so täuschend, daß die beiden Kühe ihren Wedel in die Höhe streckten und mit lautem Gebrüll im Höllentempo den Rain hinunter und ins Dorf zurück schnaubten. Die Meistersfrau war ob dieses Vorfalls so empört, daß Pfannenschmidt zu deren Sohn, Josef Marfort im Haus ‹zum Wolf› am Spalenberg 22, abgeschoben wurde. Doch wurde er auch dort vom Pech verfolgt. Denn, am 27. Dezember 1807, als Marforts Haus in Flammen aufging, versuchte dieser, seinen Lehrling als Brandstifter hinzustellen. Doch konnte der junge Pfannenschmidt glücklicherweise seine Unschuld beweisen.

Die verstorbenen Pfuschkunden

Lukas Keller, Chirurg und Garnisonsarzt, war ein schöner, aber etwas beschränkter, von sich selbst eingenommener Herr, ein Vetter von Oberstmeister Johann Jakob Flick. Als die beiden sich einst trafen, fragte Keller Flick, wie er mit seinem neuen Rasiergehilfen zufrieden sei. Eigentlich ganz gut, meinte der Lagerhausbestäter. Nur lasse er ihn öfters etwas warten, was jedoch begreiflich sei, da er viele Pfuschkunden habe und den Lohn von diesen in den eigenen Sack stecke. ‹Donnerwetter, dem will ich's kochen!› lamentierte der Chirurg. Doch Flick wehrte ab, indem er seinem Vetter versprach, er werde dem Rasierer die Namen der Pfuschkunden

Diskutierende Handelsjuden. 1828. Noch 1810 hatte die Regierung u. a. verfügt: ‹Kein Jude darf an Minderjährige, an Dienstboten, Fabrikarbeiter, Soldaten, Handwerksgesellen oder Taglöhner Geld auf Pfänder leihen.› Aquarell von Hieronymus Heß.

herauslocken und ihm diese dann in einem verschlossenen Couvert zusenden, damit er einen Beweis in den Händen habe. Als Flick sich wieder den Bart schneiden ließ, übergab er dem Rasiergesellen ein Briefchen mit der Bitte, dieses seinem Prinzipal abzugeben. Wie nun Keller, dem der Zorngüggel schon in den Hals stieg, den Umschlag öffnete, fauchte er den Gesellen an, er wisse nun, weshalb die Kunden vernachlässigt würden. Sein Vetter habe ihm die Namen der Pfuschkunden schriftlich mitgeteilt. Beim Überprüfen der Namen aber stellte sich heraus, daß alle genannten Herren schon vor Jahren verstorben waren, worüber der Geselle in schallendes Gelächter ausbrach.

An den Falschen geraten

Während seines Nürnberger Aufenthalts machte Pfannenschmidt auch Bekanntschaft mit einem Fürther Kleinkrämer, der öfters in die Werkstätte kam, um mit den Gesellen Handel zu treiben, und diese dabei gehörig über die Ohren balbierte. Das wollte Pfannenschmidt rächen: Er bot dem Händler eine Hose zum Kaufe an, in der er absichtlich seine Taschenuhr hängen ließ, und forderte dafür zwei Kronentaler. Der Fürther aber wollte vorerst nur 40 Kreuzer bieten. Doch bei der Qualitätsprüfung des Kleidungsstücks bemerkte der Krämer dann offensichtlich die Uhr, denn er erhöhte sein Angebot plötzlich auf 1 ½ Kronentaler, und schließlich besiegelten die beiden den Handel mit Handschlag. Da ertönte, wie vorher abgemacht, unversehens der Ruf: ‹Schweizer, vergiß nicht, daß du heute noch zum Vergolden ins Theater bestellt bist!› Und schon suchte Pfannenschmidt verzweifelt nach seiner Uhr! Was folgte, war eine hitzige Kontroverse zwischen den beiden ‹Geschäftspartnern›, die Pfannenschmidt natürlich mit der Rückgabe der Uhr zu seinen Gunsten entschied, worauf sich die Fürther Krämerseele nie mehr blicken ließ.

Hinters Licht geführt

Im Bierlokal des Ludwig Merian blagierte Chirurg Lukas Keller einst, er habe von einer Metzgete 6 vorzügliche Bratwürste für den folgenden Sonntag aufgespart. Merian behauptete, ebenfalls gemetzget zu haben. Nur: seine Bratwürste seien noch besser, da er sie nach einem alten Straßburger Rezept habe machen lassen. Es wäre ihm ein Vergnügen, das Halbdutzend seinen Gästen zu offerieren. Keller, der eitel genug war, seine silberne Tabatiere beständig auf dem Tisch zur Schau zu legen, wurde nun in ein Gespräch verwickelt, während sich Merian unbemerkt der Schnupfdose bemächtigte. Diese ließ er dann durch eine Magd als Wahrheitsbeweis an Kellers Frau schicken, sie solle der Überbringerin die 6 Bratwürste zuhanden ihres Mannes ‹s *Boodel-Doori*›. Mit ‹Boodel› bezeichnete man im alten Basel sowohl ein Weibsbild, das durch allen Dreck läuft, als auch eine Rindsblutwurst. Aquarell von Franz Feyerabend.

herausgeben. Während die Tabakdose unauffällig wieder in Kellers Nähe gerückt wurde, kamen die Bratwürste in die Wirtshausküche und von dort auf den Stammtisch. Beim Essen stellte Keller mit Wohlbehagen fest, die Würste seien wirklich gut, aber seine wären doch noch besser. Das könne nicht gut so sein, entgegnete hierauf Bierbrauer Merian und erzählte unter allgemeinem Gelächter die wirkliche Wurstgeschichte.

Elektrisiert

Lukas Keller hatte im zweiten Stock seines Hauses ‹zum Vogel Strauß› am Barfüßerplatz 16 eine Elektrizitätsmaschine installiert. Mit dieser trieb er bei Gelegenheit gerne Schabernack. So legte er einen Draht zu seiner Hausbank vor der Rasierstube. Da kam an einem lebhaften Markttag eine dicke Sundgauerin daher, setzte sich auf Kellers Bank, leerte ihre Tageseinnahmen in den Schoß und fing an, das Geld zu zählen. Das war ein gefundenes Fressen für den Chirurgen. Er stürmte flugs die Treppe empor, setzte die Maschine in Gang und konnte umgehend die Frucht seiner Teufelei ernten: Die Bäuerin, vom elektrischen Schlag gerührt, schnellte mit ihrem ganzen Häufchen Münzen aufs Pflaster. Dann suchte sie ihr Geld hastig zusammen und eilte in Windeseile davon mit dem Ruf: ‹Ein Erdbeben, ein Erdbeben!›

Ein Studentenstreich

Während der Studienzeit Uebelins (1807–1815) waren immer einige reformierte Studenten aus der Ostschweiz an der Universität immatrikuliert, die sich meist der Theologie widmeten. Da war ein Johann Jakob Heim aus St. Gallen, der erst als Geselle beim Schneidermeister Johann Jakob Linder an der Gerbergasse 61 arbeitete, dann aber durch die Wohltat der Herren Isaac Iselin zum Panthier (Rittergasse 22) und Emanuel Linder beim Blömlein (Theaterstraße) das Studium ergreifen durfte und dann als Pfarrer in Frenkendorf wirkte. Weiter waren hier ein Samuel Weishaupt aus dem Kanton Appenzell, ‹das Stumpfnäschen›, der später in seiner Heimat als Geistlicher und Liedervater Großes leistete, ein Stupan aus Bondo und ein Prader aus dem Prätigau; ein baumstarker, lustiger und fähiger junger Mann. Dieser Prader bummelte einst nach einer dogmatischen Vorlesung bei Professor Dr. Rudolf Buxtorf im Sennenhof (St.-Leonhards-Berg 8) mit seinen Studienkollegen über den St.-Leonhards-Kirchhof. Beim St.-Leonhards-Weg (jetzt Lohnhofgäßlein) gewahrte das muntere Quartett die alte, verkrüppelte und schwerhörige Jungfer Sara Keller, die den Berg hinauftrippelte. Prader klemmte sogleich seine Bücher einem Kollegen unter den Arm, nahm einen kurzen Anlauf und sprang in hohem Bogen über das gebrechliche Fräulein.

‹Ihr Herren Schweizer müßt mir so gleich geben, zwey und ein halbe Milion, für seine Majestet den Kayser Napoleon: Ha Schelm, nun kriegst du deinen Lohn!› Am 16. Oktober 1806 sprach ein per Postkutsche in Basel eingetroffener angeblicher französischer Offizier Saint Cyr bei Landammann Andreas Merian, der eilends aus der Kirche gerufen werden mußte, vor und erklärte, Napoleon verlange von der Stadt ein Zwangsdarlehen in der Höhe von zweieinhalb Millionen Franken. Würde das Geld nicht innerhalb von zweimal 24 Stunden zur Verfügung stehen, dann wüßten sich die in Hüningen stationierten Truppen das entsprechende Gold und Silber schon zu beschaffen! Merian ließ unverzüglich den Rat einberufen, um im Beisein der vermöglichsten Mitbürger zu befinden, wie die horrende Summe aufzubringen sei. Gleichzeitig aber wurden zwei Ratsabgeordnete nach Hüningen entsandt, die erkundigen sollten, ob die Forderung tatsächlich von Napoleon erlassen wurde. Da der Festungskommandant indessen keine Ahnung von einem solchen Begehren hatte, wurde dem ‹Botschafter› mit gebührender Vorsicht das Daumeneisen angesetzt. Und es ging wirklich nicht lange, bis der Schurke den geplanten Betrug bekannte! Statt eines vornehmen französischen Offiziers stand urplötzlich der eben aus dem Berner Zuchthaus entlassene Erpresser Theubet aus Pruntrut vor den erleichterten Gerichtsherren auf der Bärenhuet im St.-Alban-Schwibbogen. Einige Tage später wurde ‹Monsieur Millionaire› der französischen Justiz in Altkirch überantwortet. Basel aber hatte ein Fasnachtsujet mehr! Aquarell von Johann Jakob Schwarz.

Dieses erschrak ob des einfältigen Bubenstreichs heftig und drohte, sich bei ihrem Vetter, dem Professor und Spitalprediger Hieronymus König, zu beklagen.

Auf den Leim gegangen

Als Niklaus Eglinger noch Pfarrer in Rued war, ward er seines Reitpferdes überdrüssig. Er ritt deshalb seinen Gaul mit schöner weißer Blesse um die Stirn auf den Markt nach Schöftland und verkaufte ihn dort nach kurzem Handel um wenige Louisdor. Der Käufer, ein pfiffiger Jude, brachte ihm bald darauf einen brandschwarzen, munteren Kohli, für den er nach oberflächlicher Schau und Reitprobe nur 6 Neutaler Aufgeld bezahlen mußte. Seelenvergnügt ritt nun der Pfarrer nach Hause und erzählte seinem Knecht Baschi begeistert von seinem guten Geschäft. Auch habe das fromme Tier den Heimweg sozusagen von selbst gefunden. ‹Kein Wunder›, wandte lachend Baschi ein. ‹Das ist ja Euer von zusätzlichem Hafer so temperamentvoll gewordener Bleß, dessen weiße Stirn der Spitzbube mit schwarzer Wagenschmiere übermalt hat!›

Der Schafbockprozeß. Die Buchdrucker Seul und Mast zeigen in der Gestalt von Fuchs und Affe die ‹pfeifende› Schildkröte dem Lithographen Nicolas Hosch, der als einfältiger Schafbock der Erzählung der beiden Witzbolde Glauben schenkt. Der genasführte Hosch erhob 1840 vor Gericht Klage und erwirkte, daß Heß für die ‹an und für sich originäle Geschichte› zu einer Buße von Fr. 25.– verknurrt wurde. Federzeichnung nach Hieronymus Heß.

Der umgekehrte Homer

Die pfeifende Schildkröte

Die Studenten sind gemeiniglich lose Vögel, wo immer sie nur können. Zum Kollegium des Erziehungsrats gehörte in den 1820er Jahren auch ein gewisser N. N. Dieser wohldenkende und tüchtige Handelsmann nahm einst an einem griechischen Examen über die Odyssee teil, obwohl er keine klassischen Studien hinter sich hatte. Wie er sich in die erste Bank setzte, reichte ihm ein Student das Buch Homers, und zwar in umgekehrter Form. Der Geschäftsmann bemerkte die Bosheit natürlich nicht und blätterte interessiert im Band, worüber die Studentenschaft sich köstlich amüsierte!

Um die Mitte der 1830er Jahre betrieben Johann Jakob Mast und Friedrich Seul, zwei spaßhafte Herren, in der Wohnung des Zeugwarts eine Buchdruckerei. Damals boten Tessiner in der Stadt einige Landschildkröten zum Kaufe an. Wie die beiden Buchdrucker, so gelangte auch der ledige Lithograph Nicolas Hosch in den Besitz eines dieser Tiere. Kurz danach schwatzten Mast und Seul dem unerfahrenen Hosch auf, ihre Schildkröte könne verschiedene Stücklein pfeifen, so hell wie ein sogenanntes Vogelörgelein. Als der ungläubige Lithograph Zweifel an einer solchen Dressur hegte, hob Mast im Hof die Schildkröte aus der Kiste und ließ sie auf dem Deckel herumspazieren. Derweil versteckte sich Seul in der anliegenden finstern Laube und ließ unbemerkt das Vogelörgelchen ertönen. Hosch eilte unversehens nach Hause und wollte seinem Prachtexemplar dieses Kunststück ebenfalls beibringen, doch ohne Erfolg! Der Schwank wurde brühwarm im ‹Solothurner Postheiri› aufge-

◁   *Zwei Ärzte streiten über einer am Boden liegenden Kranken.* Ein altmodischer Arzt, dem das allheilende Spritzengerät aus der Tasche schaut, setzt sich mit Giftflasche und ellenlangem Rezept gegen einen Vertreter der modernen Wissenschaft zur Wehr. Tongruppe aus Zizenhausen.

Die Anstalt zur Hoffnung an der Elsässerstraße 23 (in der Nähe der 1908 gebauten Jungstraße), die im Jahre 1857 von Professor Carl Gustav Jung (1794–1864) gegründet wurde. Um 1875. 1905 wurde des hochherzigen Menschenfreundes Pflege- und Lehranstalt für schwachsinnige Kinder an die Mohrhalde in Riehen verlegt. Aquarell ‹gezeichnet von einem Zöglinge›.

tischt; Hieronymus Heß lieferte dazu eine wunderschöne Karikatur, die das Haupt des Lithographen Hosch als Schafskopf darstellte. Dieser ließ sich die Kränkung nicht gefallen und klagte vor dem konventionellen Gericht auf Ehrbeleidigung. Heß argumentierte, seine Zeichnung zeige offensichtlich einen Schafskopf und kein menschliches Antlitz. Auch in den Versen sei kein Geschlechtsname erwähnt, obwohl der fungierte Name ‹Hoscheko› eine gewisse Aussagekraft habe. Heß wurde zwar zu den Kosten verknurrt, doch Hosch hätte besser getan, die Sache auf sich beruhen zu lassen und nicht noch durch einen Prozeß an die große Glocke zu hängen.

Auf dem Pferdemarkt. Im Oktober 1797 sah sich die Stadtkanzlei ‹wegen ungesunden Pferden› gezwungen, folgende Kundmachung zu erlassen: ‹Da einer löbl. Sanität allhier der sichere Bericht zugekommen, daß in den benachbarten und besonders deutschen Landen viele Pferde mit dem Rotz und der sogenannten gelben Hünsch angegriffen seyen, als wird E. E. Bürgerschaft und jedermann zu Stadt und Land ernstlich gewarnet, in Erkaufung der Pferde alle Vorsicht zu gebrauchen, und wenn an einem Pferd etwas Verdächtiges sollte verspüret werden, solche innzubehalten und die Anzeige davon zu machen. Zu dem End solle sowohl an den Grenzen als allhier unter den Thoren jedermann gewarnet werden, keine angesteckte oder verdächtige Pferde in unser Land oder Stadt einzubringen noch in die Ställe einzustellen; wie denn die Befehle abgegeben worden, die Pferde in den Wirthshäusern sowohl als auf dem Roßmarkt von Zeit zu Zeit wöchentlich, bis auf ferne Verfügung zu visitieren.› 1838 wurden in Basel 625 Pferde, 1340 Rinder, 2800 Kälber, 1500 Schafe und 4707 Schweine verkauft oder getauscht. Sepia- und Bleistiftzeichnung von Hieronymus Heß.

Humorvolle Ärztegesellschaft

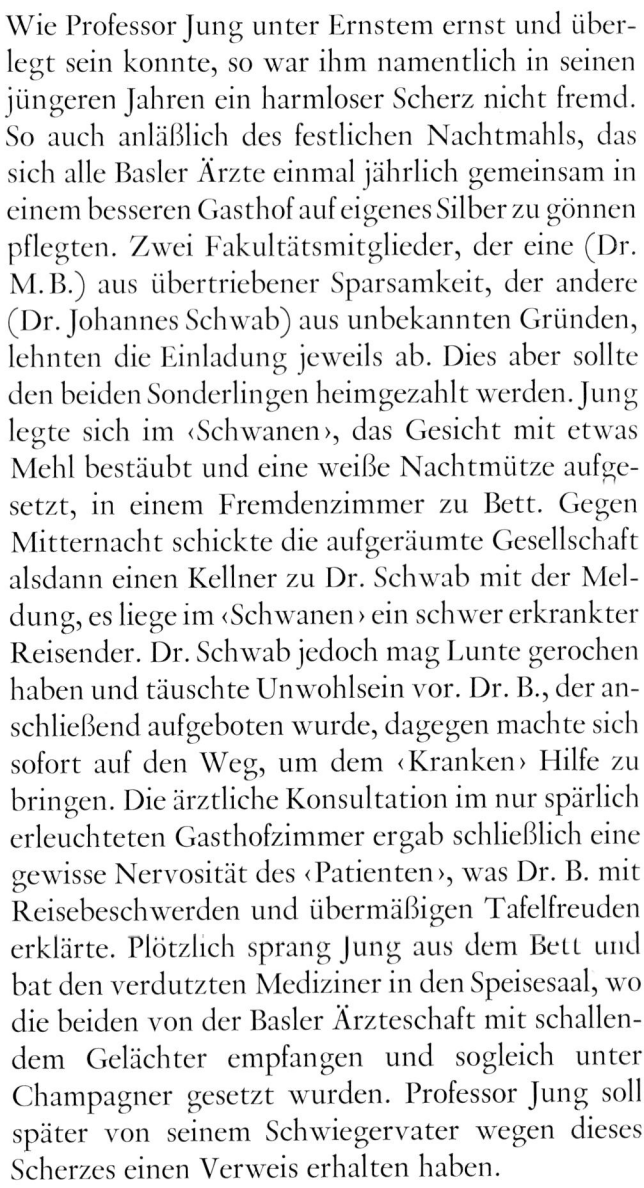

Wie Professor Jung unter Ernstem ernst und überlegt sein konnte, so war ihm namentlich in seinen jüngeren Jahren ein harmloser Scherz nicht fremd. So auch anläßlich des festlichen Nachtmahls, das sich alle Basler Ärzte einmal jährlich gemeinsam in einem besseren Gasthof auf eigenes Silber zu gönnen pflegten. Zwei Fakultätsmitglieder, der eine (Dr. M. B.) aus übertriebener Sparsamkeit, der andere (Dr. Johannes Schwab) aus unbekannten Gründen, lehnten die Einladung jeweils ab. Dies aber sollte den beiden Sonderlingen heimgezahlt werden. Jung legte sich im ‹Schwanen›, das Gesicht mit etwas Mehl bestäubt und eine weiße Nachtmütze aufgesetzt, in einem Fremdenzimmer zu Bett. Gegen Mitternacht schickte die aufgeräumte Gesellschaft alsdann einen Kellner zu Dr. Schwab mit der Meldung, es liege im ‹Schwanen› ein schwer erkrankter Reisender. Dr. Schwab jedoch mag Lunte gerochen haben und täuschte Unwohlsein vor. Dr. B., der anschließend aufgeboten wurde, dagegen machte sich sofort auf den Weg, um dem ‹Kranken› Hilfe zu bringen. Die ärztliche Konsultation im nur spärlich erleuchteten Gasthofzimmer ergab schließlich eine gewisse Nervosität des ‹Patienten›, was Dr. B. mit Reisebeschwerden und übermäßigen Tafelfreuden erklärte. Plötzlich sprang Jung aus dem Bett und bat den verdutzten Mediziner in den Speisesaal, wo die beiden von der Basler Ärzteschaft mit schallendem Gelächter empfangen und sogleich unter Champagner gesetzt wurden. Professor Jung soll später von seinem Schwiegervater wegen dieses Scherzes einen Verweis erhalten haben.

Heeb em Roß dr Schwanz uff
und bloos em hinde dry,
es kunnt e gääle-n-Epfel uuse
und dä gheert Dy.

    Abzählreim aus dem alten Basel

Glossar

Alraunenwurzel: Rübenartige Wurzel, die Zauberkraft besitzt.
Alumnus: Zögling eines Internats für angehende Theologen.
Ammlung: Aus Getreidemehl gewonnene Stärke.
Antistes: Ranghöchster geistlicher Würdenträger der evangelisch-reformierten Kirchgemeinde. Oberstpfarrer.
Aufklärungszeit: Geistesbewegung, die in der Vernunft das Wesen des Menschen sah. Ende 17. Jahrhundert bis Ende 18. Jahrhundert.
Ausschnitthändler: Textilienhändler in Meterware.
Auszehrung: Schwindsucht (Lungentuberkulose).

Backel: Hinterteil, Speckseite.
Bann: Quartier, Bezirk, Gebiet.
Buuchofen: Waschofen.
Beständer: Pächter.
Bestäter: Spediteur.
Blesse: Weißer Fleck auf der Stirn des Pferdes.
Brugnola: Prunella (Singvogel).
Burget: Flanellartiges Gewebe aus Baumwolle.

Cellarius: Kellermeister.
Charivari: Willkürlich kombiniertes Kostüm.
Chevauxlégers: Leichte Reiterei.
Chrieche: Kleine Pflaumen.
Conscrits: Rekruten, Kriegsdienstpflichtige.
Courtier: Makler.
Cranium: Schädel.
Curius Dentatus: Der berühmteste Namensträger, ein erfolgreicher Feldherr aus dem 3. Jahrhundert, galt als Idealtyp des schlichten und armen Römers.
> Als Curius am Herde saß,
> aus seinem Napfe Rüben aß,
> Da kamen die Samniten an,
> lächelnd im Topf die Rüben sah'n.
> (Basler Reim)

Däumeln: Mit der Daumenschraube foltern.
Daffet: Leichter Seidenstoff.
Dedikationsblatt: Widmung.
Deputaten: Vierköpfige Ratskommission für die Belange der Universität, der Kirche, der Schulen, der Geistlichkeit und des Armenwesens.

Deuchel: Wasserleitung.
Diakon: Pfarrhelfer im geistlichen Stand.
Dicasterien: Ratskommissionen.
Domäne: Landesherrliches Gut, Herrschaft, Staatsgut.

Ehegerichtsredner: Amtlich bestellter Fürsprech für Kläger und Angeklagten.
Eloquenz: Wissenschaft der Beredsamkeit.
Emeritus: In den Ruhestand Versetzter.
Entrechats: Luft- und Kreuzsprünge beim Tanzen.

Fazenettli: Nastuch.
Fernambukholz: Braunholz aus Brasilien.

Gelbe Hünsch: Innerliche, von Fäulnis begleitete Krankheit des Pferdes. Brandartige Seuche unter Mensch und Vieh.
Gerwerfen: Speerwerfen (Zielwurf).
Gescheid: Feldgericht, das über Grenzstreitigkeiten und Feldfrevel wachte.
GGG: Gesellschaft des Guten und Gemeinnützigen. 1777 von Isaak Iselin u. a. gegründet.
Gründerling: Grundel (Fisch).
Gymnasiarch: Rektor des Gymnasiums.

Habit: Amtskleidung.
Herbstmonat: September.
Hintersasse: Einwohner ohne Bürgerrecht.
Hornig: Februar.

Injurienprozeß: Ehrbeleidigungsprozeß.
Jast: Heftige Aufregung, Fieberhitze.

Kämmerlein: Geschlossene Männergesellschaft, die bei Tabak und Wein bestimmte Gespräche führte.
Kandidat: Anwärter auf ein Amt, Stellvertreter, Vikar.
Kokarde: Grün-rot-gelbes Sympathisantenabzeichen der Helvetik.
Kompetenz: Einkommen aus einer Beamtung.
Kompetenzwein: Naturalbesoldung.
Kondolierer: Zeremonienmeister bei der Bestattung.
Kraut und Lot: Pulver und Blei, Schießpulver.
Krawirtsvogel: Krammetsvogel (Drossel).
Krös: Faltkragen zur Amtskleidung.

Lasterstecken: 180 Zentimeter langer, schwarzweiß bemalter Stock, der zur Strafe öffentlich mitgetragen werden mußte.
Laureat: Baccalaureus, Inhaber des untersten Grades der Philosophischen Fakultät.
Lettner: Empore zwischen Chor und Mittelschiff, Trennwand zwischen Geistlichkeit und Laien.
Liechtete: Familientag, gesellige Zusammenkunft zur Winterzeit.
Lohnämtler: Arbeiter des Bauamts.

Maréchaussée-Reiter: Berittener Polizeidiener.
Marodeurs: Plündernde Nachzügler.
Masseleisen: Roheisenbarren.
Mediationsakte: Der Schweiz von Napoleon aufgezwungene Regierungsform des Staatenbundes, 1803-1813.
Meyel: Pokal, Humpen, Trinkgefäß. Ursprünglich Harnglas.
Münzherr: Verantwortlicher für die Bestrafung der Falschmünzer und für die Qualität der Münzen.

Obergewehr: Schußwaffe.
Obersthelfer: Archidiakon, zweiter Pfarrer am Münster.
Oberstmeister: Meister einer Kleinbasler Ehrengesellschaft.

Partikularbrunnen: Privatbrunnen.
Pietismus: Religiöse Bewegung des Protestantismus zur Erneuerung des frommen Lebens. 17./18. Jahrhundert.
Pontificalibus: In feierlicher Kleidung.
Postludium: Musikalisches Nachspiel.
Praeceptor: Lehrer.
Präludium: Musikalisches Vorspiel.
Praepositus: Vorsteher des Alumneums (siehe oben).
Provisor: Apothekergehilfe, Stellvertreter, Aufseher.
Puffert: Kleine Pistole, Knallbüchse.

Reformationsherr: Verantwortlicher für die Einhaltung der Sittenmandate.
Regimentsbüchlein: Amtskalender, Verzeichnis der Behörden und Beamten.
Retraite: Basler Zapfenstreich nach der Melodie: ‹Drey lederi Strimpf, und zwai derzue gänn fimf, und wenn i ain verlier, so han i nur no vier, so han i nur no vier vier vier, so han i nur no vier.›
Rote Hochzeit: Lustige, angeheiterte Hochzeitsgesellschaft.
Rotz: Pferdekrankheit, Nasenschleim.

Samniten: Altitalienisches Gebirgsvolk mit kriegerischem Einschlag.

Schandlibell: Schmähschrift.
Schandsaul: Pranger.
Schlumpen: Verschiedenfarbige und verschiedenartige Wolle miteinander vermengen.
Scholasticus: Schulvorsteher an Kloster- und Domschulen.
Schultheißengericht: Stadtgericht, Zivilgericht.
Schwanung: Abgang von Wein durch Verdunstung im Weinfaß, Schwund.
Schwörtag: Jährliche Eidesleistung der Bürgerschaft auf die Obrigkeit.
Sechser: Vorgesetzter einer Zunft.
Sinnen: Eichen der Weinfässer.
Somnambule: Nachtwandler.
Spanner: Roßknecht.
Springer: Fesseleisen.
Stratagem: Kriegslist.
Stürmen: Brandbekämpfung.
Supplikation: Bittschrift.
Sutura: Kopfnaht.

Theosophisch: Gottesweisheit. Mystische Religionslehre, die in sinnender Berührung mit Gott die Welt erkennen will.
Trictrac: Gesellschaftsspiel.
Trille: Karussellartige Maschine zur Bestrafung von Dieben.
Tschako: Militärische Kopfbedeckung mit flachem, rundem Deckel. Ursprünglich ungarischer Husarenhelm.
Türkische Musik: Vollbesetztes Blasorchester mit Schlagzeug (große und kleine Trommel, Becken, Triangel, Lyra, Schellenbaum). Ursprünglich die Militärmusik der Türken, auch Janitscharenmusik genannt.
Türmung: In das Gefängnis (Turm) stecken.

Untergewehr: Stich- und Hiebwaffe.

Vigilanzherr: Aufsichtsführender bei der Ämterbestellung gemäß der Losordnung.
Vinum rubrum: Rotwein.

Wammesin: Gestepptes Tuch.
Werbungskammer: Zuständiges Gremium für die von fremden Staaten angeworbenen Söldner.

Zeugherr: Verantwortlicher für das Zeughaus und die Kriegsausrüstungen.
Zeugstück: Gegenstand aus verarbeitetem Stoff.
Zingge: Hyazinthen.
Zinken: Blasinstrument aus Horn oder lederüberzogenem Holz in der Art eines Kornetts.

Bildnachweis

2 Marktplatz. Staatsarchiv, Bildersammlung, 8, 297.
6 Ziefen. Privatbesitz (Pfarrer Rudolf Linder-Pfersich).
7 Uebelin. Privatbesitz (Lilly Uebelin).
9 Uibelinia. Botanische Anstalt Basel.
11 Fronfastenmarkt auf dem Marktplatz. Aquarell von Jakob Senn. Kupferstichkabinett, Bi 263.7.
12 Gemütlichkeit. Staatsarchiv, Bildersammlung, 13, 139.
14 Strübin. Universitätsbibliothek, Handschriftenabteilung.
15 Basel. Kupferstichkabinett, 1927.165.
16 Engler. Universitätsbibliothek, Mscr. Falk. 72.
17 Horner. Staatsarchiv, Bildersammlung Falk. A 274.
18 St. Leonhard. Kupferstichkabinett, 1928.170.
19 Lieni. Universitätsbibliothek, Handschriftenabteilung.
20 Schlichter. Privatbesitz (Dr. K. Vöchting).
21 Kucheli-Müller. Universitätsbibliothek, Handschriftenabteilung.
Rychner. Staatsarchiv, Privatarchiv Oser 632, D 4.
22 Keller und Münch. Privatbesitz (C. Sarasin).
23 Münch und Keller. Privatbesitz (C. Sarasin).
24 Sandleeni. Universitätsbibliothek, Mscr. Falk. 72.
25 Mariastein. Staatsarchiv, Plattensammlung C 174.
26 Bad Flüh. Staatsarchiv, Bildersammlung 10, 199.
27 Bürgerspital. Bürgerspital Basel.
28 Alter Mann. Kupferstichkabinett, 1927.99.
29 Petersgraben. Staatsarchiv, Bildersammlung 3, 1061.
30 Wachtmeister. Kupferstichkabinett, 1914.51.
31 Lueginsland. Kupferstichkabinett, M 101.62.
32 Familienbild. Staatsarchiv, Bildersammlung 17, 315.
33 Pfeffel und Sarasin. Universitätsbibliothek, Mscr. Falk 72.
34 Klingental. Kupferstichkabinett, M 101.43.
35 Frey-Compagnie. Historisches Museum, 1928.67.
36 Zinnsoldaten. Historisches Museum, 1913. 156.
37 Vogelörgelein. Historisches Museum, 1923.20.
Theaterstraße. Staatsarchiv, Bildersammlung 2, 1275.
38 Meyer. Universitätsbibliothek, Handschriftenabteilung.
39 Salathe. Kupferstichkabinett, 1913.305.
Gundeldingen. Kupferstichkabinett, 1957. 268.
40 Rheinschanze. Staatsarchiv, Bildersammlung Schneider 11.
41 Bruckgut. Staatsarchiv, Bildersammlung 9, 588.

42 Ritter. Staatsarchiv, Bildersammlung 17, 140.
43 Heß. Historisches Museum, 1943.210.
44 Schlüsselblume. Universitätsbibliothek, AN VI 146.
Hammerklavier. Privatbesitz (Eugen A. Meier).
45 Tabakstampfe. Staatsarchiv, Bildersammlung Schneider 117.
46 Anthés. Staatsarchiv, Bildersammlung 17, 161.
47 Hungersnot. Historisches Museum, 1898.47.
48 Pfluume-Bobbi. Kupferstichkabinett, 1914.100.
49 Frau von Krüdener. Kupferstichkabinett, 1913.170.
50 Wolleb. Historisches Museum, 1950.92.
51 Großer Schnee. Universitätsbibliothek, Porträtsammlung.
52 Prof. Stückelberger. Privatbesitz.
53 Kartause. Staatsarchiv, Bildersammlung 4, 569.
54 St.-Antonier-Hof. Staatsarchiv, Bildersammlung 4, 511.
55 Wirtshausstube. Historisches Museum, 1923, 254.
56 Nervenfieber. Privatbesitz (Dr. K. Vöchting).
57 Evakuation. Privatbesitz (A. La Roche).
58 Falkeysen. Historisches Museum, 1911.69.
59 Geometrischer Plan. Staatsarchiv, Bildersammlung 4, 45.
60 Falkeysen. Historisches Museum, 1957.20.
Fälkli. Kupferstichkabinett, M 101.41.
61 Entlassungsurkunde. Historisches Museum, 1909.293.
Seegerhoof-Burget. Kupferstichkabinett, 1923.322.
62 Roth. Universitätsbibliothek, Handschriftenabteilung.
Keller. Universitätsbibliothek, Handschriftenabteilung.
64 Vogelschauplan. Ausschnitt. Stadthaus Basel.
66 Bäumlein. Staatsarchiv, Bildersammlung 2, 1143.
67 Hoher Wall. Historisches Museum, 1940.46.
68 Kondolierer. Staatsarchiv, Bibliothek Bq 212.
69 Basler Stube. Historisches Museum, 1925.167.
70 Baslerin. Universitätsbibliothek, Handschriftenabteilung.
71 Lällekeenig. Historisches Museum, 1870.1262.
Das Neue Baad. Staatsarchiv, Bildersammlung Falk. A 242.
72 Entlebucher. Staatsarchiv. Bildersammlung Falk. A 513.
73 Stainlemer. Privatbesitz (Eugen A. Meier).

74 Riehenteich. Ausschnitt. Staatsarchiv, Atelier.
75 Truppen. Staatsarchiv, Bildersammlung Falk. A 528.
76 Gerbergasse. Staatsarchiv, Bildersammlung Schneider 45.
77 Münster. Kupferstichkabinett, Bi 30.48.
78 Kaufhaus. Staatsarchiv, Bildersammlung 2, 1157.
79 Kaufhaus. Kupferstichkabinett, M 101.43.
80 Kurzwarengeschäft. Historisches Museum, 1900.7.
81 Goldlack. Privatbesitz.
   Safranzunft. Staatsarchiv, Plattensammlung Wolf 4, 1751.
82 Stadtpfeifer. Historisches Museum, 1935.460.
83 Gartnernzunft. Historisches Museum, 1927.346.
84 Mariastein. Kunstmuseum Olten.
85 zum Schiff. Staatsarchiv, Bildersammlung 2, 865.
87 Spalenvorstadt. Privatbesitz (C. Koechlin).
88 Ramspeck. Universitätsbibliothek, Handschriftenabteilung.
89 Ziefen. Staatsarchiv, Bildersammlung Falk. A 463.
90 Turnfest. Staatsarchiv, Bildersammlung 15, 22.
91 Gelterkinden. Staatsarchiv, Bildersammlung 9, 353.
92 Domprobstey. Staatsarchiv, Bildersammlung Wack. D 75.
93 Klingental. Staatsarchiv, Bibliothek Bf 52.
94 Zuzüger. Universitätsbibliothek, Mscr. Falk. 57.
95 Helvetisches Kontingent. Staatsarchiv, Bildersammlung Falk. A 518.
96 Weißes und Blaues Haus. Staatsarchiv, Privatarchiv Sarasin 212, C 16.
   Marie Thérèse Charlotte. Staatsarchiv, Bildersammlung Falk. A 515.
97 Monarchen. Historisches Museum 1905.2002, 1911.1279, 1905.2003.
98 Schorndorf. Privatbesitz (A. La Roche).
99 Eilpost. Historisches Museum, 1907.2032.
100 Verlobung. Privatbesitz (Ulrich Barth).
    Postkutsche. Kupferstichkabinett, 1927.487.2.
101 Eheanbahnung. Historisches Museum, 1944.2748.
    Allzubaslerisches. Kupferstichkabinett, 1913.164.
102 Gewehrladen, Historisches Museum, 1961.480.
103 Spital. Kupferstichkabinett, M 101.92.
104 Geizhals. Privatbesitz (Dr. K. Vöchting).
105 Trommler. Historisches Museum, 1925.160.
    Pfarrer. Historisches Museum, 1886.73.
106 Wohnstube. Staatsarchiv, Bildersammlung 3, 1477.
107 Steinenschanze. Staatsarchiv, Bildersammlung Schneider 119.
108 Rheintor. Staatsarchiv, Bildersammlung Falk. C 11 a.
109 Birsigeinfluß. Staatsarchiv, Bildersammlung 2, 1273.
110 Bänkelsänger. Privatbesitz (C. Koechlin).

111 Kleinbasler Brückenkopf. Kupferstichkabinett.
112 Wirthspolitick. Kupferstichkabinett, 1914.57.
113 Belagerungskorps. Staatsarchiv, Bildersammlung Falk. A 538.
114 Ulmerhof. Staatsarchiv, Bibliothek Bf 52.
115 Landjäger. Historisches Museum, 1935.461.
    Gerichtsverhandlung. Kupferstichkabinett, 1927.325.
116 Barfüßerplatz. Staatsarchiv, Bildersammlung Falk. A 152.
117 Weinprobe. Privatbesitz (Dr. K. Vöchting).
118 Hauser. Staatsarchiv, Privatarchiv Oser 632, D 4.
119 Hochzeit. Staatsarchiv, Plattensammlung A 3397.
120 Postkutsche. Historisches Museum, 1941.313.
121 Hattstätterhof. Staatsarchiv, Bildersammlung 4, 220.
122 Richard. Historisches Museum, 1950.91.
123 dr grumm Burget. Universitätsbibliothek, Handschriftenabteilung.
124 Petersberg. Staatsarchiv, Bildersammlung 3, 99.
125 Pfarrer. Privatbesitz (Dr. K. Vöchting).
    d'Annone. Privatbesitz (Dr. K. Vöchting).
126 Prise Tabak. Historisches Museum, 1933, 108.
    Duttli. Staatsarchiv, Bildersammlung 4, 116.
127 St. Jacob. Privatbesitz (A. La Roche).
128 Obersthelferhaus. Staatsarchiv, Bildersammlung 2, 672.
129 Eptingen. Staatsarchiv, Bildersammlung Wack. K 279.
130 Mangold. Privatbesitz (Dr. K. Vöchting).
131 Rollerhof. Historisches Museum, 1943, 288.
132 Münchenstein. Staatsarchiv, Bildersammlung 9, 976.
133 Neue Vorstadt. Staatsarchiv, Bildersammlung 3, 1073.
134 David. Staatsarchiv, Privatarchiv Oser 632, D 4.
135 Brand. Privatbesitz (Dr. K. Vöchting).
136 Marktplatz. Ausschnitt. Als Geschenk von Dr. Hans Kramer im Besitz der Kleinbasler E. Gesellschaft zum Rebhaus und durch Munifizenz von alt Schreiber Walter Senft 1970 von Dieter Faller restauriert. Photographie von Hans Isenschmid.
138 Bettelvögte. Universitätsbibliothek, Handschriftenabteilung.
139 Spalentor. Staatsarchiv, Bildersammlung Falk. A 162.
140 Paßkontrolle. Staatsarchiv, Bildersammlung 17, 138.
141 Familientag. Staatsarchiv, Bildersammlung 15, 324.
142 Schellenwerker. Staatsarchiv, Privatarchiv Bauer 448, A 3.374.
    Dirne. Privatbesitz.
143 Stachelschützenhaus. Staatsarchiv, Bildersammlung 3, 1056.
145 Scholer in der Mücke. Privatbesitz.
    Scholer und Heß. Kupferstichkabinett, 1927.290.
146 Neudörflerin. Staatsarchiv, Bildersammlung 17, 139.
147 Küche. Privatbesitz (Johann Jakob Bachofen-Recher).

148 Feller. Historisches Museum, 1961.474b.
149 Metzgerturm. Staatsarchiv, Bildersammlung 5, 506.
150 La Roche. Privatbesitz (A. La Roche).
151 Schützenfest. Staatsarchiv, Bildersammlung 15, 380.
152 Eglofstor. Staatsarchiv, Bibliothek Bf 52.
153 Predigerkirche. Kupferstichkabinett, M 101.63.
154 Wildt. Privatbesitz (Dr. K. Vöchting).
155 Grynaeus. Privatbesitz (Dr. K. Vöchting). Werdenberg. Universitätsbibliothek, Handschriftenabteilung.
156 Bläsitor. Universitätsbibliothek, Porträtsammlung.
157 Heuberg. Staatsarchiv, Bildersammlung Schneider 142.
158 Geßler. Universitätsbibliothek, Handschriftenabteilung.
159 St.-Elisabethen-Gottesacker. Staatsarchiv, Bildersammlung 2, 1561.
160 Allerheiligenkapelle. Staatsarchiv, Bildersammlung Schneider 207.
161 Waisenhaus. Staatsarchiv, Bibliothek Bf 52.
162 St. Jakob. Staatsarchiv, Bildersammlung 9, 736.
163 Wenck. Historisches Museum, 1901.31a. Burckhardt. Universitätsbibliothek, Mscr. Falk. 72.
164 Vier Herren. Kupferstichkabinett, 1948.131.
165 Hochschule. Privatbesitz.
166 Bettelbuben. Kupferstichkabinett, 1927.391.
167 Steinenkloster. Staatsarchiv, Bildersammlung 2, 1272.
168 Blömlikaserne. Staatsarchiv, Bildersammlung Schneider 86.
169 Holbeinplatz. Staatsarchiv, Bildersammlung 3, 646.
170 Buggeli-Haagebach. Privatbesitz (A. La Roche).
171 Sprachrohre. Feuerwehrmuseum Basel, 042. Barfüßerplatz. Staatsarchiv, Bildersammlung Schneider 41.
172 Tagsatzung. Staatsarchiv, Bildersammlung 13, 612.
173 Aeschenvorstadt. Staatsarchiv, Bildersammlung Schneider 74.
175 Käppisturm. Drei Ehrengesellschaften Kleinbasels. Photographie von Hans Isenschmid.
176 Weinfuhr. Als Besitz der Öffentlichen Kunsthandlung im Historischen Museum deponiert.
179 St.-Clara-Kirche. Privatbesitz (Dr. K. Vöchting).
180 S. B. Uebelin. Privatbesitz (Ulrich Barth).
181 Platzgäßlein. Staatsarchiv, Bildersammlung Schneider 168.
182 Reservoir. Staatsarchiv, Bildersammlung Schneider 82.
183 Wachtstube. Historisches Museum, 1950.99.
185 Spalenvorstadt. Historisches Museum, 1936.68.
186 Bonapartes Durchreise. Staatsarchiv, Bildersammlung Falk. A 514.
187 Münster. Privatbesitz (A. La Roche).
188 Pfarrer Wolleb. Staatsarchiv, Privatarchiv Oser 632, D 4.
189 Lohnhof. Staatsarchiv, Bildersammlung Falk. A 124.
190 Eisengasse. Staatsarchiv, Bildersammlung 2, 1033.
191 Das Neue Haus. Staatsarchiv, Bildersammlung Falk. A 220.
192 Ochsengasse. Staatsarchiv, Bildersammlung 4, 923.
193 St.-Elisabethen-Kirche. Privatbesitz.
194 Schneidergasse. Staatsarchiv, Bildersammlung Schneider 173.
195 Freudentanz. Historisches Museum, 1961.15.
196 Glückwünscher. Historisches Museum, 1957.31.
197 Riehentor. Staatsarchiv, Bildersamml. Schneider 216.
199 Hard. Kupferstichkabinett, Bi 369.25.
200 St. Leonhard. Staatsarchiv, Bildersammlung Schneider 138.
202 Ehegerichtsweibel. Privatbesitz (C. Sarasin).
203 Mühleberg. Staatsarchiv, Bibliothek Bf 52.
204 Ochs. Historisches Museum, 1934.89.
205 Orismüller. Historisches Museum Bern.
207 Hexensabbat. Privatbesitz (A. La Roche).
208 Geistererscheinungen. Privatbesitz (Dr. K. Vöchting).
209 Bubendorf. Staatsarchiv, Bildersammlung, 9, 1073.
211 St.-Johanns-Tor. Kupferstichkabinett, M 101.62.
213 Großbasler Brückenkopf. Staatsarchiv, Bildersammlung Wack. D 2.
214 Steinbrückchen. Kupferstichkabinett, Bi 369.32.
215 Nachtwache. Staatsarchiv, Bildersammlung 13, 287.
217 Riehen. Privatbesitz (Dr. K. Vöchting).
218 Salmenwaage. Historisches Museum, 1928.187.
219 Bachofen. Privatbesitz (Johann Jakob Bachofen-Recher).
220 Scharmützel. Staatsarchiv, Bildersammlung 14, 46.
222 Karikatur Baselland. Privatbesitz (Dr. K. Vöchting).
223 Liestal. Staatsarchiv, Bildersammlung 9, 1035.
224 Soldat. Staatsarchiv, Bildersammlung 14, 41.
225 Landerer. Staatsarchiv, Bildersammlung 14, 19.
227 Überfall. Staatsarchiv, Bildersammlung 14, 35.
228 Trennungswirren. Privatbesitz (A. La Roche).
229 Teilung. Staatsarchiv, Bildersammlung 14, 22.
231 Not-Thaufe. Staatsarchiv, Bildersammlung 13, 47.
232 Drei Könige. Privatbesitz (C. Sarasin).
234 Alumneum. Staatsarchiv, Bildersammlung 3, 743.
235 Oberes Kollegium. Staatsarchiv, Bildersammlung Wack. G 103.
236 Birseck. Staatsarchiv, Bildersammlung Falk. C 78.
237 Handelsjuden. Kupferstichkabinett, Bi 259.30.
238 s Boodel-Doori. Universitätsbibliothek, Handschriftenabteilung.
239 Schelm. Staatsarchiv, Bildersammlung 13, 287.

240 Schafbockprozeß. Staatsarchiv, Bildersammlung Vischer F 34.
Ärzte. Historisches Museum, 1933.107.
241 Anstalt zur Hoffnung. Staatsarchiv, Bildersammlung 3, 935.
242 Pferdemarkt. Kupferstichkabinett 1965.157.

Farbtafeln
1 Fischmarkt. Privatbesitz. Farbfotografie Marcel Jenni.
2 St.-Alban-Schwibbogen. Privatbesitz (A. La Roche). Farbfotografie Marcel Jenni.
3 Schifflände. Universitätsbibliothek Basel, Porträtsammlung.
4 Klosterkonzert. Privatbesitz. Farbfotografie Marcel Jenni.
5 Barfüßerplatz. Staatsarchiv Basel, Bildersammlung Falk. A 148.
6 Totentanz. Universitätsbibliothek Basel, Porträtsammlung.
7 Vogel Gryff. Drei Ehrengesellschaften Kleinbasels, Restaurant zum Rebhaus. Farbfotografie Marcel Jenni.
8 Brüglingen. Privatbesitz (Dr. K. Vöchting).

Die Reproduktionen aus dem Historischen Museum wurden von Arthur Weder aufgenommen, diejenigen aus dem Kupferstichkabinett von Lieselotte Stamm.